C语言程序设计

慕课版

明日科技·出品

◎ 徐国华 王瑶 侯小毛 主编 ◎ 王春红 马润 陈黎黎 王秀友 副主编

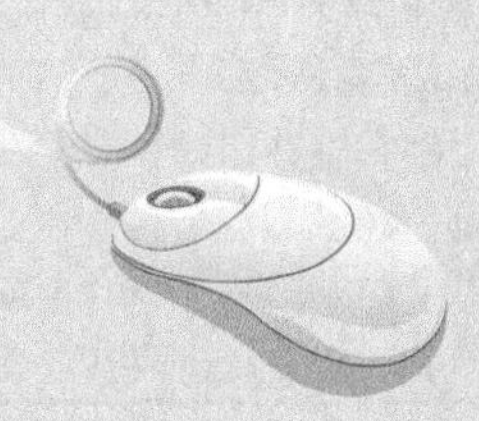

人 民 邮 电 出 版 社

北 京

图书在版编目（CIP）数据

C语言程序设计 : 慕课版 / 徐国华, 王瑶, 侯小毛主编. -- 北京 : 人民邮电出版社, 2017.6（2020.8重印）
ISBN 978-7-115-45026-5

Ⅰ. ①C… Ⅱ. ①徐… ②王… ③侯… Ⅲ. ①C语言－程序设计－高等学校－教材 Ⅳ. ①TP312.8

中国版本图书馆CIP数据核字(2017)第054714号

内 容 提 要

本书作为C语言程序设计的教程，系统全面地介绍了有关C语言程序设计开发所涉及的各类知识。全书共分17章，内容包括C语言概述、算法、数据类型、运算符与表达式、常用的数据输入/输出函数、选择结构程序设计、循环控制、数组、函数、指针、结构体和共用体、位运算、预处理、文件、存储管理、网络套接字编程、综合实例——学生信息管理系统。全书每章内容都与实例紧密结合，有助于学生理解知识、应用知识，达到学以致用的目的。

本书为慕课版教材，各章节主要内容配备了以二维码为载体的微课，并在人邮学院（www.rymooc.com）平台上提供了慕课。此外，本书还提供了课程资源包。资源包中提供了本书所有实例、上机指导、综合案例的源代码、制作精良的电子课件PPT、重点及难点教学视频、自测题库（包括选择题、填空题、操作题题库及自测试卷等内容），以及拓展综合案例和拓展实验。其中，源代码全部经过精心测试，能够在Windows XP、Windows 7系统下编译和运行。

◆ 主　编　徐国华　王　瑶　侯小毛
副 主 编　王春红　马　润　陈黎黎　王秀友
责任编辑　刘　博
责任印制　杨林杰

◆ 人民邮电出版社出版发行　北京市丰台区成寿寺路11号
邮编　100164　电子邮件　315@ptpress.com.cn
网址　http://www.ptpress.com.cn
固安县铭成印刷有限公司印刷

◆ 开本：787×1092　1/16
印张：24.25　2017年6月第1版
字数：729千字　2020年8月河北第7次印刷

定价：49.80元

读者服务热线：(010)81055256　印装质量热线：(010)81055316
反盗版热线：(010)81055315
广告经营许可证：京东市监广登字20170147号

前言
Foreword

为了让读者能够快速且牢固地掌握 C 语言开发技术，人民邮电出版社充分发挥在线教育方面的技术优势、内容优势、人才优势，潜心研究，为读者提供一种“纸质图书+在线课程”相配套，全方位学习 C 语言开发的解决方案。读者可根据个人需求，利用图书和“人邮学院”平台上的在线课程进行系统化、移动化的学习，以便快速全面地掌握 C 语言开发技术。

一、如何学习慕课版课程

本课程依托人民邮电出版社自主开发的在线教育慕课平台——人邮学院（www.rymooc.com），该平台为学习者提供优质、海量的课程，课程结构严谨，用户可以根据自身的学习程度，自主安排学习进度，并且平台具有完备的在线“学习、笔记、讨论、测验”功能。人邮学院为每一位学习者，提供完善的一站式学习服务（见图 1）。

图 1　人邮学院首页

为了使读者更好地完成慕课的学习，现将本课程的使用方法介绍如下。

1. 用户购买本书后，找到粘贴在书封底上的刮刮卡，刮开，获得激活码（见图 2）。

2. 登录人邮学院网站（www.rymooc.com），或扫描封面上的二维码，使用手机号码完成网站注册（见图 3）。

图 2　激活码

图 3　注册人邮学院网站

3. 注册完成后，返回网站首页，单击页面右上角的“学习卡”选项（见图 4），进入“学习卡”页面

（见图 5），输入激活码，即可获得该慕课课程的学习权限。

图 4　单击“学习卡”选项

图 5　在“学习卡”页面输入激活码

4. 输入激活码后，即可获得该课程的学习权限。可随时随地使用计算机、平板电脑、手机学习本课程的任意章节，根据自身情况自主安排学习进度（见图 6）。

5. 在学习慕课课程的同时，阅读本书中相关章节的内容，巩固所学知识。本书既可与慕课课程配合使用，也可单独使用，书中主要章节均放置了二维码，用户扫描二维码即可在手机上观看相应章节的视频讲解。

6. 学完一章内容后，可通过精心设计的在线测试题，查看知识掌握程度（见图 7）。

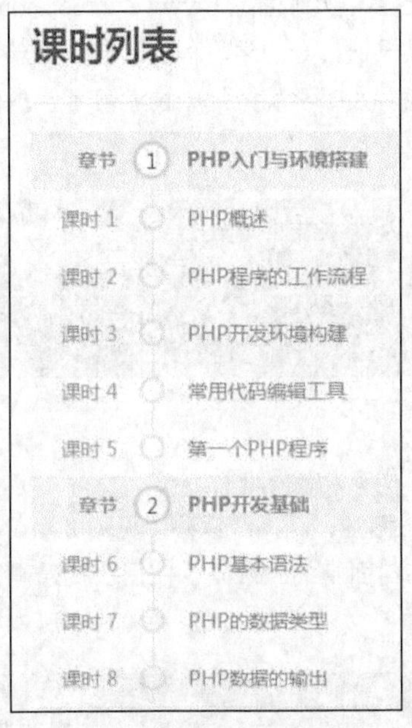

图 6　课时列表

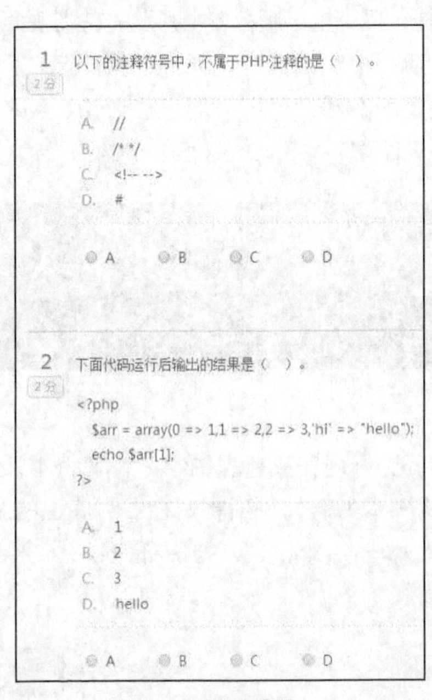

图 7　在线测试题

7. 如果对所学内容有疑问，还可到讨论区提问，除了有大牛导师答疑解惑以外，同学之间也可互相交流学习心得（见图 8）。

8. 书中配套的 PPT、源代码等教学资源，用户也可在该课程的首页找到相应的下载链接（见图 9）。

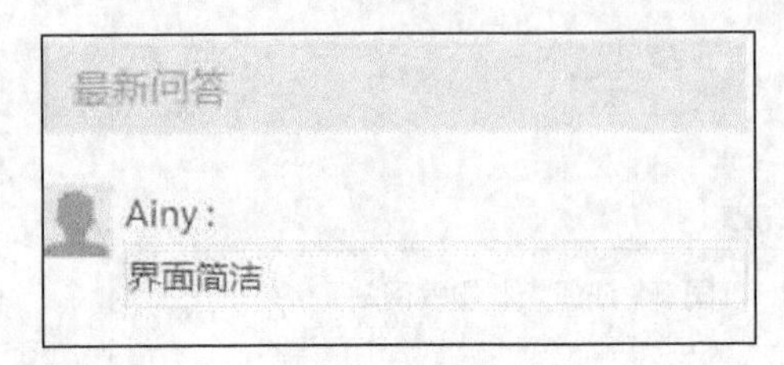

图 8　讨论区

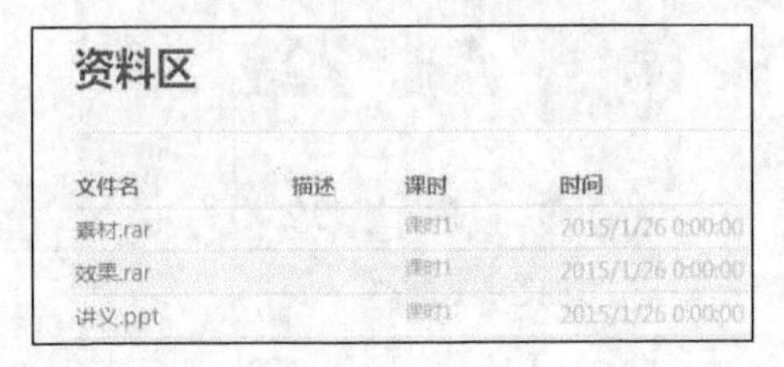

图 9　配套资源

关于人邮学院平台使用的任何疑问，可登录人邮学院咨询在线客服，或致电：010-81055236。

二、本书特点

C 语言是 Combined Language（组合语言）的简称，它作为一种计算机设计语言，具有高级语言和汇编语言的特点，受到广大编程人员的喜爱。C 语言的应用非常广泛，既可以用于编写系统应用程序，也可以作为编写应用程序的设计语言，还可以具体应用到有关单片机以及嵌入式系统的开发。这就是大多数学习者学习编写程序都选择 C 语言的原因。

在当前的教育体系下，实例教学是计算机语言教学的最有效的方法之一。本书将 C 语言知识和实用的实例有机结合起来，一方面，跟踪 C 语言的发展，适应市场需求，精心选择内容，突出重点、强调实用，使知识讲解全面、系统；另一方面，全书按照“案例贯穿”的形式组织内容，始终围绕最后的综合案例设计实例，将实例融入到知识讲解中，使知识与案例相辅相成，既有利于读者学习知识，又有利于指导读者实践。另外，本书在每一章的后面还提供了上机指导和习题，方便读者及时验证自己的学习效果（包括动手实践能力和理论知识）。

本书作为教材使用时，课堂教学建议 35～40 学时，上机指导教学建议 10～12 学时。各章主要内容和学时建议分配如下，老师可以根据实际教学情况进行调整。

章	主要内容	课堂学时	上机指导
第 1 章	C 语言概述，包括 C 语言的发展史、C 语言的特点、一个简单的 C 程序、一个完整的 C 程序、C 语言程序的格式、开发环境	1	1
第 2 章	算法，包括算法的基本概念、算法的描述	3	1
第 3 章	数据类型，包括编程规范、关键字、标识符、数据类型、常量、变量、变量的存储类别、混合运算	2	1
第 4 章	运算符与表达式，包括表达式、赋值运算符与赋值表达式、算术运算符与算术表达式、关系运算符与关系表达式、逻辑运算符与逻辑表达式、位逻辑运算符与位逻辑表达式、逗号运算符与逗号表达式、复合赋值运算符	5	1
第 5 章	常用的数据输入/输出函数，包括语句、字符数据输入/输出、字符串输入/输出、格式输出函数、格式输入函数、顺序程序设计应用	4	1
第 6 章	选择结构程序设计，包括 if 语句、if 语句的基本形式、if 的嵌套形式、条件运算符、switch 语句、if...else 语句和 switch 语句的区别、选择结构程序应用	3	1
第 7 章	循环控制，包括循环语句、while 语句、do-while 语句、for 语句、3 种循环语句的比较、循环嵌套、转移语句	2	1
第 8 章	数组，包括一维数组、二维数组、字符数组、多维数组、数组的排序算法、字符串处理函数、数组应用	3	1
第 9 章	函数，包括函数概述、函数的定义、返回语句、函数参数、函数的调用、内部函数和外部函数、局部变量和全局变量、函数应用	2	1
第 10 章	指针，包括指针相关概念、数组与指针、指向指针的指针、指针变量作函数参数、返回指针值的函数、指针数组作 main 函数的参数	3	1
第 11 章	结构体和共用体，包括结构体、结构体数组、结构体指针、包含结构的结构、链表、链表相关操作、共用体、枚举类型	3	1

续表

章	主要内容	课堂学时	上机指导
第 12 章	位运算，包括位与字节、位运算操作符、循环移位、位段	2	1
第 13 章	预处理，包括宏定义、#include 指令、条件编译	2	1
第 14 章	文件，包括文件概述、文件基本操作、文件的读写、文件的定位	2	1
第 15 章	存储管理，包括内存组织方式、动态管理、内存丢失	2	1
第 16 章	网络套接字编程，包括内存组织方式、套接字概述、套接字函数	3	1
第 17 章	综合实例——学生信息管理系统，包括开发背景、开发环境需求、系统功能设计、预处理模块设计、主函数设计、录入学生信息、查询学生信息、删除学生信息、修改学生信息、插入学生信息、学生成绩排名、统计学生总数、显示所有学生信息	3	

编者

2017 年 1 月

目录
Contents

第9章 函数 170

PART01

第1章

C语言概述

■ 在学习C语言之前，每一个刚刚学习C语言的人员都应该清楚地了解C语言的发展历程，了解为什么要选择C语言，以及它有哪些特性。只有了解了C语言的历史和特性，才会更深刻地了解这门语言，并且增加今后学习C语言的信心。随着计算机科学的不断发展，C语言的学习环境也在不断变化，刚开始学习C语言时，大多数人会选择一些相对简单的编译器，如Turbo C 2.0。但是，现在越来越多的人开始选择Dev C++编译器或是Visual C++ 6.0编译器。

■ 本章致力于使读者了解Dev C++的开发环境，掌握其中各个部分的使用方法，并能编写一个简单的应用程序以练习使用开发环境。

本章要点：

- 了解C语言的发展史
- 了解C语言的特点
- 了解C语言的组织结构
- 掌握如何使用Turbo C 2.0开发C程序
- 掌握如何使用Visual C++ 6.0开发C程序

1.1 C 语言的发展史

1.1.1 程序语言简述

在介绍 C 语言的发展历程之前，先对程序语言进行大概了解。

程序语言简述

1. 机器语言

机器语言是低级语言，也称为二进制代码语言。计算机使用的是由 0 和 1 组成的二进制数组成的一串指令来表达计算机操作的语言。机器语言的特点是，计算机可以直接识别，不需要进行任何的翻译。

2. 汇编语言

汇编语言是面向机器的程序设计语言。为了减轻程序员使用机器语言编程的痛苦，用英文字母或符号串来替代机器语言的二进制码，这样就把不易理解和使用的机器语言变成了汇编语言。使用汇编语言比使用机器语言更便于阅读和理解程序。

3. 高级语言

由于汇编语言依赖于硬件体系，并且该语言中的助记符号数量比较多，所以其运用起来仍然不够方便。为了使程序语言能更贴近人类的自然语言，同时又不依赖于计算机硬件，于是产生了高级语言。这种语言，其语法形式类似于英文，并且因为远离对硬件的直接操作，而易于被普通人所理解与使用。其中影响较大、使用普遍的高级语言有 Fortran、ALGOL、Basic、COBOL、LISP、Pascal、PROLOG、C、C++、Delphi、Java 等。

1.1.2 C 语言的历史

C 语言的历史

从程序语言的发展过程可以看到，以前的操作系统等系统软件主要是用汇编语言编写的。但由于汇编语言依赖于计算机硬件，程序的可读性和可移植性都不是很好。为了提高可读性和可移植性，人们开始寻找一种语言。这种语言应该既具有高级语言的特性，又不失低级语言的优点。于是，C 语言产生了。

C 语言是在由 UNIX 的研制者丹尼斯·里奇（Dennis Ritchie）和肯·汤普逊（Ken Thompson）于 1970 年研制出的 BCPL 语言（简称 B 语言）的基础上发展和完善起来的。19 世纪 70 年代初期，AT&T Bell 实验室的程序员丹尼斯·里奇第一次把 B 语言改为 C 语言。

最初，C 语言运行于 AT&T 的多用户、多任务的 UNIX 操作系统上。后来，丹尼斯·里奇用 C 语言改写了 UNIX C 的编译程序，UNIX 操作系统的开发者肯·汤普逊又用 C 语言成功地改写了 UNIX，从此开创了编程史上的新篇章。UNIX 成为第一个不是用汇编语言编写的主流操作系统。

1983 年，美国国家标准委员会（ANSI）对 C 语言进行了标准化，于 1983 年颁布了第一个 C 语言草案（83ANSI C），后来于 1987 年又颁布了另一个 C 语言标准草案（87ANSI C），最新的 C 语言标准 C99 于 1999 年颁布，并在 2000 年 3 月被 ANSI 采用。但是由于未得到主流编译器厂家的支持，C99 并未得到广泛使用。

尽管 C 语言是在大型商业机构和学术界的研究实验室研发的，但是当开发者们为第一台个人计算机提供 C 编译系统之后，C 语言就得以广泛传播，并为大多数程序员所接受。对 MS-DOS 操作系统来说，系统软件和实用程序都是用 C 语言编写的。Windows 操作系统大部分也是用 C 语言编写的。

C 语言是一种面向过程的语言，同时具有高级语言和汇编语言的优点。C 语言可以广泛应用于不同的操作系统，如 UNIX、MS-DOS、Microsoft Windows 及 Linux 等。

在C语言的基础上发展起来的高级语言有支持多种程序设计风格的C++语言、网络上广泛使用的Java、JavaScript以及微软的C#语言等。也就是说，学好C语言之后，再学习其他语言时就会比较轻松。

1.2 C语言的特点

C语言是一种通用的程序设计语言，主要用来进行系统程序设计，具有如下特点。

C语言的特点

1. 高效性

谈到高效性，不得不说C语言是"鱼与熊掌"兼得。从C语言的发展历史也可以看到，它继承了低级语言的优点，产生了高效的代码，并具有友好的可读性和编写性。一般情况下，C语言生成的目标代码的执行效率只比汇编程序低10%～20%。

2. 灵活性

C语言中的语法不拘一格，可在原有语法基础上进行创造、复合，从而给程序员更多的想象和发挥的空间。

3. 功能丰富

除了C语言中所具有的类型，C语言还可以使用丰富的运算符和自定义的结构类型，来表达任何复杂的数据类型，完成所需要的功能。

4. 表达力强

C语言的特点体现在它的语法形式与人们所使用的语言形式相似，书写形式自由，结构规范，并且只需简单的控制语句即可轻松控制程序流程，完成繁琐的程序要求。

5. 移植性好

由于C语言具有良好的移植性，从而使得C程序在不同的操作系统下，只需要简单的修改或者不用修改即可进行跨平台的程序开发操作。

正是由于C语言拥有上述优点，使得它在程序员选择语言时备受青睐。

1.3 一个简单的C程序

一个简单的C程序

在通往C语言程序世界之前，首先不要对C语言产生恐惧感，觉得这种语言都应该是学者或研究人员的专利。C语言是人类共有的财富，是普通人只要通过努力学习就可以掌握的知识。下面通过一个简单的程序来看一看C语言程序是什么样子。

【例1-1】 一个简单的C程序。

本实例程序实现的功能只是显示一条信息"Hello，world！I'm coming!"，通过这个程序可以初窥C程序样貌。虽然这个简单的小程序只有7行，却充分说明了C程序是由什么位置开始、什么位置结束的。

```
#include<stdio.h>

int main()
{
	printf("Hello,world! I'm coming!\n");		/*输出要显示的字符串*/
	return 0;					/*程序返回0*/
}
```

运行程序，显示效果如图1-1所示。

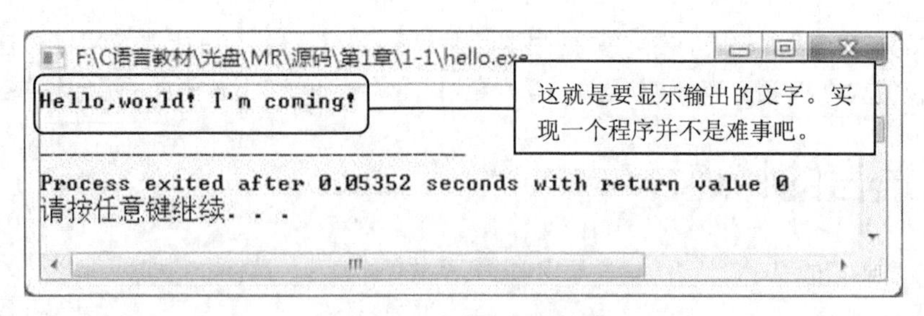

图 1-1　一个简单的 C 程序

现在来分析一下上面的实例程序。

1. #include 指令

实例代码中的第一行：

```
#include<stdio.h>
```

这个语句的功能是进行有关的预处理操作。include 称为文件包含命令，后面尖括号中的内容称为头部文件或首文件。有关预处理的内容，将会在本书第 13 章中进行详细讲解，在此读者只需先对此概念有所了解即可。

2. 空行

实例代码中的第二行。

C 语言是一个较灵活的语言，因此格式并不是固定不变、拘于一格的。也就是说，空格、空行、跳格并不会影响程序。有的读者就会问："为什么要有这些多余的空格和空行呢？"其实这就像生活中在纸上写字一样，虽然拿来一张白纸就可以在上面写字，但是通常还会在纸的上面印上一行一行的方格或段落，隔开每一段文字，自然就更加美观和规范。合理、恰当地使用这些空格、空行，可以使编写出来的程序更加规范，对日后的阅读和整理发挥着重要的作用。在此也提醒读者，在写程序时最好将程序书写得规范、干净。

不是所有的空格都没有用，如在两个关键字之间用空格隔开（else if），这种情况下如果将空格去掉，程序就不能通过编译。在这里先进行一下说明，在以后章节的学习中就会慢慢领悟。

3. main 函数声明

实例代码中的第 3 行：

```
int main()
```

这一行代码代表的意思是声明 main 函数为一个返回值，是整型的函数。其中的 int 称为关键字，这个关键字代表的类型是整型。关于数据类型的内容将会在本书的第 3 章中进行讲解，而函数的内容将会在本书的第 9 章中进行详细介绍。

在函数中这一部分则称为函数头部分。在每一个程序中都会有一个 main 函数，那么 main 函数是什么作用呢？main 函数就是一个程序的入口部分。也就是说，程序都是从 main 函数头开始执行的，然后进入到 main 函数中，执行 main 函数中的内容。

4. 函数体

实例代码中的第 4～7 行代码：

```
{
	printf("Hello,world! I'm coming!\n");		/*输出要显示的字符串*/
	return 0;					/*程序返回0*/
}
```

在上面介绍 main 函数时，提到了一个名词——函数头。读者通过这个词可以进行一下联想：既然有函数头，那也应该有函数的身体吧？没错，一个函数分为两个部分：一是函数头，一是函数体。

程序代码中的第 4 行和第 7 行这两个大括号就构成了函数体，函数体也可以称为函数的语句块。在函数体中，也就是第 5 行和第 6 行这一部分就是函数体中要执行的内容。

5. 执行语句

函数体中的第 5 行代码：

```
printf("Hello,world!I'm coming!\n");                /*输出要显示的字符串*/
```

执行语句就是函数体中要执行的动作内容。这一行代码是这个简单的例子中最复杂的。该行代码虽然看似复杂，其实也不难理解，printf 是产生格式化输出的函数，可以简单理解为向控制台进行输出文字或符号的作用。括号中的内容称为函数的参数，括号内可以看到输出的字符串“Hello,world!I'm coming!”，其中还可以看到“\n”这样一个符号，称之为转义字符。转义字符的内容将会在本书的第 3 章进行介绍。

6. return 语句

函数体中的第 6 行代码：

```
return 0;
```

这行语句使 main 函数终止运行，并向操作系统返回一个整型常量 0。前面介绍 main 函数时，说过返回一个整型返回值，此时 0 就是要返回的整型值。在此处可以将 return 理解成 main 函数的结束标志。

7. 代码的注释

在程序的第 5 行和第 6 行后面都可以看到一段关于这行代码的文字描述：

```
printf("Hello,world! I'm coming!\n");                       /*输出要显示的字符串*/
return 0;                                                   /*程序返回0*/
```

这段对代码的解释描述称为代码的注释。代码注释的作用，相信读者现在已经知道了。对！就是用来对代码进行解释说明，为日后自己阅读或者他人阅读源程序时，方便理解程序代码含义和设计思想。其语法格式如下：

```
/*其中为注释内容*/
```

或为：

```
//为注释内容
```

虽然没有强行规定程序中一定要写注释，但是为程序代码写注释是一个良好的习惯，这会为以后查看代码带来非常大的方便，并且如果程序交给别人看，他人便可以快速地掌握程序思想与代码作用。因此，编写良好的代码格式规范和添加详细的注释，是一个优秀程序员应该具备的好习惯。

1.4 一个完整的 C 程序

一个完整的C程序

1.3 节展现了一个最简单的程序，通过 7 行代码的使用，实现了显示一行字符串的功能。本节将根据 1.3 节的实例，对其内容进行扩充，使读者对 C 程序有一个更完整的认识。

这里要再次提示一下此程序的用意。实例 1-2 以及实例 1-1 并不是要将具体的知识点进行详细的讲解，只是将 C 语言程序的概貌显示给读者，使读者对 C 语言程序有一个简单的印象。还记得小时候学习加减法的情况吗？老师只是教给学生们“1+1=2”，却没有教给学生们“1+1 为什么等于 2”或者“如何证明 1+1=2”这样的问题。通过这些生活中的提示，可以看出学习加减法是这样的过程，那么学习 C 语言编写程序也应该是这样的过程，在不断地接触中变得熟悉，在不断地思考中变得深入。

【例 1-2】 一个完整的 C 程序。

本实例要实现这样的功能：有一个长方体，它的高已经给出，然后输入这个长方体的长和宽，通过输入的长、宽以及给定的高度，计算出长方体的体积，代码如下：

```
#include<stdio.h>                                    /*包含头文件*/
#define Height 10                                    /*定义常量*/
int calculate(int Long, int Width);                  /*函数声明*/
int main()                                           /*主函数main*/
{
    int m_Long;                                      /*定义整型变量，表示长度*/
    int m_Width;                                     /*定义整型变量，表示宽度*/
    int result;                                      /*定义整型变量，表示长方体的体积*/

    printf("长方形的高度为：%d\n",Height);            /*显示提示*/

    printf("请输入长度\n");                           /*显示提示*/
    scanf("%d",&m_Long);                             /*输入长方体的长度*/

    printf("请输入宽度\n");                           /*显示提示*/
    scanf("%d",&m_Width);                            /*输入长方体的宽度*/

    result=calculate(m_Long,m_Width);                /*调用函数，计算体积*/
    printf("长方体的体积是：");                       /*显示提示*/
    printf("%d\n",result);                           /*输出体积大小*/
    return 0;                                        /*返回整型0*/
}

int calculate(int Long, int Width)                   /*定义计算体积函数*/
{
    int result =Long*Width*Height;                   /*具体计算体积*/
    return result;                                   /*将计算的体积结果返回*/
}
```

运行程序，显示效果如图 1-2 所示。

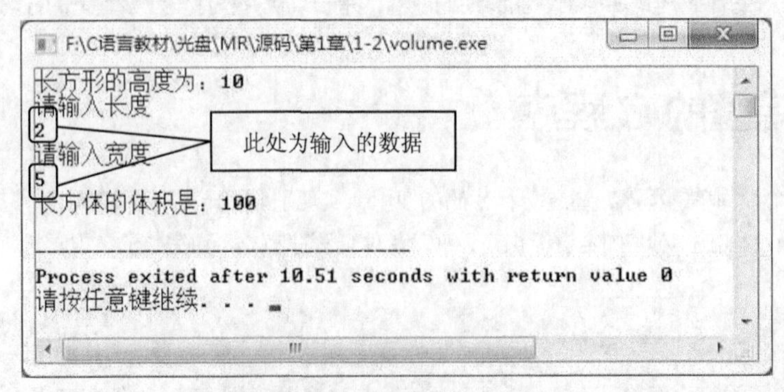

图 1-2　一个简单的 C 程序

在具体讲解这个程序的执行过程之前，先展现该程序的过程图，这样可以使读者对程序有一个更为清晰的认识，如图 1-3 所示。

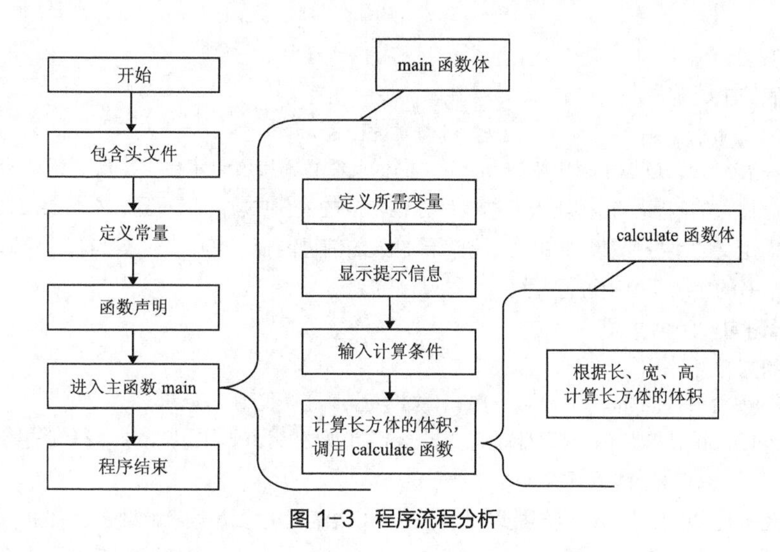

图 1-3 程序流程分析

通过上述程序流程图可以观察出整个程序运行的过程。前面已经介绍过关于程序中一些相同的内容，这里不再进行有关的说明。下面介绍程序中新出现的一些内容。

1. 定义常量

实例代码中的第二行：

```
#define Height 10                          /*定义常量*/
```

这一行代码中，使用#define 定义一个符号。#define 在这里的功能是设定这个符号为 Height，并且指定这个符号 Height 代表的值为 10。这样在程序中，只要是使用 Height 这个标识符的位置，就代表使用的是 10 这个数值。

2. 函数声明

实例代码中的第 3 行：

```
int calculate(int Long, int Width);    /*函数声明*/
```

此处代码的作用是对一个函数进行声明。前面介绍过函数，但是什么是声明函数呢？举一个例子，两个公司进行合作，其中的 A 公司要派一个经理到 B 公司进行业务洽谈。A 公司会发送一个通知给 B 公司，告诉 B 公司会派一个经理过去，请 B 公司在机场接一下这位洽谈业务的经理。A 公司将这位经理的名字和大概的体貌特征都告诉 B 公司的有关迎接人员。这样当这位经理下飞机之后，B 公司就可以将他的名字写在纸上做成接机牌，然后找到这位经理。

声明函数的作用就像 A 公司告诉 B 公司有关这位经理信息的过程，为接下来要使用的函数作准备。也就是说，如果此处声明 calculate 函数，那么在程序代码的后面会有 calculate 函数的具体定义内容，这样程序中如果出现 calculate 函数，程序就会根据 calculate 函数的定义执行有关的操作。至于有关的具体内容将会在第 9 章中进行介绍。

3. 定义变量

实例代码中的第 6～8 行：

```
int m_Long;                        /*定义整型变量，表示长度*/
int m_Width;                       /*定义整型变量，表示宽度*/
int result;                        /*定义整型变量，表示长方体的体积*/
```

这 3 行语句都是定义变量的语句。在 C 语言中要使用变量，必须在使用变量之前进行定义，之后编译器会根据变量的类型为变量分配内存空间。变量的作用就是存储数值，用变量进行计算。这就像在二元一次方程中，X 和 Y 就是变量，当为其进行赋值后，如 X 为 5，Y 为 10，这样 X+Y 的结果就等于 15。

4. 输入语句

实例代码中的第 13 行：

```
scanf("%d",&m_Long);                    /*输入长方体的长度*/
```

在实例 1-1 中曾经介绍过显示输出函数 printf，那么既然有输出就一定会有输入。在 C 语言中，scanf 函数就用来接收键盘输入的内容，并将输入的结构保存在相应的变量中。可以看到，在 scanf 函数的参数中，m_Long 就是之前定义的整型变量，它的作用是存储输入的信息内容。其中的“&”符号是取地址运算符，其具体内容将会在本书的后续章节中进行介绍。

5. 数学运算语句

实例代码中的第 26 行：

```
int result =Long*Width*Height;          /*具体计算体积*/
```

这行代码在 calculate 函数体内，其功能是将变量 Long 乘以 Width 再乘以 Height 得到的结果保存在 result 变量中。其中的“*”号代表乘法运算符。

以上内容已经将其中的要点知识全部提取出来，关于 C 语言程序相信读者此时已经有了一定的了解，再将上面的程序执行过程进行一下总结：

（1）包含程序所需要的头文件。

（2）定义一个常量 Height，其值代表为 10。

（3）对 calculate 函数进行声明。

（4）进入 main 函数，程序开始执行。

（5）在 main 函数中，首先定义 3 个整型变量，分别代表长方体的长度、宽度和体积。

（6）显示提示文字，然后根据显示的文字输入有关的数据。

（7）当将长方体的长度和宽度都输入之后会调用 calculate 函数，计算长方体的体积。

（8）定义 calculate 函数的位置在 main 函数的下面，在 calculate 函数体内将计算长方体体积的结构进行返回。

（9）在 main 函数中，result 变量得到了 calculate 函数返回的结果。

（10）通过输出语句将其中长方体的体积显示出来。

（11）程序结束。

1.5　C 语言程序的格式

C 语言程序的格式

通过上面两个实例的介绍可以看出 C 语言编写有一定的格式特点。

- 主函数 main。一个 C 程序都是从 main 函数开始执行的。main 函数不论放在什么位置都没有关系。
- C 程序整体是由函数构成的。程序中 main 就是其中的主函数，当然在程序中是可以定义其他函数的。在这些定义函数中进行特殊的操作，使得函数完成特定的功能。虽然将所有的执行代码全部放入 main 函数也是可行的，但是如果将其分成一块一块，每一块使用一个函数进行表示，那么整个程序看起来就具有结构性，并且易于观察和修改。
- 函数体的内容在“{}”中。每一个函数都要执行特定的功能，那么如何才能看出一个函数的具体操作的范围呢？答案就是寻找“{”和“}”这两个大括号。C 语言使用一对大括号来表示程序的结构层次，需要注意的就是左右大括号要对应使用。

在编写程序时，为了防止对应大括号的遗漏，每次都可以先将两个对应的大括号写出来，再向括号中添加代码。

- 每一个执行语句都以“;”结尾。如果注意观察前面的两个实例就会发现，在每一个执行语句后面都会有一个“;”（分号）作为语句结束的标志。
- 英文字符大小通用。在程序中，可以使用英文的大写字母，也可以使用英文的小写字母。但一般情况下使用小写字母多一些，因为小写字母易于观察。但是在定义常量时常常使用大写字母，而在定义函数时有时也会将第一个字母大写。
- 空格、空行的使用。前面讲解空行时已经对其进行阐述，其作用就是增加程序的可读性，使得程序代码位置安排合理、美观。例如，下面的代码就非常不利于观察：

```
int Add(int Num1, int Num2)          /*定义计算加法函数*/
{/*将两个数相加的结果保存在result中*/
int result =Num1+Num2;
return result; /*将计算的结果返回*/}
```

但是如果将其中的执行语句在函数中进行缩进，使得函数体内代码开头与函数头的代码不在一列，就会有层次感，例如：

```
int Add(int Num1, int Num2)          /*定义计算加法函数*/
{
int result =Num1+Num2;               /*将两个数相加的结果保存在result中*/
return result;                       /*将计算的结果返回*/
}
```

1.6 开发环境

俗话说，“磨刀不误砍柴功。”要将一件事情做好，先要了解制作工具。本节将会详细介绍两种学习 C 语言程序开发的常用工具：一个是 Dev C++，另一个是 Visual C++ 6.0。

1.6.1 Dev C++

Dev C++

1. 了解 Dev C++的主界面

双击 Dev C++安装目录下的 devcpp.exe 文件启动 Dev C++，通过“文件”/“新建”/“源代码”来新建一个 c 源代码文件。写好代码后，选择“文件”/“保存”或者使用快捷键〈Ctrl + S〉来保存文件，出现图 1-4 所示界面。

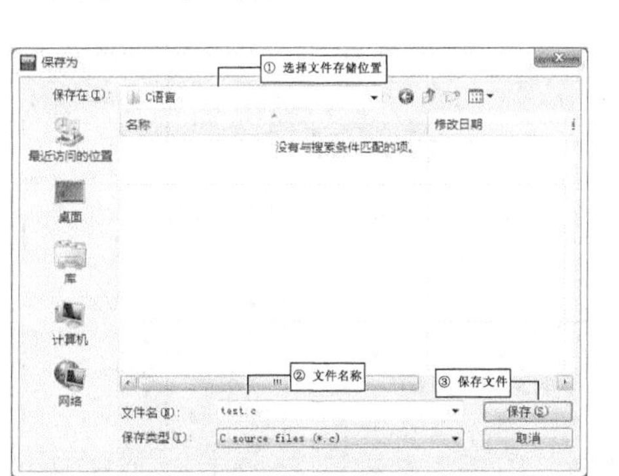

图 1-4　保存文件

单击“保存”按钮，返回到Dev C++的主界面中。Dev C++的主界面主要由菜单栏、工具栏、项目资源管理器视图、程序编辑区、编译调试区和状态栏组成。Dev C++的主界面如图1-5所示。

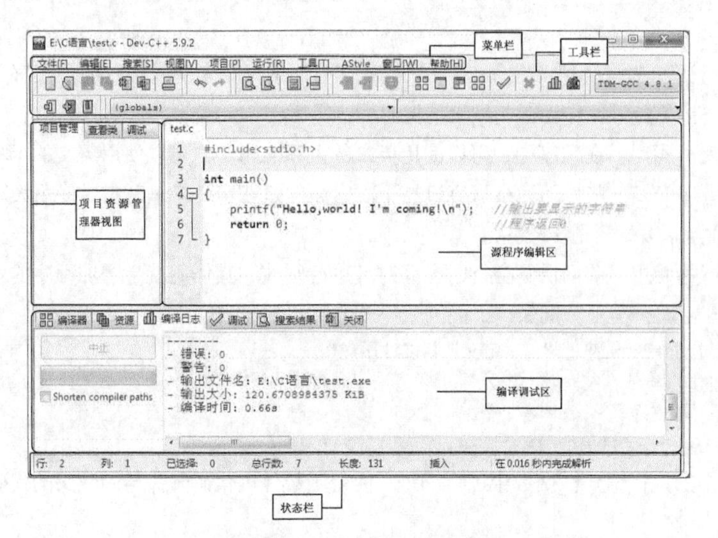

图1-5　Dev C++的主界面

写好代码后，即可运行程序了。有三种运行方式，分别为：

- 在Dev C++的菜单栏中选择“运行”/“编译运行”。
- 使用快捷键“F11”。
- 单击图标。

2. Dev C++的菜单和工具栏简介

Dev C++的菜单栏中各项的作用通过其中文名字即可一目了然。下面介绍一下Dev C++界面中的工具栏。工具栏由许多小图标组成，各自的用途如图1-6所示。

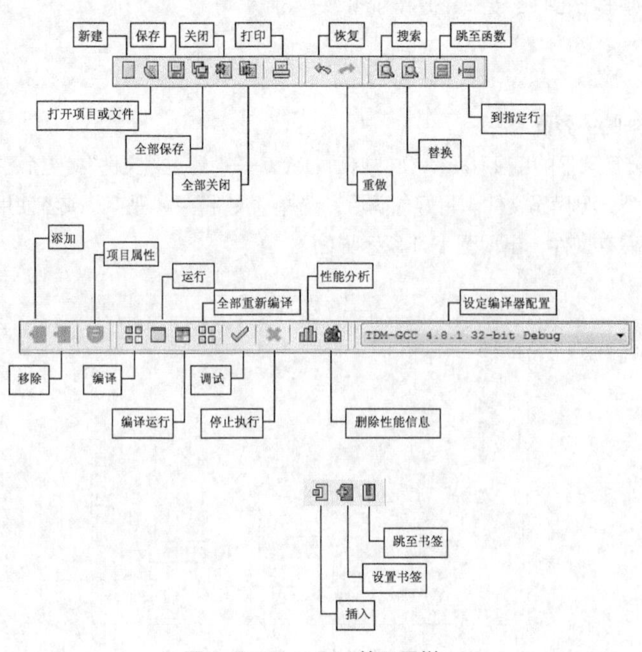

图1-6　Dev C++的工具栏

3. 快捷键介绍

在程序开发过程中，合理地使用快捷键，不但可以减少代码的错误率，而且可以提高开发效率。因此，掌握一些常用的快捷键是必需的。为此 Dev C++提供了许多快捷键，这可以通过以下步骤进行查看。

（1）在 Dev C++的系统菜单栏中选择“工具”/“快捷键选项”菜单项，如图 1-7 所示。

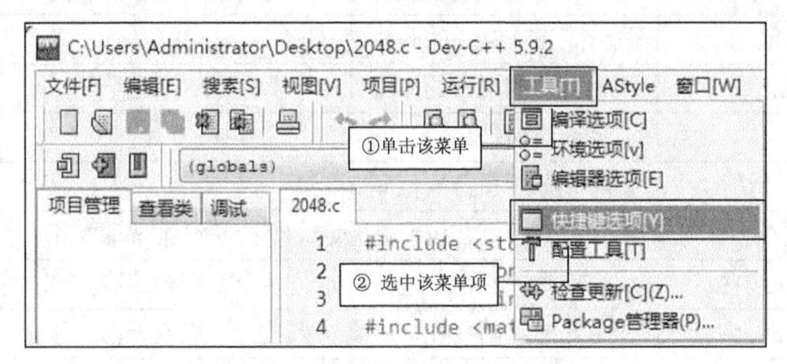

图 1-7 选择“快捷键选项”菜单

（2）在“配置快捷键”对话框中，可查看 Dev C++中的各种快捷键，如图 1-8 所示。

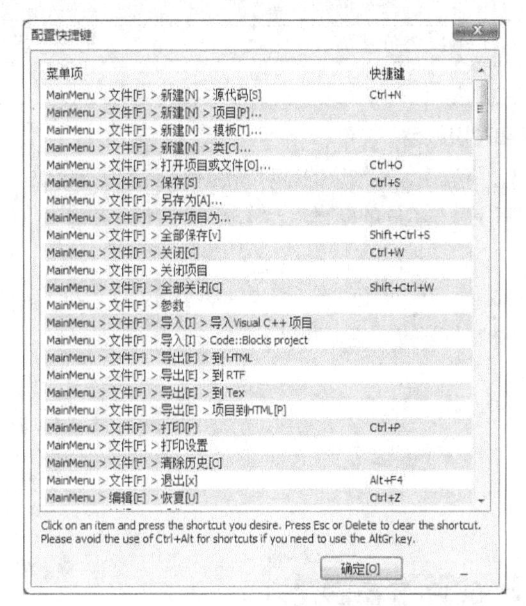

图 1-8 “快捷键选项”对话框

（3）在图 1-8 所示的列表中，显示了 Dev C++中提供的命令及其对应的快捷键，读者可以在该对话框中查看所需命令的快捷键，也可以选中指定命令，直接通过键盘来修改该命令所对应的快捷键。

虽然通过“配置快捷键”对话框，可以修改 Dev C++命令的快捷键，但是笔者建议不要随意修改 Dev C++中的快捷键。

（4）Dev C++的常用快捷键

Dev C++的编辑功能十分强大，掌握了编辑相关的快捷键，能够大大提高开发效率。Dev C++提供的常用快捷键如表 1-1 所示。

表 1-1　Dev C++常用的快捷键

快捷键	说明
Ctrl + S	保存
Ctrl + 方向键上或下	光标保持在当前位置不动，进行上下翻页，翻页是一行一行进行的
Ctrl + Home 键	跳转到当前文本的开头处
Ctrl + End 键	跳转到当前文本的末尾处
Ctrl + /	注释或取消注释
Ctrl + D	删除光标所在行的代码
Shift + 方向键上或下	从当前光标所在位置处开始，整行整行第选取文本
Shift + 方向键左或右	从当前光标所在位置处开始，逐个字符第选取文本，字符包括字母和符号
Ctrl + Shift + 方向键上或下	选中光标当前所在行，将这行进行上移或下移，于上行或下行对调
Ctrl + Shift + 方向键左或右	逐个单词地选取文本，忽略符号，是在单词和数字之间进行
Ctrl + Shift + G	弹出对话框，输入要跳转到的函数名
Ctrl +鼠标单击	可以跟踪方法和类的源码
F11	编译运行
F5	调试

4．设置控制台文字颜色和背景颜色

为了更便于读者阅读本书，将程序运行结果的显示底色和文字都进行修改。修改过程如下。

（1）按 F11 键执行一个程序，在程序的标题栏上单击鼠标右键，在弹出的快捷菜单中选择“属性”命令，如图 1-9 所示。

（2）此时弹出“属性”对话框，在“颜色”选项卡中对“屏幕文字”和“屏幕背景”进行修改，如图 1-10 所示。在此读者可以根据自己的喜好设定颜色并显示。

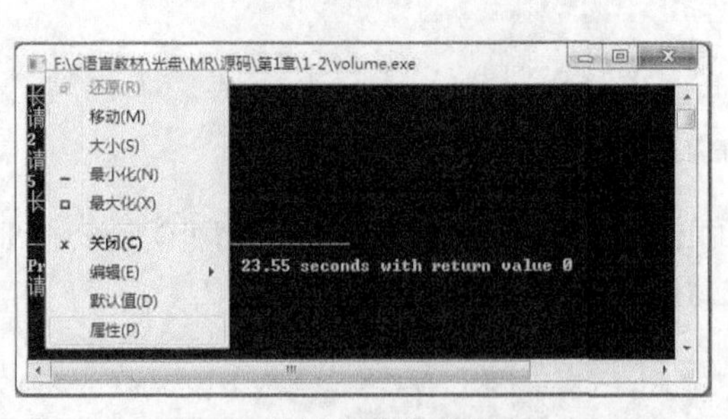

图 1-9　选择“属性”命令

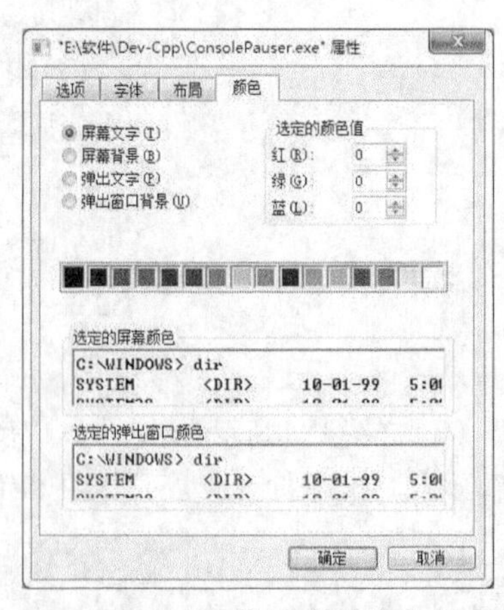

图 1-10　选择“属性”命令

（3）在“属性”页面，将“屏幕背景”设置为白色，“屏幕文字”设置为黑色，单击“确定”按钮之后，程序界面显示如图 1-11 所示。

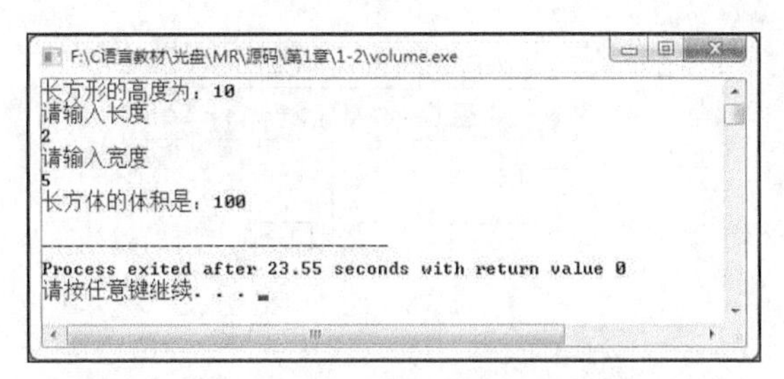

图 1-11　完成设置文字颜色和背景之后的程序页面

1.6.2　Visual C++ 6.0

Visual C++ 6.0 是一个功能强大的可视化软件开发工具，它将程序的代码编辑、程序编译、链接和调试等功能集于一身。在编写 C 语言方面，它和 Dev C++的功能类似，都可实现 C 语言的编译。

1. 了解 Visual C++ 6.0 的主界面

双击 Visual C++ 6.0 安装目录下的 MSDEV.EXE 文件，启动 Visual C++ 6.0，通过“文件”/“新建”可新建一个 Win32 Console Application 项目。创建好项目后，显示 Visual C++ 6.0 的主界面，如图 1-12 所示。

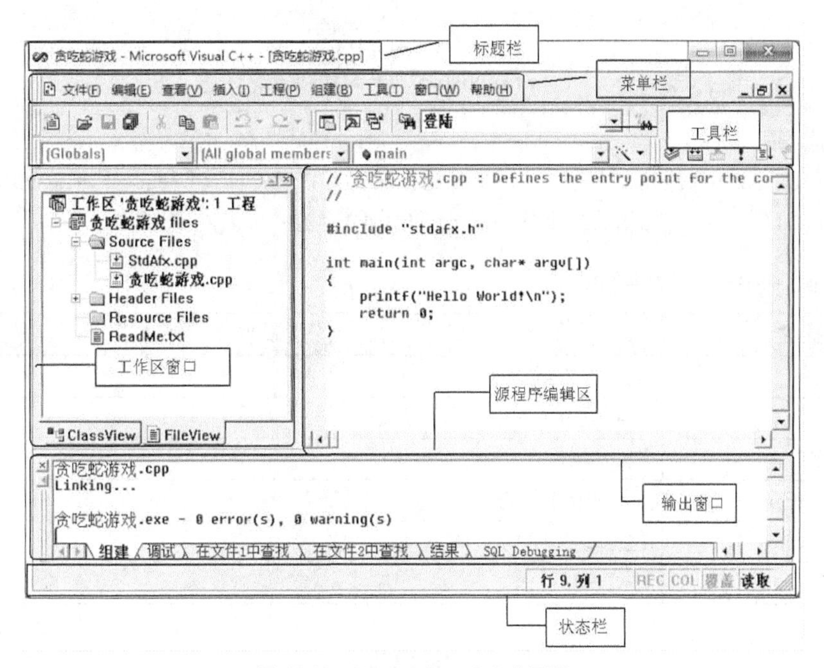

图 1-12　Visual C++ 6.0 主界面

2. Visual C++ 6.0 的菜单简介

由于安装的是 Visual C++ 6.0 中文版，所以菜单栏中各项的作用通过中文名字可一目了然。下面介绍一下 Visual C++ 6.0 界面中的工具栏。

工具栏是一种图形化的操作界面，与菜单栏一样也是开发环境的重要组成部分。工具栏中主要列出了在开发过程中经常使用的一些功能，具有直观和快捷的特点，熟练使用这些工具按钮将大大提高工作效率。工具栏由许多小图标组成，各自的用途如图 1-13 所示。

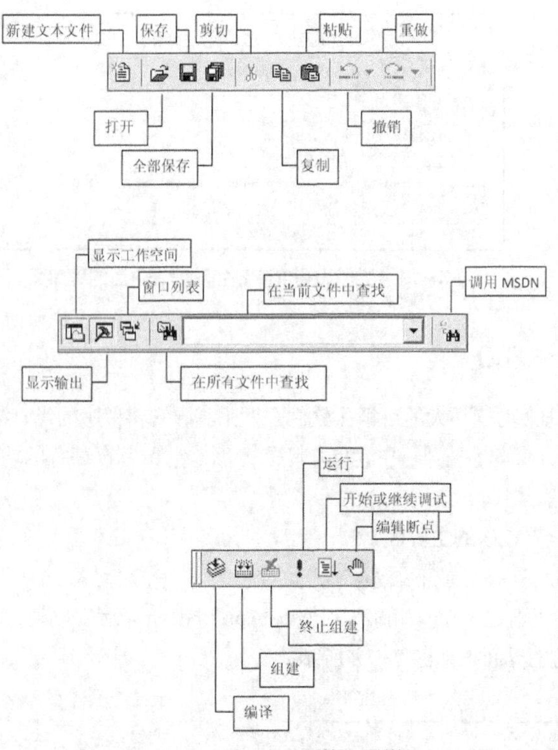

图 1-13 Visual C++ 6.0 的工具栏

3. 快捷键介绍

在编写程序时，使用快捷键会加快程序的编写进度。在此建议读者对于常用的操作最好使用快捷键进行。下面列出在 Visual C++ 6.0 中常用的快捷键，如表 1-2 所示。

表 1-2 Visual C++ 6.0 常用的快捷键

快捷键	说明
Ctrl + N	创建一个新文件
Ctrl +]	检测程序中的括号是否匹配
F7	Build 操作
Ctrl+F5	Execute（执行）操作
Alt+F8	整理多段不整齐的源代码
F5	进行调试

小 结

本章首先讲解了关于 C 语言的发展历史，可以看出 C 语言的重要性及其重要地位。然后讲解了 C 语言的特点，通过这些特点进一步验证了 C 语言的重要地位。接下来通过一个简单的 C 语言程序和一个完整的 C 语言程序，将 C 语言的概貌呈现给读者，使读者对 C 语言编程有一个总体的认识。

最后对两个比较流行的 C 程序开发环境进行了介绍，通过实例的创建，将如何使用这两种开发环境进行了详细的说明，使读者按书中的步骤就可以编写实现自己的程序，为后面的学习提供了验证程序结果的方法，并且培养了动手实践的能力。

上机指导

Dev C++的下载和安装。

Dev C++是一个 Windows 环境下 C/C++的继承开发环境。开发环境包括多页面窗口、工程编辑器以及调试器等，在工程编辑器中集合了编辑器、编译器、链接程序和执行程序，提供高亮语法显示，以减少编辑错误，适合初学者与编程高手的不同需求，是学习 C 或 C++的首选开发工具。

上机指导

1. Dev C++的下载

关于 Dev C++的下载，并没有官方的网址来提供下载，需要读者在网上自行搜索下载。本书中使用的 Dev C++的版本是 5.9.2，读者可以在搜索引擎上输入“dev c++ 5.9.2 下载”等关键字，来查找合适的安装包的下载。

2. Dev C++的安装

本书中用到的 Dev C++是免安装版，就是不需要安装，即可直接使用。图 1-14 为 Dev C++所在的文件夹，双击此文件夹中的 devcpp.exe 文件，即可打开 Dev C++工具。

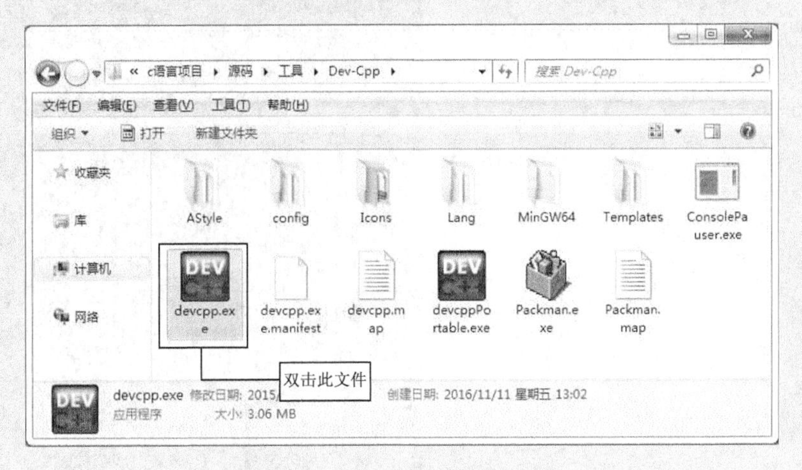

图 1-14 Dev C++工具所在文件夹

说明

每次运行 Dev C++工具，都会进入此文件夹中，比较繁琐。可以在 devcpp.exe 上单击右键，选择“发送到”/“桌面快捷方式”，生成快捷方式，这样运行 Dev C++时，只要在桌面上双击 Dev C++的快捷方式，即可运行开发工具了。

习 题

1-1 编写程序，在屏幕上输出一句喜欢的名言警句。

1-2 设计一个简单的求和程序。

1-3 设计一个程序，给变量 a 赋值，再将 a 的值输出到屏幕上。

1-4 已知正方形的边长为 4，根据已知的条件计算出正方形的周长，并将其输出。

1-5 使用输出语句输出一个正方形。

PART02

第2章

算法

本章要点：

- 了解算法的特效
- 了解如何用自然语言描述算法
- 掌握如何用3种基本结构表示算法
- 掌握N-S流程图

■ 通常，一个程序包含算法、数据结构、程序设计方法、语言工具及环境这 4 个方面，其中算法是核心，算法就是解决“做什么”和“如何做”的问题。正是因为算法如此重要，所以单独列出一章来介绍算法的基本知识。

2.1 算法的基本概念

算法与程序设计以及数据结构密切相关，是解决一个问题的完整的步骤描述，是解决问题的策略、规则、方法。算法的描述形式有很多种，像传统流程图、结构化流程图及计算机程序语言等，下面就介绍算法的一些相关内容。

2.1.1 算法的特性

算法的特性

一个算法是为解决某一特定类型的问题而制订的一个实现过程，它具有下列特性。

1. 有穷性

一个算法必须在执行有穷步之后结束且每一步都可在有穷时间内完成，不能无限地执行下去。如要编写一个由小到大整数累加的程序，这时要注意一定要设一个整数的最上限，也就是加到哪个数为止。若没有这个最上限，那么程序将无终止地运行下去，也就是常说的死循环。

2. 确定性

算法的每一个步骤都应当是确切定义的，对于每一个过程不能有二义性，将要执行的每个动作必须作出严格而清楚的规定。

3. 可行性

算法中的每一步都应当能有效地运行，也就是说算法是可执行的，并要求最终得到正确的结果。如下面一段程序：

```
int x,y,z;
scanf("%d,%d,%d",&x,&y,&z);
if(y==0)
z=x/y;
```

这段代码中，“z=x/y;”就是一个无效的语句，因为0不可以做分母。

4. 输入

一个算法应有零个或多个输入，输入是在执行算法时需要从外界取得必要的如算法所需的初始量等一些信息。例如：

```
int a,b,c;
scanf("%d,%d,%d",&a,&b,&c);
```

上面的代码就是有多个输入。又如：

```
main()
{
    printf("hello world!");
}
```

上面代码中有零个输入。

5. 输出

一个算法有一个或多个输出。什么是输出？输出就是算法最终所求的结果。编写程序的目的就是要得到一个结果，如果一个程序运行下来没有任何结果，那么这个程序本身也就失去了意义。

2.1.2 算法的优劣

算法的优劣

衡量一个算法的好坏，通常要从以下4个方面来分析。

（1）正确性

正确性也就是所写的算法能满足具体问题的要求，即对任何合法的输入算法都会得出正确的结果。

（2）可读性

可读性是指算法被写好之后，该算法被理解的难易程度。一个算法可读性的好坏十分重要，如果一个算法比较抽象，难于理解，那么这个算法就不易交流和推广使用，对于修改、扩展、维护都十分不方便。因此在写一个算法时，要尽量将该算法写得简明易懂。

（3）健壮性

一个程序完成后，运行该程序的用户对程序的理解各有不同，并不能保证每一个人都能按照要求进行输入。健壮性就是指当输入的数据非法时，算法也会作出相应判断，而不会因为输入的错误造成瘫痪。

（4）时间复杂度与空间复杂度

简单地说，时间复杂度就是算法运行所需要的时间。不同的算法具有不同的时间复杂度，当一个程序较小时，感觉不到时间复杂度的重要性；当一个程序特别大时，便会察觉到时间复杂度实际上是十分重要的。因此写出更高速的算法一直是算法不断改进的目标。空间复杂度是指算法运行所需的存储空间的多少。随着计算机硬件的发展，空间复杂度已经不再显得那么重要。

2.2 算法的描述

算法包含算法设计和算法分析两方面内容。算法设计主要研究怎样针对某一特定类型的问题设计出求解步骤，算法分析则要讨论所设计出来的算法步骤的正确性和复杂性。

对于一些问题的求解步骤，需要一种表达方式，即算法描述。他人可以通过这些算法描述来了解算法设计者的思路。表示一个算法，可以用不同的方法，常用的有自然语言、流程图、N-S 流程图等。下面将对算法的描述作进一步介绍。

2.2.1 自然语言

自然语言就是人们日常用的语言，这种表示方式通俗易懂，下面通过实例具体介绍。

【例 2-1】 求n!。

（1）定义 3 个变量 i、n 及 mul，并为 i 和 mul 均赋初值为 1。

（2）从键盘中输入一个数赋给 n。

（3）将 mul 乘以 i 的结果赋给 mul。

（4）i 的值加 1，判断 i 的值是否大于 n，如果大于 n，则执行步骤（5），否则执行步骤（3）。

自然语言

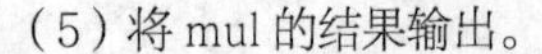

（5）将 mul 的结果输出。

【例 2-2】 任意输入 3 个数，求这 3 个数中的最小数。

（1）定义 4 个变量分别为 x、y、z 以及 min。

（2）输入大小不同的 3 个数分别赋给 x、y、z。

（3）判断 x 是否小于 y，如果小于，则将 x 的值赋给 min，否则将 y 的值赋给 min。

（4）判断 min 是否小于 z，如果小于，则执行步骤（5），否则将 z 的值赋给 min。

（5）将 min 的值输出。

以上介绍的实例 2-1 及实例 2-2 的算法实现过程就是采用自然语言来描述的。从上面的描述中会发现用自然语言描述的好处，就是易懂。但是采用自然语言进行描述也有很大的弊端，就是容易产生歧义。例如，将实例2-1步骤（3）中的“将mul乘以i的结果赋给mul”改为“mul等于i乘以mul”，这样就产生了歧义，并且用自然语言来描述较为复杂的算法就显得不是很方便，因此一般情况下不采用自然语言来描述。

2.2.2 流程图

流程图是一种传统的算法表示法，它用一些图框来代表各种不同性质的操作，用流程线来指示算法的执行方向。由于它直观形象，易于理解，所以应用广泛，特别是在语言发展的早期阶段，只有通过流程图才能简明地表述算法。

1. 流程图符号

流程图是使用一些图框来表示各种操作的。图2-1所示为一些常见的流程图符号，其中，起止框用来标识算法的开始和结束；判断框的作用是对一个给定的条件进行判断，根据给定的条件是否成立来决定如何执行后续操作；因版面限制，利用连接点进行关联。下面通过一个实例来介绍这些图框如何使用。

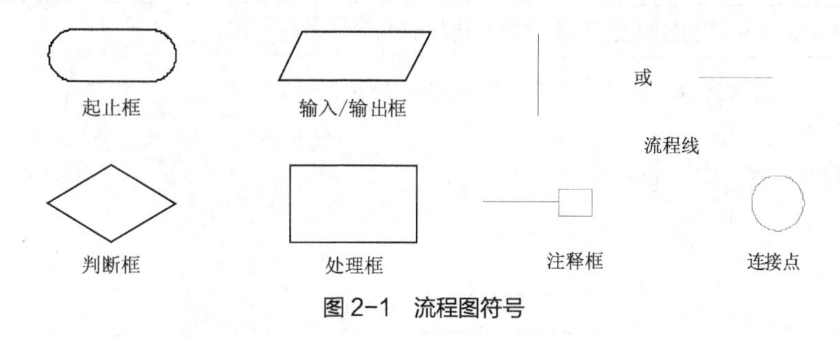

图2-1 流程图符号

【例2-3】从键盘中输入3个数并分别赋给a、b、c，要求按从大到小的顺序将它们打印出来。流程如图2-2所示。

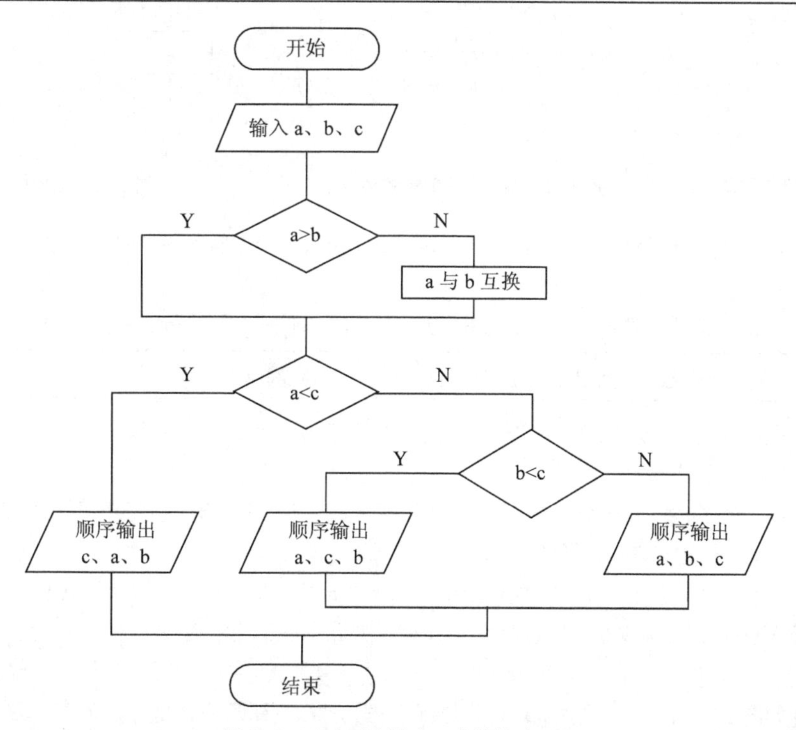

图2-2 由大到小输出3个数的流程图

2. 3 种基本结构

Bohra 和 Jacopini 为了提高算法的质量，经研究提出了 3 种基本结构，即顺序结构、选择结构和循环结构，因为任何一个算法都可由这 3 种基本结构组成。这 3 种基本结构之间可以并列，可以相互包含，但不允许交叉，不允许从一个结构直接转到另一个结构的内部去。

整个算法都是由 3 种基本结构组成的，所以只要规定好 3 种基本结构的流程图的画法，就可以画出任何算法的流程图。

（1）顺序结构

顺序结构是简单的线性结构，在顺序结构的程序中，各操作是按照它们出现的先后顺序执行的，如图 2-3 所示。

在执行完 A 框所指定的操作后，接着执行 B 框所指定的操作，这个结构中只有一个入口点 A 和一个出口点 B。

【例 2-4】 输入两个数分别赋给变量 i 和 j，再将这两个数分别输出。

本实例的流程图可以采用顺序结构来实现，如图 2-4 所示。

（2）选择结构

选择结构也称为分支结构，如图 2-5 所示。

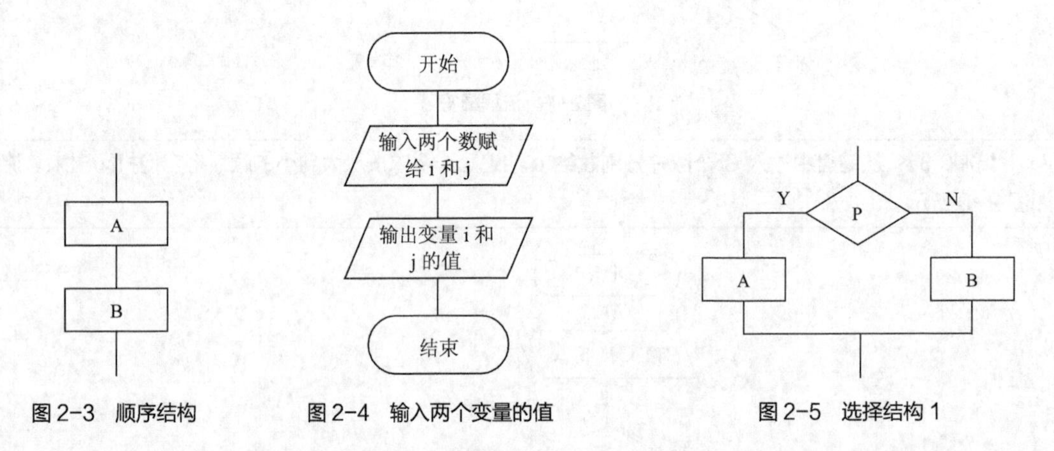

图 2-3　顺序结构　　图 2-4　输入两个变量的值　　图 2-5　选择结构 1

选择结构中必须包含一个判断框。图 2-5 所代表的含义是根据给定的条件 P 是否成立选择执行 A 框或者是 B 框。

图 2-6 所代表的含义是根据给定的条件 P 进行判断，如果条件成立则执行 A 框，否则什么也不做。

【例 2-5】 输入一个数，判断该数是否为偶数，并给出相应提示。

本实例的流程图可以采用选择结构来实现，如图 2-7 所示。

（3）循环结构

在循环结构中，反复地执行一系列操作，直到条件不成立时才终止循环。按照判断条件出现的位置，可将循环结构分为当型循环结构和直到型循环结构。

当型循环如图 2-8 所示。当型循环是先判断条件 P 是否成立，如果成立，则执行 A 框；执行完 A 框后，再判断条件 P 是否成立，如果成立，接着再执行 A 框；如此反复，直到条件 P 不成立为止，此时不执行 A 框，跳出循环。

直到型循环如图 2-9 所示。直到型循环是先执行 A 框，然后判断条件 P 是否成立，如果条件 P 成立则再执行 A；然后判断条件 P 是否成立，如果成立，接着再执行 A 框；如此反复，直到条件 P 不成立，此时不执行A框，跳出循环。

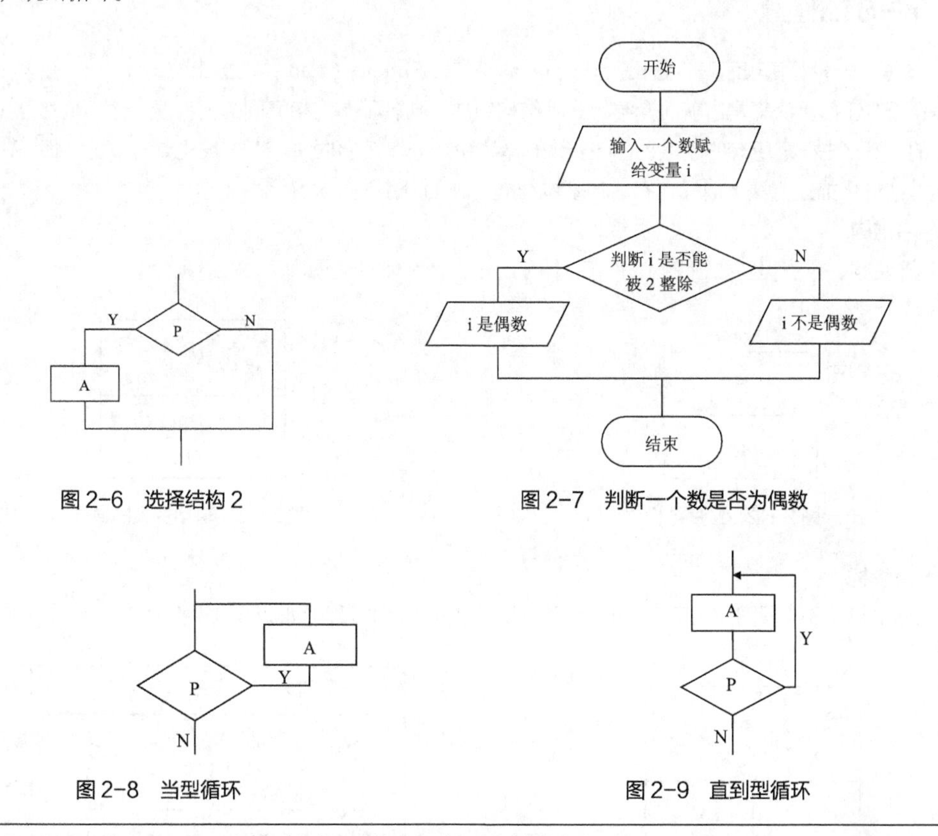

图2-6 选择结构2

图2-7 判断一个数是否为偶数

图2-8 当型循环

图2-9 直到型循环

【例2-6】 求1和100之间（包括1和100）所有整数之和。

本实例的流程图可以用当型循环结构来表示，如图2-10所示。

本实例的流程图也可以用直到型循环结构来表示，如图2-11所示。

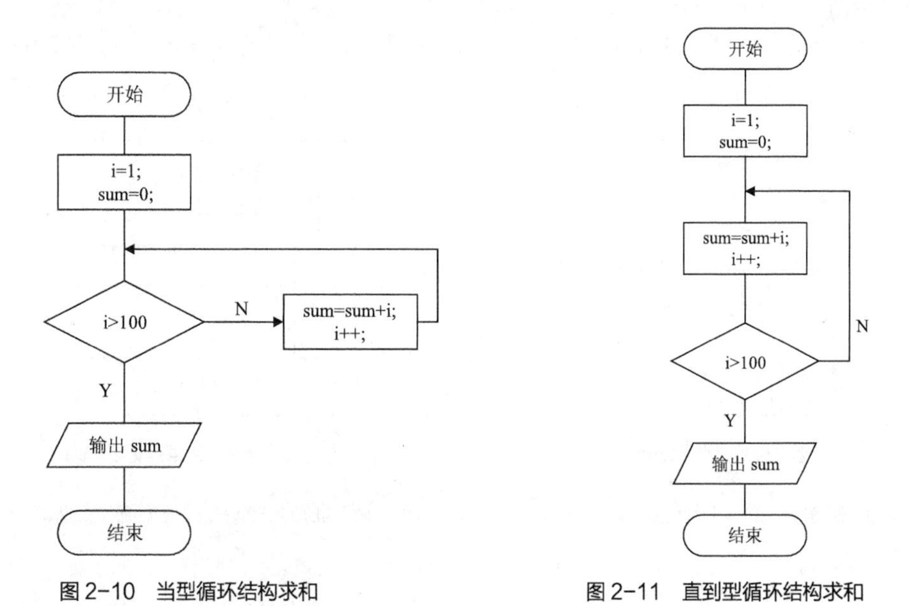

图2-10 当型循环结构求和

图2-11 直到型循环结构求和

2.2.3 N-S 流程图

N-S 流程图

N-S 图是另一种算法表示法，是由美国人 I.Nassi 和 B.Shneiderman 共同提出的，其根据是：既然任何算法都是由前面介绍的 3 种结构组成，则各基本结构之间的流程线就是多余的，因此去掉了所有的流程线，将全部的算法写在一个矩形框内。N-S 图也是算法的一种结构化描述方法，同样也有 3 种基本结构，下面分别进行介绍。

1. 顺序结构

顺序结构的 N-S 流程图如图 2-12 所示。【例 2-4】的 N-S 流程图如图 2-13 所示。

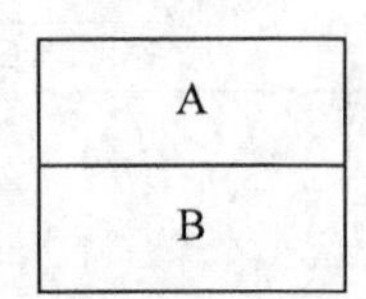

图 2-12 顺序结构

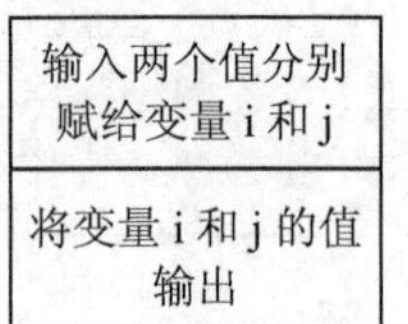

图 2-13 输出变量的值

2. 选择结构

选择结构的 N-S 流程图如图 2-14 所示。【例 2-5】的 N-S 流程图如图 2-15 所示。

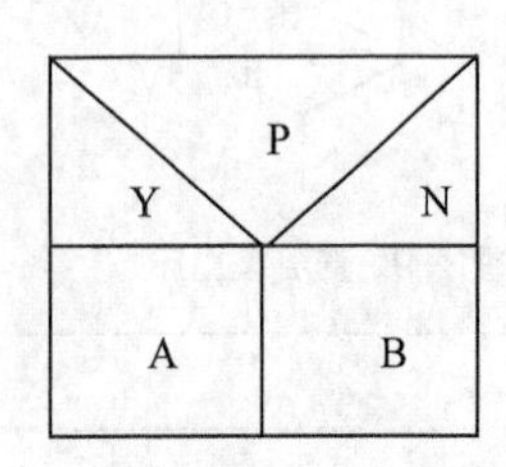

图 2-14 选择结构

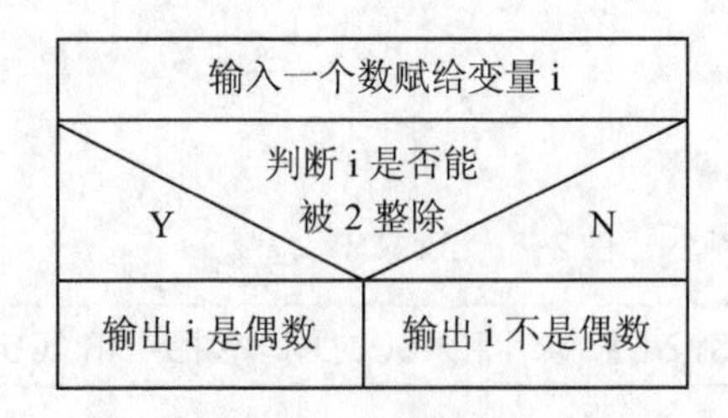

图 2-15 判断偶数

3. 循环结构

（1）当型循环的 N-S 流程图如图 2-16 所示。【例 2-6】的当型循环的 N-S 流程图如图 2-17 所示。

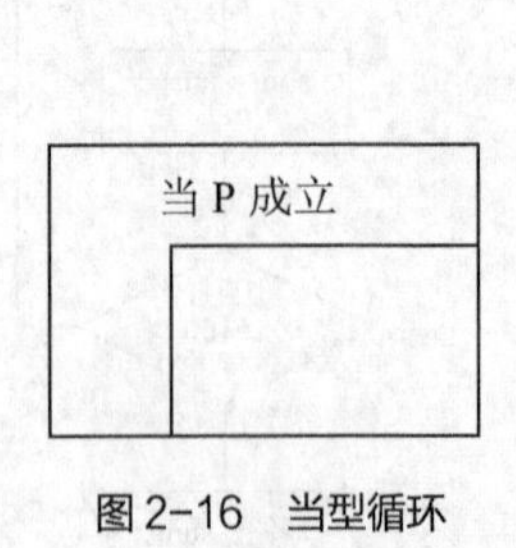

图 2-16 当型循环

i=1;sum=0
i<=100
sum=sum+i;
i++;
输出 sum 的值

图 2-17 当型循环求和

（2）直到型循环的 N-S 流程图如图 2-18 所示。【例 2-6】的直到型循环的 N-S 流程图如图 2-19 所示。

这3种基本结构都只有一个入口和一个出口，结构内的每一部分都有可能被执行，且不会出现无终止循环的情况。

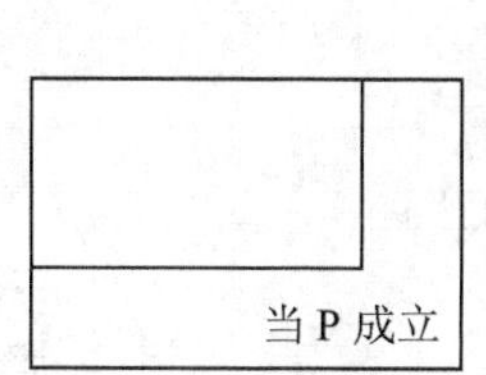

图2-18　直到型循环

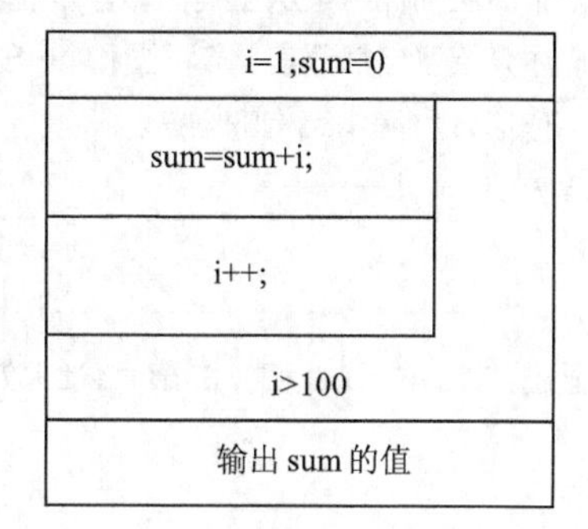

图2-19　直到型循环求和

【例2-7】 从键盘中输入一个数n，求n!。

本实例的流程图如图2-20所示。

本实例的N-S流程图如图2-21所示。

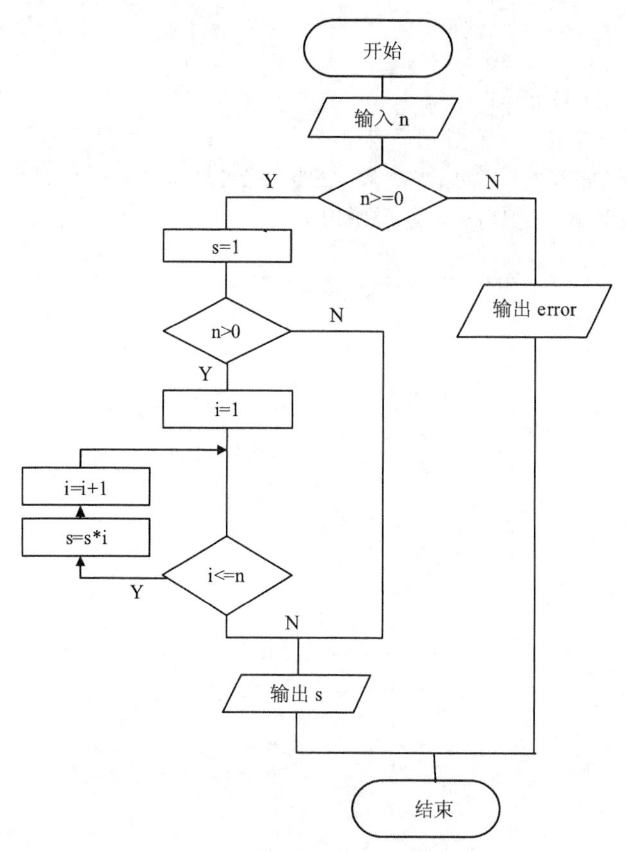

图2-20　求n!的流程图

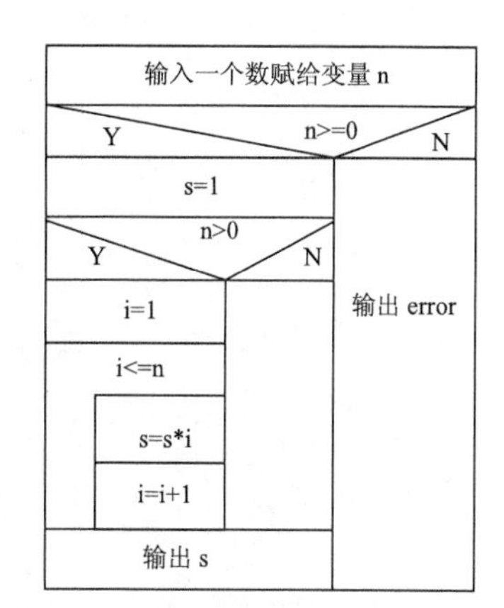

图2-21　求n!的N-S流程图

小 结

本章主要介绍了算法的基本概念及算法描述两方面的内容。算法的基本概念包括算法的特征和如何评价一个算法的优劣，算法的特征包括有穷性、确定性、可行性、输入和输出 5 方面的内容。评价一个算法的优劣可从正确性、可读性、健壮性以及时间复杂度与空间复杂度这 4 个方面来考虑。算法描述介绍了自然语言、流程图和 N-S 流程图 3 种方法，其中要重点掌握顺序结构、选择结构和循环结构这 3 种基本结构的画法。

上机指导

画出“求两个数 a 和 b 的最大公约数”程序的流程图和 N-S 流程图。

上机指导

习 题

2-1　算法的特性有什么?

2-2　使用流程图表示求 1+2+3+4+5+6 的算法。

2-3　使用伪代码表示 2000~2500 年中的每一年是否是闰年。

2-4　使用计算机语言表示上机指导中的实例“求两个数 a 和 b 的最大公约数”。

2-5　使用计算机语言表示 2000~2500 年中的每一年是否是闰年。

PART03

第3章

数据类型

本章要点：

- 了解编程规范的重要性
- 掌握如何使用常量
- 掌握变量在程序编写中的作用及重要性
- 区分变量的各种存储类别

■ 在所有程序语言中，C 语言是十分重要的，学好C 语言就可以很容易掌握任何一门语言，因为在每种语言中都会有一些共性存在。同时，一个好的程序员在编写代码时，一定要有规范性，因为清晰、整洁的代码才是有价值的。

■ 本章致力于使读者掌握 C 语言中重要的一个环节，即有关常量与变量的知识，只有明白这些知识才可以编写程序。

3.1 编程规范

编程规范

俗话说，“没有规矩不成方圆。”虽然在C语言中编写代码是自由的，但是为了使编写的代码具有通用、友好的可读性，在进行编写程序时，应该尽量按照编写程序的规范编写所设计的程序。

1. 代码缩进

代码缩进统一为4个字符。不采用空格，而用Tab键制表位。

```
#include<stdio.h>
int main()                                  /*主函数main*/
{
    int iResult=0;                          /*定义变量*/
    int i;
    printf("由1加到100的结果是：");          /*输出语句*/
    for(i=1;i<100;i++)
    {                    进行代码缩进
        iResult=i+iResult;
    }
    printf("%d\n",iResult);                 /*输出结果*/
    return 0;                               /*结束返回*/
}
```

2. 变量、常量命名规范

常量命名统一为大写格式。如果是成员变量，均以m_开始。如果是普通变量，取与实际意义相关的名称，要在前面添加类型的首字母，并且名称的首字母要大写。如果是指针，则为其标识符前添加p字符，并且名称首字母要大写。例如：

```
#define AGE     20                          /*定义常量*/
int m_iAge;                                 /*定义整型成员变量*/
int iNumber;                                /*定义普通整型变量*/
int * pAge;                                 /*定义指针变量*/
```

3. 函数的命名规范

在定义函数时，函数名的首字母要大写，其后的字母大小写混合。例如：

```
int AddTwoNum(int num1,int num2);
```

4. 注释

尽量采用行注释。如果行注释与代码处于一行，则注释应位于代码右方。如果连续出现多个行注释，并且代码较短，则应对齐注释。例如：

```
Int iLong;                                  /*长度*/
Int iWidth;                                 /*宽度*/
Int iHieght                                 /*高度*/
```

3.2 关键字

关键字

C语言中有32个关键字，如表3-1所示。今后的学习中将会逐渐接触到这些关键字的具体使用方法。

0	0	0	0	0	0	0	0	0	0	0	0	1	0	1	1

图 3-2　十进制数 11 在内存中

如果是-11，那么在内存中又是怎样的呢？因为是以补码进行表示，所以负数要先将其绝对值求出，如图 3-2 所示；然后进行取反操作，如图 3-3 所示，得到取反后的结果。

1	1	1	1	1	1	1	1	1	1	1	1	0	1	0	0

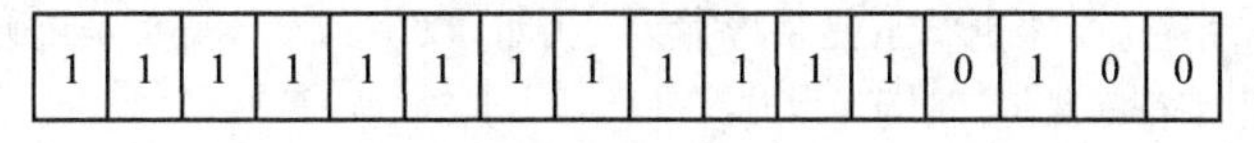

图 3-3　进行取反操作

取反之后还要进行加 1 操作，这样就得到最终的结果。图 3-4 所示为-11 在计算机内存中存储的情况。

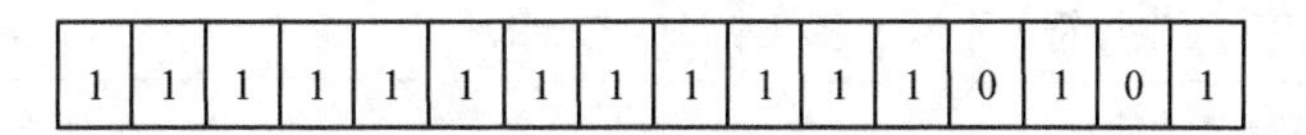

1	1	1	1	1	1	1	1	1	1	1	1	0	1	0	1

图 3-4　加 1 操作

说明

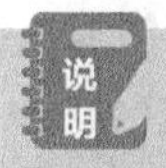

对于有符号整数，其在内存中存放的最左面一位表示符号位，如果该位为 0，则说明该数为正；若为 1，则说明该数为负。

3.5.2　实型常量

实型常量

实型也称为浮点型，是由整数部分和小数部分组成的，其中用十进制的小数点进行隔开。表示实数的方式有以下两种。

1. 科学计数方式

科学计数方式就是使用十进制的小数方法描述实型，例如：

```
SciNum1=123.45;                              /*科学计数法*/
SciNum2=0.5458;
```

2. 指数方式

有时实型非常大或者非常小，这样使用科学计数方式是不利于观察的，这时可以使用指数方法显示实型常量。其中，使用字母 e 或者 E 进行指数显示，如 45e2 表示的就是 4500，而 45e-2 表示的就是 0.45。如上面的 SciNum1 和 SciNum2 代表的实型常量，使用指数方式显示这两个实型常量如下所示：

```
SciNum1=1.2345e2;                            /*指数方式显示*/
SciNum2=5.458e-1;
```

在编写实型常量时，可以在常量的后面加上符号 F 或者 L 进行修饰。F 表示该常量是 float 单精度类型，L 表示该常量为 long double 长双精度类型。例如：

```
FloatNum= 1.2345e2F                          /*单精度类型*/
LongDoubleNum=5.458e-1L;                     /*长双精度类型*/
```

如果不在后面加上后缀，那么在默认状态下，实型常量为 double 双精度类型。例如：

```
DoubleNum= 1.2345e2;                         /*双精度类型*/
```

注意

后缀的大小写是通用的。

3.5.3 字符型常量

字符型常量

字符型常量与之前所介绍的常量有所不同，即要对其字符型常量使用指定的定界符进行限制。字符型常量可以分成两种：一种是字符常量，另一种是字符串常量。下面分别对这两种字符型常量进行介绍。

1. 字符常量

使用单直撇括起一个字符，这种形式就是字符常量。例如，'A'、'#'、'b'等都是正确的字符常量。在这里需要注意以下 3 点有关使用字符常量的注意事项。

- ❑ 字符常量中只能包括一个字符，不是字符串。例如，'A'是正确的，但是用'AB'来表示字符常量就是错误的。
- ❑ 字符常量是区分大小写的。例如，'A'字符和'a'字符是不一样的，这两个字符代表着不同的字符常量。
- ❑ ' '这对单直撇代表着定界符，不属于字符常量中的一部分。

【例 3-1】 字符常量的输出。

在本实例中，使用 putchar 函数将单个字符常量进行输出，使得输出的字符常量形成一个单词 Hello 显示在控制台中。

```
#include<stdio.h>
int main()
{
	putchar('H');                         /*输出字符常量H*/
	putchar('e');                         /*输出字符常量e*/
	putchar('l');                         /*输出字符常量l*/
	putchar('l');                         /*输出字符常量l*/
	putchar('o');                         /*输出字符常量o*/
	putchar('\n');                        /*进行换行*/
	return 0;
}
```

运行程序，显示效果如图 3-5 所示。

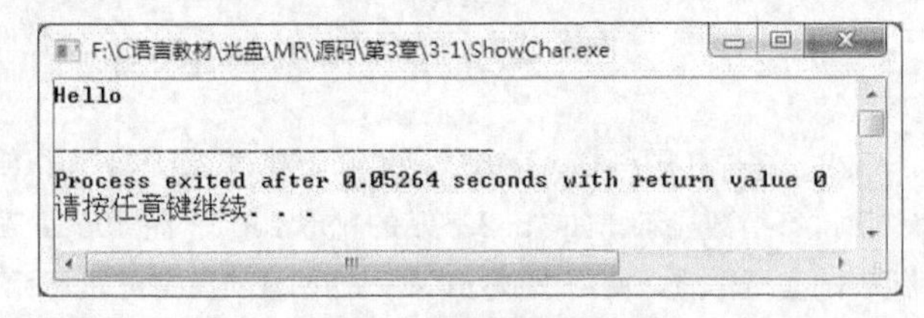

图 3-5 使用字符常量

2. 字符串常量

字符串常量是用一组双引号括起来的若干字符序列。如果在字符串中一个字符都没有，将其称作空串，此时字符串的长度为 0。例如，“Have a good day!”和“beautiful day”即为字符串常量。

C 语言中存储字符串常量时，系统会在字符串的末尾自动加一个“\0”作为字符串的结束标志。例如，字符串“welcome”在内存中的存储形式如图 3-6 所示。

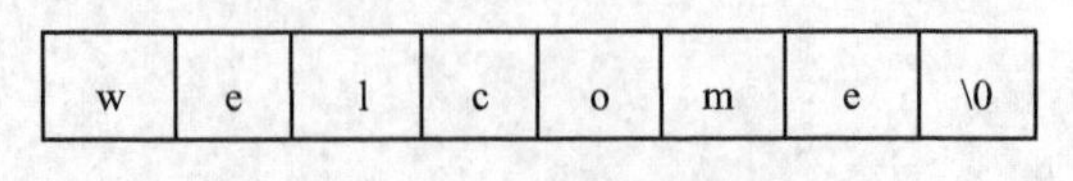

图 3-6 \0 为系统所加

在程序中编写字符串常量时，不必在一个字符串的结尾处加上"\0"结束字符，系统会自动添加结束字符。

【例 3-2】 输出字符串常量。

在本实例中，使用 printf 函数将一个字符串常量"What a nice day!"在控制台进行输出显示。

```
#include<stdio.h>                                  /*包含头文件*/
int main()
{
    printf("What a nice day!\n");                  /*输出字符串*/
    return 0;                                      /*程序结束*/
}
```

运行程序，显示效果如图 3-7 所示。

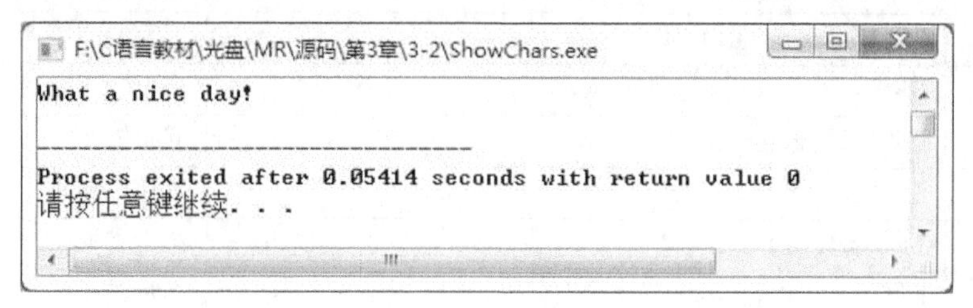

图 3-7　输出字符串

上面介绍了有关字符常量和字符串常量的内容，那么同样是字符，它们之间有什么差别呢？不同点主要体现在以下方面。

- 定界符的使用不同。字符常量使用的是单直撇，而字符串常量使用的是双引号。
- 长度不同。上面提到过字符常量只能有一个字符，也就是说字符常量的长度就是 1。字符串常量的长度却可以是 0，即使字符串常量中的字符数量只有 1 个，长度却不是 1。例如，字符串常量 H，其长度为 2。通过图 3-8 可以体会到，字符串常量 H 的长度为 2 的原因。

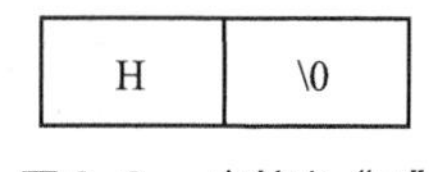

图 3-8　字符串"H"

还记得在字符串常量中有关结束字符的介绍吗？系统会自动在字符串的尾部添加一个字符串的结束字符"\0"，这也就是 H 的长度是 2 的原因。

- 存储的方式不同，在字符常量中存储的是字符的 ASCII 码值；而在字符串常量中，不仅要存储有效的字符，还要存储结尾处的结束标志"\0"。

前面提到过有关 ASCII 码的内容，那么 ASCII 是什么呢？在 C 语言中，所使用的字符被一一映射到一个表中，这个表称为 ASCII 码表，如表 3-2 所示。

表 3-2　ASCII 表

ASCII 值	缩写/字符	解释
0	NUL（null）	空字符（\0）
1	SOH（star to fhanding）	标题开始
2	STX（star to ftext）	正文开始
3	ETX（end of text）	正文结束
4	EOT（end of transmission）	传输结束
5	ENQ（enquiry）	请求
6	ACK（acknowledge）	收到通知
7	BEL（bell）	响铃（\a）
8	BS（backspace）	退格（\b）
9	HT（horizontal tab）	水平制表符（\t）
10	LF（NL）（linefeed,newline）	换行键（\n）
11	VT（verticaltab）	垂直制表符
12	FF（NP）（formfeed,newpage）	换页键（\f）
13	CR（carriagereturn）	回车键（\r）
14	SO（shift out）	不用切换
15	SI（shift in）	启用切换
16	DLE（data link escape）	数据链路转义
17	DC1（device control1）	设备控制 1
18	DC2（device control2）	设备控制 2
19	DC3（device control3）	设备控制 3
20	DC4（device control4）	设备控制 4
21	NAK（negative acknowledge）	拒绝接收
22	SYN（synchronousidle）	同步空闲
23	ETB（end of trans.block）	传输块结束
24	CAN（cancel）	取消
25	EM（end of medium）	介质中断
26	SUB（substitute）	替补
27	ESC（escape）	溢出
28	FS（file separator）	文件分割符
29	GS（group separator）	分组符
30	RS（record separator）	记录分离符
31	US（unit separator）	单元分隔符
32	……	完整表参见附录 A

3.5.4　转义字符

转义字符

在前面的实例 3-1 和实例 3-2 中都能看到“\n”符号，输出结果中却不显示该符号，只是进行了换行操作，这种符号称为转义符号。

转义符号在字符常量中是一种特殊的字符。转义字符是以反斜杠“\”开头的字符，后面跟一个或几个字符。常用的转义字符及其含义如表 3-3 所示。

表 3-3　常用的转义字符表

转义字符	意义	转义字符	意义
\n	回车换行	\\	反斜杠“\”
\t	横向跳到下一制表位置	\'	单引号符
\v	竖向跳格	\a	鸣铃
\b	退格	\ddd	1～3 位八进制数所代表的字符
\r	回车	\xhh	1～2 位十六进制数所代表的字符
\f	走纸换页		

3.5.5　符号常量

符号常量

在【例 1-2】中，程序的功能是求解一个长方体的体积，其中的长方体的高度是固定的，使用一个符号名代替固定的常量值，这里使用的符号名就称之为符号常量。使用符号常量的好处在于可以为编程和阅读带来方便。

【例 3-3】 符号常量的使用。

本实例使用符号常量来表示圆周率，在控制台上显示文字提示用户输入的数据，该数据是有关圆半径的值。得到用户输入的半径，经过计算得到圆的面积，最后将结果显示。

```
#include<stdio.h>
#define PAI 3.14                                    /*定义符号常量*/

int main()
{
        double fRadius;                             /*定义半径变量*/
        double fResult=0;                           /*定义结果变量*/
        printf("请输入圆的半径:");                    /*提示*/
        scanf("%lf",&fRadius);                      /*输入数据*/
        fResult=fRadius*fRadius*PAI;                /*进行计算*/
        printf("圆的面积为：%lf\n",fResult);          /*显示结果*/
        return 0;                                   /*程序结束*/
}
```

运行程序，显示效果如图 3-9 所示。

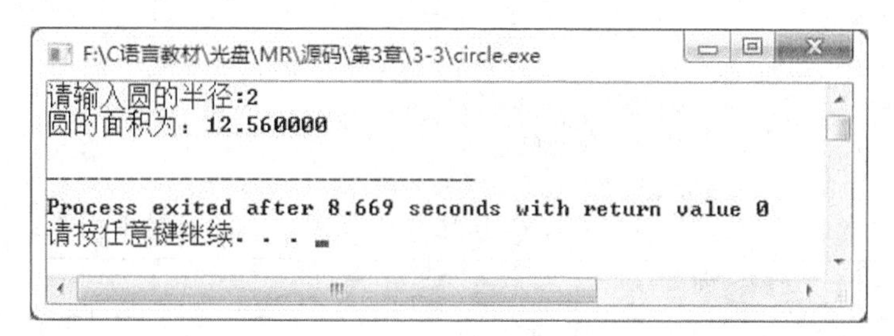

图 3-9　符号常量的使用

3.6 变量

在前面的例子中已经多次接触过变量。变量就是在程序运行期间其值是可以进行变化的量。每一个变量都是一种类型，每一种类型都定义了变量的格式和行为。那么一个变量应该有属于自己的名称，并且在内存中占有存储空间，其中变量的大小取决于类型。C 语言中的变量类型有整型变量、实型变量和字符型变量。

3.6.1 整型变量

整型变量

整型变量是用来存储整型数值的变量。整型变量可以分为表 3-4 所示的 6 种类型，其中基本类型的符号使用 int 关键字，在此基础上可以根据需要加上一些符号进行修饰，如关键字 short 或 long。

表 3-4　整型变量的分类

类 型 名 称	关键字
有符号基本整型	[signed] int
无符号基本整型	unsigned [int]
有符号短整型	[signed] short [int]
无符号短整型	unsigned short [int]
有符号长整型	[signed] long [int]
无符号长整型	unsigned long [int]

表格中的[]为可选部分。例如[signed] int，在编写时可以省略 signed 关键字。

1. 有符号基本整型

有符号基本整型是指 signed int 型，其值是基本的整型常数。编写时，常将其关键字 signed 进行省略。有符号基本整型在内存中占 4 个字节，取值范围是-2147483648 ~ +2147483647。

通常说到的整型，都是指有符号基本整型 int。

定义一个有符号整型变量的方法是使用关键字 int 定义一个变量。例如，定义一个整型的变量 iNumber，为其赋值为 10 的方法如下：

```
int iNumber;                    /*定义有符号基本整型变量*/
iNumber=10;                     /*为变量赋值*/
```

或者在定义变量的同时，为变量进行赋值：

```
int iNumber=10;                 /*定义有符号基本整型变量*/
```

【例 3-4】 有符号基本整型。

本实例是对有符号基本整型变量的使用，可使读者更为直观地看到其作用。

```
#include<stdio.h>
int main()
```

```
{
        signed int iNumber;                    /*定义有符号基本整型变量*/
        iNumber=10;                            /*为变量进行赋值*/
        printf("%d\n",iNumber);                /*显示整型变量*/
        return 0;                              /*程序结束*/
}
```

运行程序，显示效果如图 3-10 所示。

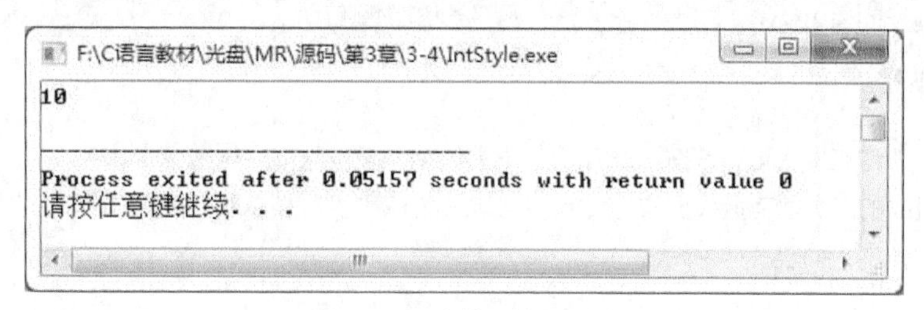

图 3-10　有符号基本整型

2. 无符号基本整型

无符号基本整型使用的关键字是 unsigned int，其中的关键字 int 在编写时是可以省略的。无符号基本整型在内存中占 4 个字节，取值范围是 0～4294967295。

定义一个无符号基本整型变量的方法是在变量前使用关键字 unsigned 定义一个变量。例如，要定义一个无符号基本整型的变量 iUnsignedNum，为其赋值为 10 的方法如下：

```
unsigned iUnsignedNum;                /*定义无符号基本整型变量*/
iUnsignedNum=10;                      /*为变量赋值*/
```

3. 有符号短整型

有符号短整型使用的关键字是 signed short int，其中的关键字 signed 和 int 在编写时是可以省略的。有符号短整型在内存中占两个字节，取值范围是-32768～32767。

定义一个有符号短整型变量的方法是在变量前使用关键字 short 定义一个变量。例如，要定义一个有符号短整型的变量 iShortNum，为其赋值为 10 的方法如下：

```
short iShortNum;                      /*定义有符号短整型变量*/
iShortNum=10;                         /*为变量赋值*/
```

4. 无符号短整型

无符号短整型使用的关键字是 unsigned short int，其中的关键字 int 在编写时是可以省略的。无符号短整型在内存中占两个字节，取值范围是 0～65535。

定义一个无符号短整型变量的方法是在变量前使用关键字 unsigned short 定义一个变量。例如，要定义一个无符号短整型的变量 iUnsignedShtNum，为其赋值为 10 的方法如下：

```
unsigned short iUnsignedShtNum;       /*定义无符号短整型变量*/
iUnsignedShtNum=10;                   /*为变量赋值*/
```

5. 有符号长整型

有符号长整型使用的关键字是 long int，其中的关键字 int 在编写时是可以省略的。有符号长整型在内存中占 4 个字节，取值范围是-2147483648～2147483647。

定义一个有符号长整型变量的方法是在变量前使用关键字 long 定义一个变量。例如，要定义一个有符号长整型的变量 iLongNum，其赋值为 10 的方法如下：

```
long iLongNum;                        /*定义有符号长整型变量*/
iLongNum=10;                          /*为变量赋值*/
```

6. 无符号长整型

无符号长整型使用的关键字是 unsigned long int，其中的关键字 int 在编写时是可以省略的。无符号长整型在内存中占 4 个字节，取值范围是 0～4294967295。

定义一个无符号长整型变量的方法是在变量前使用关键字 unsigned long 定义一个变量。例如，要定义一个有符号长整型的变量 iUnsignedLongNum，为其赋值为 10 的方法如下：

```
unsigned long iUnsignedLongNum;                    /*定义无符号长整型变量*/
iUnsignedLongNum=10;                               /*为变量赋值*/
```

3.6.2 实型变量

实型变量

实型变量也称为浮点型变量，是指用来存储实型数值的变量，其中实型数值是由整数和小数两部分组成的。实型变量根据实型的精度可以分为单精度类型、双精度类型和长双精度类型 3 种类型，如表 3-5 所示。

表 3-5 实型变量的分类

类型名称	关键字
单精度类型	float
双精度类型	double
长双精度类型	long double

1. 单精度类型

单精度类型使用的关键字是 float，它在内存中占 4 个字节，取值范围是$-3.4\times10^{-38}\sim3.4\times10^{38}$。

定义一个单精度类型变量的方法是在变量前使用关键字 float。例如，要定义一个变量 fFloatStyle，为其赋值为 3.14 的方法如下：

```
float fFloatStyle;                          /*定义单精度类型变量*/
fFloatStyle=3.14f;                          /*为变量赋值*/
```

【例 3-5】 使用单精度类型变量。

在本实例中，定义一个单精度类型变量，然后为其赋值为 1.23，最后通过输出语句将其显示在控制台。

```
#include<stdio.h>

int main()
{
        float fFloatStyle;                  /*定义单精度类型变量*/
        fFloatStyle=1.23f;                  /*为变量进行赋值*/
        printf("%f\n",fFloatStyle);         /*输出变量的值*/
        return 0;                           /*程序结束*/
}
```

运行程序，显示效果如图 3-11 所示。

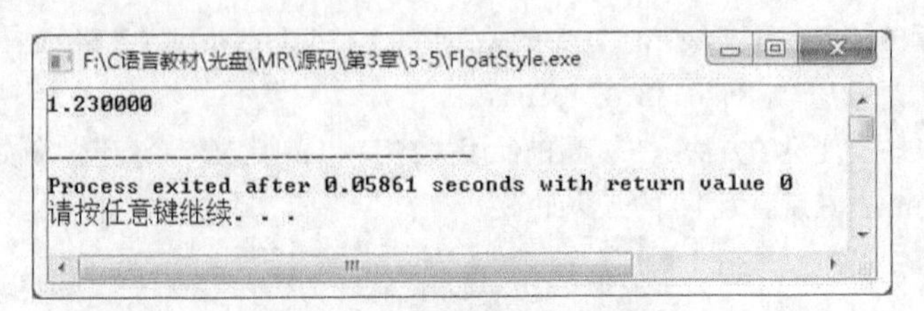

图 3-11 使用单精度类型变量

2. 双精度类型

双精度类型使用的关键字是 double，它在内存中占 8 个字节，取值范围是$-1.7\times10^{-308}\sim1.7\times10^{308}$。

定义一个双精度类型变量的方法是在变量前使用关键字 double。例如，要定义一个变量 dDoubleStyle，为其赋值为 5.321 的方法如下：

```
double dDoubleStyle;                    /*定义双精度类型变量*/
dDoubleStyle=5.321;                     /*为变量赋值*/
```

【例 3-6】 使用双精度类型变量。

在本实例中，定义一个双精度类型变量，然后为其赋值为 61.458，最后通过输出语句将其显示在控制台。

```
#include<stdio.h>

int main()
{
    double dDoubleStyle;                /*定义一个双精度类型变量*/
    dDoubleStyle=61.458;                /*为变量赋值*/
    printf("%f\n",dDoubleStyle);        /*显示变量值*/
    return 0;                           /*程序结束*/
}
```

运行程序，显示效果如图 3-12 所示。

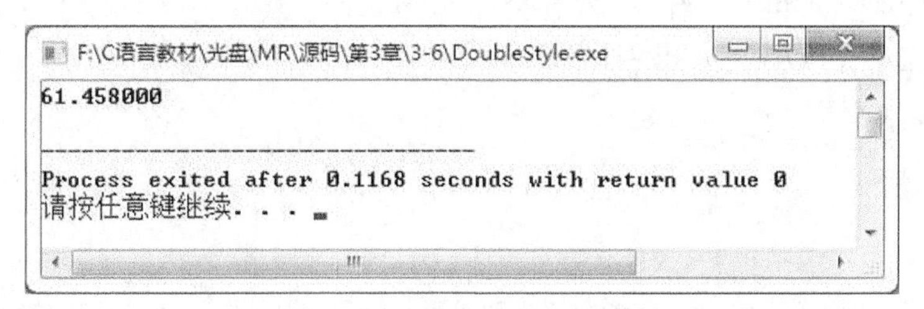

图 3-12 使用双精度类型变量

3. 长双精度类型

长双精度类型使用的关键字是 long double，它在内存中占 8 个字节，取值范围是$-1.7\times10^{-308}\sim1.7\times10^{308}$。

定义一个双精度类型变量的方法是在变量前使用关键字 long double。例如，要定义一个变量 fLongDouble，为其赋值为 46.257 的方法如下：

```
long double fLongDouble;                /*定义双精度类型变量*/
fLongDouble=46.257;                     /*为变量赋值*/
```

【例 3-7】 使用长双精度类型变量。

在本实例中，定义一个长双精度类型变量，然后为其赋值为 46.257，最后通过输出语句将其显示在控制台。

```
#include<stdio.h>

int main()
{
    long double fLongDouble;            /*定义长双精度变量*/
    fLongDouble=46.257;                 /*为变量赋值*/
    printf("%f\n",fLongDouble);         /*将变量值进行输出*/
    return 0;                           /*程序结束*/
}
```

运行程序，显示效果如图 3-13 所示。

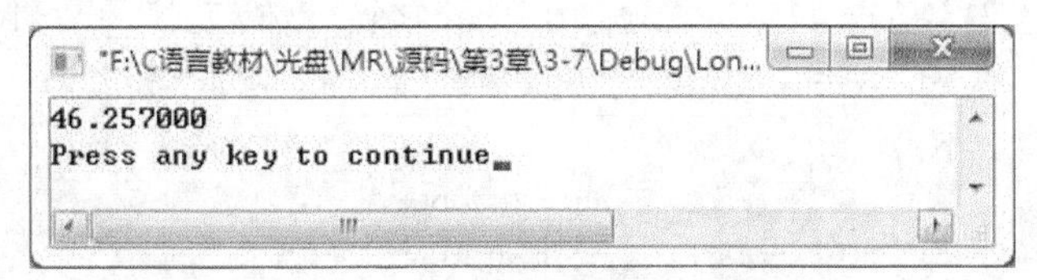

图 3-13　使用长双精度类型变量

本程序使用 Visual C++6.0 运行，因为 Dev C++编译器不支持 long double。

3.6.3　字符型变量

字符型变量是用来存储字符常量的变量。将一个字符常量存储到一个字符变量中，实际上是将该字符的 ASCII 码值（无符号整数）存储到内存单元中。

字符型变量

字符型变量在内存空间中占一个字节，取值范围是-128～127。

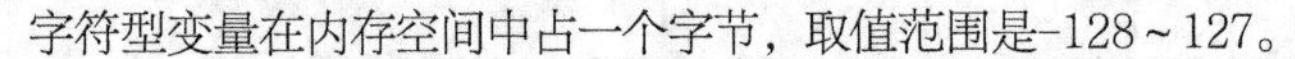

定义一个字符型变量的方法是使用关键字 char。例如，要定义一个字符型的变量 cChar，为其赋值为'a'的方法如下：

```
char cChar;                                   /*定义字符型变量*/
cChar= 'a';                                   /*为变量赋值*/
```

字符数据在内存中存储的是字符的 ASCII 码，即一个无符号整数，其形式与整数的存储形式一样，因此 C 语言允许字符型数据与整型数据之间通用。例如：

```
char cChar1;                                  /*字符型变量cChar1*/
char cChar2;                                  /*字符型变量cChar2*/
cChar1='a';                                   /*为变量赋值*/
cChar2=97;

printf("%c\n",cChar1);                        /*显示结果为a*/
printf("%c\n",cChar2);                        /*显示结果为a*/
```

从上面的代码中可以看到，首先定义两个字符型变量，在为两个变量进行赋值时，一个变量赋值为'a'，而另一个赋值为 97。最后显示结果都是字符'a'。

【例 3-8】 使用字符型变量。

在本实例中为定义的字符型变量和整型变量进行不同的赋值，然后通过输出的结果来观察整型变量和字符型变量之间的转换。

```
#include<stdio.h>
int main()
{
    char cChar1;                              /*字符型变量cChar1*/
    char cChar2;                              /*字符型变量cChar2*/
```

```
        int iInt1;                                  /*整型变量iInt1*/
        int iInt2;                                  /*整型变量iInt2*/

        cChar1='a';                                 /*为变量赋值*/
        cChar2=97;
        iInt1='a';
        iInt2=97;

        printf("%c\n",cChar1);                      /*显示结果为a*/
        printf("%d\n",cChar2);                      /*显示结果为97*/
        printf("%c\n",iInt1);                       /*显示结果为a*/
        printf("%d\n",iInt2);                       /*显示结果为97*/
        return 0;                                   /*程序结束*/
}
```

运行程序，显示效果如图 3-14 所示。

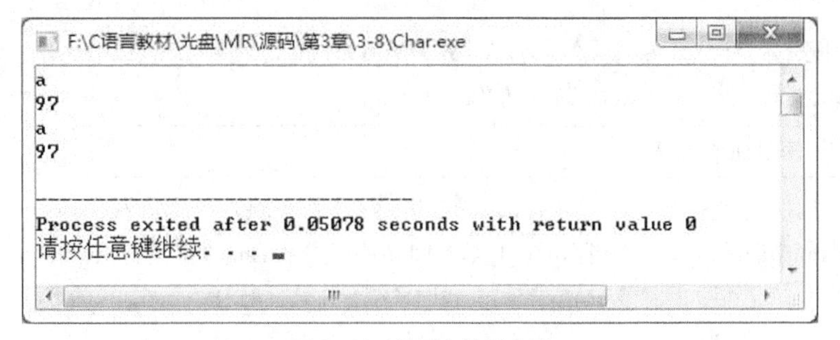

图 3-14　使用字符型变量

以上就是有关整型变量、实型变量和字符型变量的相关知识，在这里对这些知识使用一个表格进行总体的概括，如表 3-6 所示。

表 3-6　数值型和字符型数据的字节数和数值范围

类型	关键字	字节	数值范围
整型	[signed] int	4	-2147483648 ~ 2147483647
无符号整型	unsigned [int]	4	0 ~ 4294967295
短整型	short [int]	2	-32768 ~ 32767
无符号短整型	unsigned short [int]	2	0 ~ 65535
长整型	long [int]	4	-2147483648 ~ 2147483647
无符号长整型	unsigned long [int]	4	0 ~ 4294967295
字符型	[signed] ing	1	-128 ~ 127
无符号字符型	unsigned char	1	0 ~ 255
单精度型	float	4	-3.4 × 10-38 ~ 3.4 × 1038
双精度型	double	8	-1.7 × 10-308 ~ 1.7 × 10308
长双精度型	long double	8	-1.7 × 10-308 ~ 1.7 × 10308

3.7 变量的存储类别

在程序中经常会使用到变量，在 C 程序中可以选择变量的不同存储形式，其存储类别分为静态存储和动态存储。可以通过存储类修饰符来告诉编译器要处理什么样的类型变量，具体主要有自动（auto）、静态（static）、寄存器（register）和外部（extern）4 种。

3.7.1 静态存储与动态存储

静态存储与动态存储

从变量的产生时间上可以分为静态存储和动态存储。

静态存储就是指程序运行分配的固定的存储方式，而动态存储则是在程序运行期间根据需要动态地分配存储空间。

3.7.2 auto 变量

auto 变量

auto 关键字就是修饰一个局部变量为自动的，这意味着每次执行到定义该变量时，都会产生一个新的变量，并且对其重新进行初始化。

【例 3-9】 使用 auto 变量。

在 AddOne 函数中定义一个 static 型的整型变量 iInt，在其中对变量进行加 1 操作。之后在主函数 main 中通过显示的提示语句，可以看到调用两次 AddOne 函数的输出，从结果中可以看到，在 AddOne 函数中定义整型变量时系统会为其分配内存空间，在函数调用结束时自动释放这些存储空间。

```
#include<stdio.h>

void AddOne()
{
	auto int iInt=1;				/*定义auto整型变量*/
	iInt=iInt+1;					/*变量加1*/
	printf("%d\n",iInt);			/*显示结果*/
}
int main()
{
	printf("第一次调用：");			/*显示结果*/
	AddOne();						/*调用AddOne函数*/
	printf("第二次调用：");			/*显示结果*/
	AddOne();						/*调用AddOne函数*/
	return 0;						/*程序结束*/
}
```

运行程序，显示效果如图 3-15 所示。

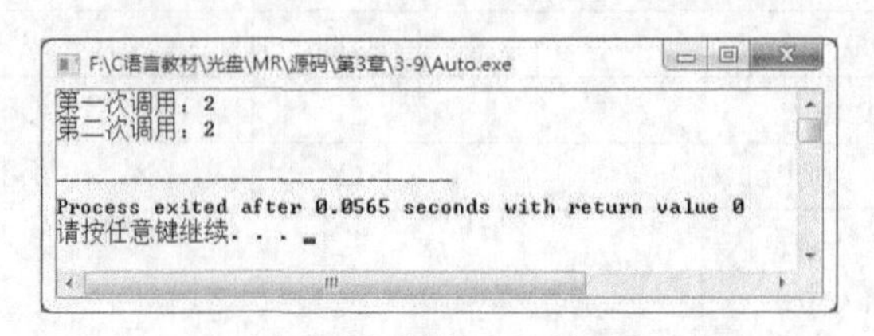

图 3-15 使用 auto 变量

事实上，关键字 auto 是可以省略的，如果不特别指定，局部变量的存储方式默认为自动的。

3.7.3 static 变量

static 变量

static 变量为静态变量，将函数的内部和外部变量声明成 static 变量的意义是不一样的（有关函数的内容在本书的后续章节进行介绍）。不过对于局部变量来说，static 变量是和 auto 变量相对而言的。尽管两者的作用域都是仅限于声明变量的函数之中，但是在语句块执行期间，static 变量将始终保持它的值，并且初始化操作只在第一次执行时起作用。在随后的运行过程中，变量将保持语句块上一次执行时的值。

【例 3-10】 使用 static 变量。

在 AddOne 函数中定义一个 static 型的整型变量 iInt，在其中对变量进行加 1 操作。之后在主函数 main 中通过显示的提示语句，可以看到调用两次 AddOne 函数的输出，从结果中可以发现 static 变量的值保持不变。

```
#include<stdio.h>

void AddOne()
{
        static int iInt=1;                     /*定义static整型变量*/
        iInt=iInt+1;                           /*变量加1*/
        printf("%d\n",iInt);                   /*显示结果*/
}
int main()
{
        printf("第一次调用：");                /*显示结果*/
        AddOne();                              /*调用AddOne函数*/
        printf("第二次调用：");                /*显示结果*/
        AddOne();                              /*调用AddOne函数*/
        return 0;                              /*程序结束*/
}
```

运行程序，显示效果如图 3-16 所示。

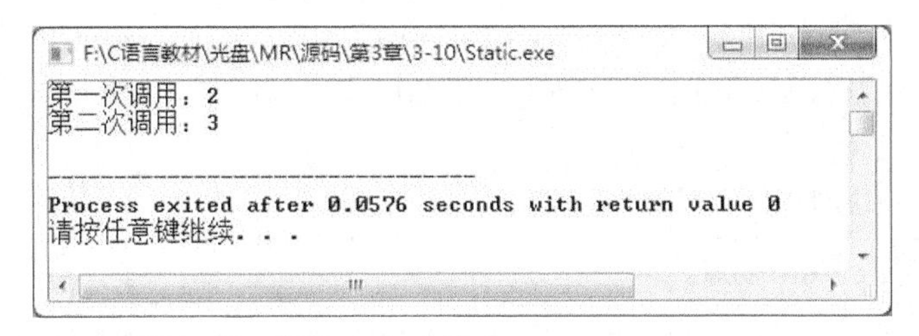

图 3-16 使用 static 变量

3.7.4 register 变量

register 变量

register 变量称为寄存器存储类变量。使用 register 变量的目的在于让程序员指定把某个局部变量存放在计算机的某个硬件寄存器而不是内存中。这样做的好处是可以提高程序的运行速度。不过，这只是反映了程序员的主观意愿，实际上编辑器可以忽略

register 对变量的修饰。

用户无法获得寄存器变量的地址，因为绝大多数计算机的硬件寄存器都不占用内存地址。而且，即使编译器忽略 register 而把变量存放在可设定的内存中，也是无法获取变量的地址的。

如果想有效地利用寄存器 register 关键字，必须像汇编语言程序员那样了解处理器的内部结构，知道可用于存放变量的寄存器的数量、种类以及工作方式。但是，不同计算机对于这些细节可能是不同的，因此，对于一个要具备可移植的程序来说，register 的作用并不大。

下面通过一个实例来介绍寄存器变量的使用方法。

【例 3-11】 使用 register 变量修饰整型变量。

```
#include<stdio.h>

int main()
{
        register int iInt;                          /*定义寄存器整型变量*/
        iInt = 100;
        printf("%d\n",iInt);                        /*显示结果*/
        return 0;                                   /*程序结束*/
}
```

运行程序，显示效果如图 3-17 所示。

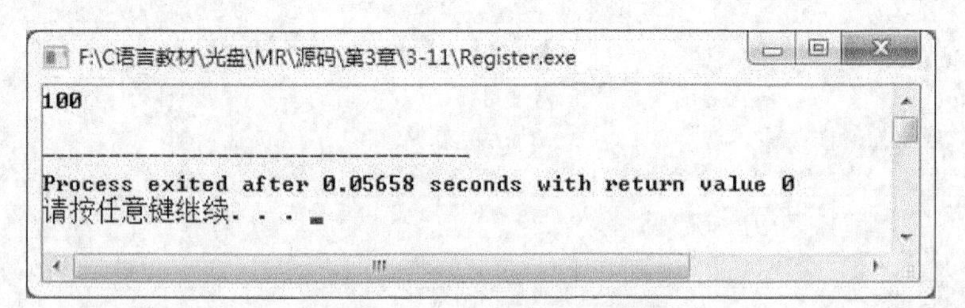

图 3-17 使用 register 变量

3.7.5 extern 变量

extern 变量称为外部存储变量。extern 声明了程序中将要用到但尚未定义的外部变量。通常，外部存储类都用于声明在另一个转换单元中定义的变量。

一个工程是由多个 C 文件组成的。这些源代码文件分别编译，然后链接成一个可执行模块。把这样的一个程序作为一个工程进行管理，并且生成一个工程文件来记录所包含的所有源代码文件。

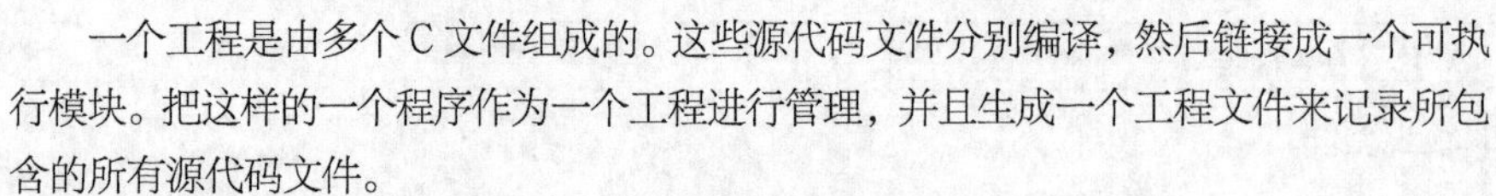

下面通过一个实例来具体了解一下 extern 变量。

【例 3-12】 使用 extern 变量。

在本实例中，首先在 Extern1 文件中定义一个 iExtern 变量，并为其进行赋值，然后在 Extern2 文件中使用 iExtern 变量，将其变量值显示到控制台。

```
/*////////////////////////////////////////////////////////////////////////*/
/*                          在Extern1文件中                              */
/*////////////////////////////////////////////////////////////////////////*/
#include<stdio.h>
```

```
int main()
{
	extern int iExtern;                    /*定义外部整型变量*/
	printf("%d\n",iExtern);                /*显示变量值*/
	return 0;                              /*程序结束*/
}

/*//////////////////////////////////////////////////////////////////////////*/
/*                        在Extern2文件中                                   */
/*//////////////////////////////////////////////////////////////////////////*/

#include<stdio.h>

int iExtern=100;                          /*定义一个整型变量，为其赋值为100*/
```

运行程序，显示效果如图 3-18 所示。

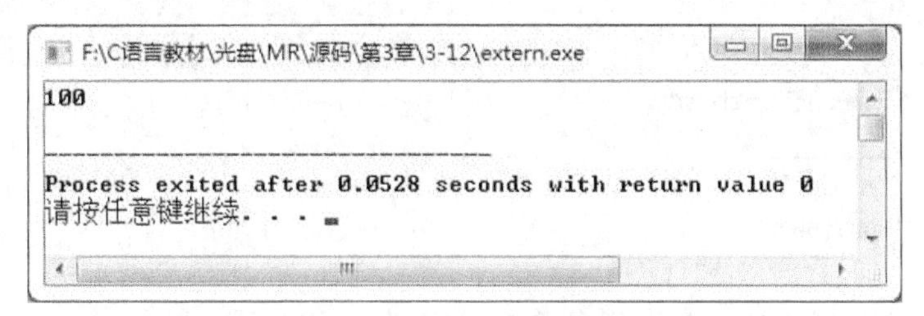

图 3-18　使用 extern 变量

3.8　混合运算

混合运算

不同类型之间可以进行混合运算，如 10+'a'-1.5+3.2*6。

在进行这样的计算时，不同类型的数据要先转换成同一类型，然后进行运算。转换的方式如图 3-19 所示。

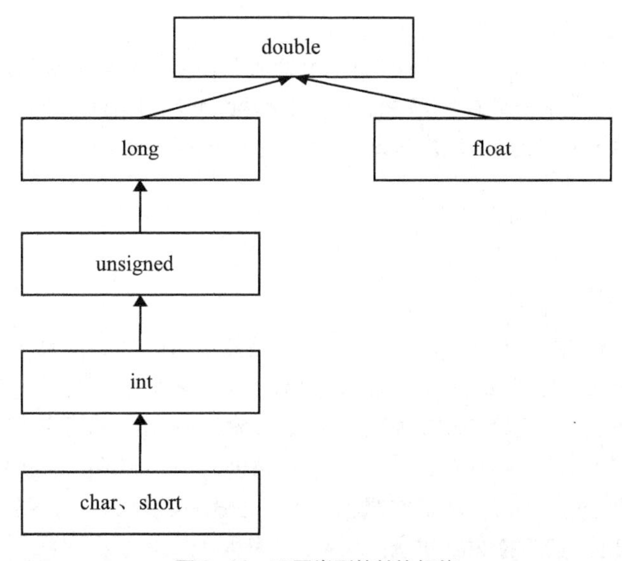

图 3-19　不同类型的转换规律

【例 3-13】 混合运算。

在本实例中，将 int 型变量与 char 型变量、float 型变量进行相加，将其结果存放在 double 类型的 result 变量中，最后使用 printf 函数将其输出。

```
#include<stdio.h>

int main()
{
	int    iInt=1;                              /*定义整型变量*/
	char   cChar='A';                           /*ASCII码为65*/
	float fFloat=2.2f;                          /*定义单精度型整型变量*/

	double result=iInt+cChar+fFloat;            /*得到相加的结果*/

	printf("%f\n",result);                      /*显示变量值*/
	return 0;                                   /*程序结束*/
}
```

运行程序，显示效果如图 3-20 所示。

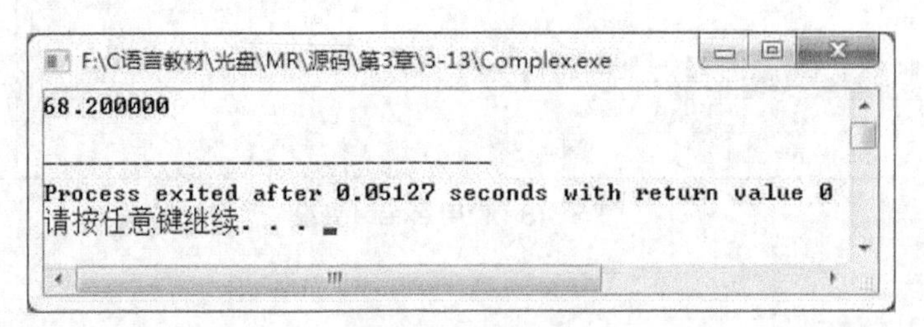

图 3-20　混合运算

小 结

本章首先介绍了有关编写程序的一些规范，这些规范虽然不是必需的，但是一个好的编程习惯应该是每一个程序员所必备的。

然后介绍了有关常量的内容，其中通过讲解和实例对其进行阐述。了解有关常量的内容后，引出了有关变量的知识，对变量赋这些常量值，使得在程序中可以使用变量存储数值。

最后通过介绍变量的存储类别，进一步说明了有关变量的具体使用情况。

上机指导

求一元二次方程 $ax^2+bx+c=0$ 的根。

求解一元二次方程的根，由键盘输入系数，输出方程的根。这种问题类似于给出公式计算，按照输入数据、计算、输出三步方案来设计运行程序。这里将用到本章所介绍的关于数据类型、运算符及表达式等相关知识，对程序中变量进行合理定义及运用。

上机指导

问题中已知的数据为 a、b、c，待求的数据为方程的根，设为 x1、x2，数据的类型为 double 类型。已知的数据可以输入（赋值）取得。

已知一元二次方程的求根公式为$\frac{-b+\sqrt{b^2-4ac}}{2a}$和$\frac{-b-\sqrt{b^2-4ac}}{2a}$，可以根据公式直接求得方程的根。为了使得求解的过程更简单，可以考虑使用中间变量来存放判别式 b^2-4ac 的值。最后使用标准输出函数把求得的结果输出。运行程序，输入方程的系数，计算出表达式的根，运行结果如图 3-21 所示。

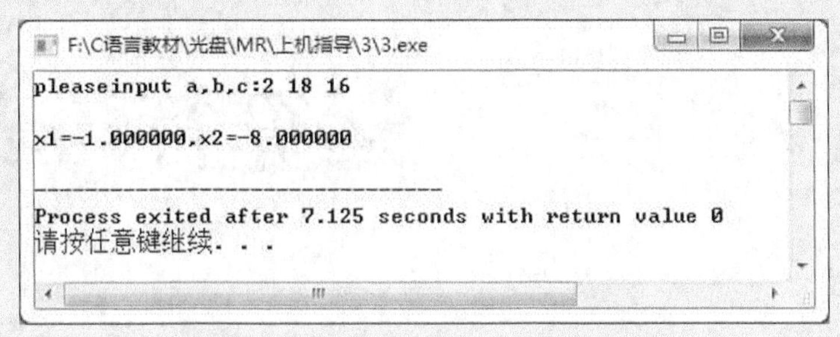

图 3-21　求一元二次方程 $ax^2+bx+c=0$ 的根

习 题

3-1　对于任意一个圆，根据给定的半径 *r*，求圆的周长。

3-2　十进制数和二进制数之间可以直接转换，编写代码进行进制转换。

3-3　编码求解一个小球从 100 米高度自由落下，每次落地后反弹回原高度的一半；再落下，求它在第 10 次落地时，共经过多少米？第 10 次反弹多高？

3-4　实现从键盘输入一个大写字母，然后将其转换成小写字母并输入。

3-5　求 100~200 之间的素数。

3-6　幼儿园老师给学生由前向后发糖果，每个学生得到的糖果数目成等差数列，前四个学生的得到的糖果数目之和是 26，积是 880，编程求前 20 名学生每人得到的糖果数目。

PART04

第4章

运算符与表达式

本章要点：

- 了解表达式的使用
- 掌握赋值运算符
- 掌握算术运算符
- 掌握关系运算符
- 掌握逻辑和位逻辑运算符
- 掌握逗号运算符的使用方式

■ 了解程序中会用到的数据类型后，还要懂得如何操作这些数据。掌握C语言中各种运算符及其表达式的应用是必不可少的。

■ 本章致力于使读者了解表达式的概念，掌握运算符及相关表达式的使用方法，其中包括赋值运算符、算术运算符、关系运算符、逻辑运算符、位逻辑运算符、逗号运算符和复合赋值运算符，并且通过实例进行相应的练习，及时对其加深印象。

4.1 表达式

表达式

表达式是 C 语言的主体。在 C 语言中，表达式由操作符和操作数组成。最简单的表达式可以只含有一个操作数。根据表达式所含操作符的个数，可以把表达式分为简单表达式和复杂表达式两种，简单表达式是只含有一个操作符的表达式，而复杂表达式是包含两个或两个以上操作符的表达式。

下面通过几个表达式进行观察：

```
5+5
iNumber+9
iBase+(iPay*iDay)
```

表达式本身什么事情也不做，只是返回结果值。在程序不对返回的结果值进行任何操作的情况下，返回的结果值不起任何作用，也就是忽略返回的值。

表达式产生的作用主要有以下两种情况。

- 放在赋值语句的右侧（下面要讲解）。
- 放在函数的参数中（将在“函数”一章中进行讲解）。

表达式返回的结果值是有类型的。表达式隐含的数据类型取决于组成表达式的变量和常量的类型。

每个表达式的返回值都具有逻辑特性。如果返回值是非零的，那么该表达式返回真值，否则返回假值。通过这个特点，可以将表达式放在用于控制程序流程的语句中，这样就构建了条件表达式。

【例 4-1】 掌握表达式的使用。

本实例中声明了 3 个整型变量，其中有对变量赋值为常数，还有将表达式的结果赋值给变量，最后将变量的值显示在屏幕上。

```
#include<stdio.h>
int main()
{
	int iNumber1,iNumber2,iNumber3;					/*声明变量*/
	iNumber1=3;									/*为变量赋值*/
	iNumber2=7;

	printf("the first number is :%d\n",iNumber1);		/*显示变量值*/
	printf("the second number is :%d\n",iNumber2);

	iNumber3=iNumber1+10;							/*表达式中利用iNumber1变量加上一个常量*/
	printf("the first number add 10 is :%d\n",iNumber3);	/*显示iNumber3的值*/

	iNumber3=iNumber2+10;							/*表达式中利用iNumber2变量加上一个常量*/
	printf("the second number add 10 is :%d\n",iNumber3);	/*显示iNumber3的值*/

	iNumber3=iNumber1+iNumber2;						/*表达式中是两个变量进行计算*/
	printf("the result number of first add second is :%d\n",iNumber3);	/*将计算结果输出*/

	return 0;									/*程序结束*/
}
```

（1）在程序中，主函数 main 中的第一行代码是声明变量的表达式，可以看到使用逗号通过一个表达式声明 3 个变量。

在 C 语言中，逗号既可以作为分隔符，又可以用在表达式中。

① 逗号作为分隔符使用时：用于间隔说明语句中的变量或函数中的参数。如上面程序中声明变量时，就属于在语句中使用逗号，将 iNumber1、iNumber2 和 iNumber3 变量进行分隔声明。使用代码举例如下：

```
int iNumber1, iNumber2;                        /*使用逗号分隔变量*/
printf("the number is %d",iResult);            /*使用逗号分隔参数*/
```

② 逗号用在表达式中：可以将若干个独立的表达式联结在一起。其一般的表现形式如下：

```
表达式1,表达式2,表达式3...
```

其运算过程就是先计算表达式 1，然后计算表达式 2……依次计算下去。在循环语句中，逗号就可以在 for 语句中使用，例如：

```
for(i=0,j=100;i<j;i++,j--)/*在for语句中，使用逗号将表达式进行分隔*/
{
        k=i+j;
}
```

（2）接下来的语句是使用常量为变量赋值的表达式，其中“iNumber1=3;”是将常量 3 赋值给 iNumber1。“iNumber2=7;”语句是将 7 赋值给 iNumber2。然后通过输出语句 printf 显示这两个变量的值。

（3）在语句“iNumber3=iNumber1+10;”中，表达式将变量 iNumber 与常量 10 相加，然后将返回的值赋给 iNumber3 变量，之后使用输出函数 printf 将 iNumber3 变量的值进行显示。接下来将变量 iNumber2 与常量 10 相加，进行相同的操作。

（4）在语句“iNumber3=iNumber1+iNumber2;”中，可以看到表达式中是两个变量进行相加，同样返回相加的结果，将其值赋给变量 iNumber3，最后输出显示结果。

运行程序，显示效果如图 4-1 所示。

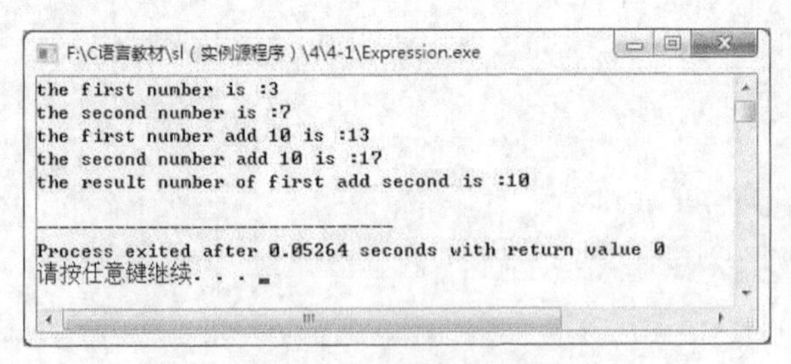

图 4-1　程序输出结果

4.2　赋值运算符与赋值表达式

在程序中常常遇到的赋值符号“=”就是赋值运算符，其作用就是将一个数据赋给一个变量。例如：

```
iAge=20;
```

这就是一次赋值操作，是将常量 20 赋给变量 iAge。同样也可以将一个表达式的值赋给一个变量。例如：

```
Total=Counter*3;
```

下面进行详细的讲解。

4.2.1 变量赋初值

变量赋初值

在声明变量时，可以为其赋一个初值，就是将一个常数或者一个表达式的结果赋值给一个变量，变量中保存的内容就是这个常量或者赋值语句中表达式的值。这就是为变量赋初值。

- 先来看一下为变量赋值为常数的情况。一般形式如下：

```
类型 变量名 = 常数;
```

其中的变量名也称为变量的标识符。通过变量赋初值的一般形式，以下是相关的代码实例：

```
char cChar ='A';
int iFirst=100;
float fPlace=1450.78f;
```

- 赋值表达式为变量赋初值。

赋值语句把一个表达式的结果值赋给一个变量。一般形式如下：

```
类型 变量名 = 表达式;
```

可以看到，其一般形式与常数赋值的一般形式是相似的，例如：

```
int iAmount= 1+2;
float fPrice= fBase+Day*3;
```

在上面的举例中，得到赋值的变量 iAmount 和 fPrice 称为左值，因为它出现的位置在赋值语句的左侧。产生值的表达式称为右值，因为它出现的位置在表达式的右侧。

这是一个重要的区别，并不是所有的表达式都可以作为左值，如常数只可以作为右值。

在声明变量时，直接为其赋值称为赋初值，也就是变量的初始化。如果先将变量声明，再进行变量的赋值操作也是可以的。例如：

```
int iMonth;                          /*声明变量*/
iMonth= 12;                          /*为变量赋值*/
```

【例 4-2】 模拟钟点工的计费情况，使用赋值语句和表达式得出钟点工工作 8 小时后所得的薪水。

```
#include<stdio.h>

int main()
{
    int iHoursWorded=8;                            /*定义变量，为变量赋初值，表示工作时间*/
    int iHourlyRate;                               /*声明变量，表示一个小时的薪水*/
    int iGrossPay;                                 /*声明变量，表示得到的工资*/

    iHourlyRate=13;                                /*为变量赋值*/
    iGrossPay=iHoursWorded*iHourlyRate;            /*将表达式的结果赋值给变量*/

    printf("The HoursWorded is: %d\n",iHoursWorded);   /*显示工作时间变量*/
    printf("The HourlyRate is: %d\n",iHourlyRate);     /*显示一个小时的薪水*/
    printf("The GrossPay is: %d\n",iGrossPay);         /*显示工作所得的工资*/
```

```
    return 0;                                    /*程序结束*/
}
```

（1）钟点工的薪水是一个小时的工薪×工作的小时数量。因此在程序中需要 3 个变量来表示这个钟点工薪水的计算过程。iHoursWorded 表示工作的时间，一般的工作时间都是固定的，在这里为其赋初值为 8，表示 8 小时。iHourlyRate 表示一个小时的工薪。iGrossPay 表示钟点工工作 8 小时后，应该得到的工资。

（2）工资是可以变化的，iHourlyRate 变量声明之后，为其设定工资，设定为一个小时 13。根据步骤（1）中计算钟点工薪水的公式，得到总工薪的表达式，将表达式的结果保存在 iGrossPay 变量中。

（3）最后通过输出函数将变量的值和计算的结果都在屏幕上进行显示。

运行程序，显示效果如图 4-2 所示。

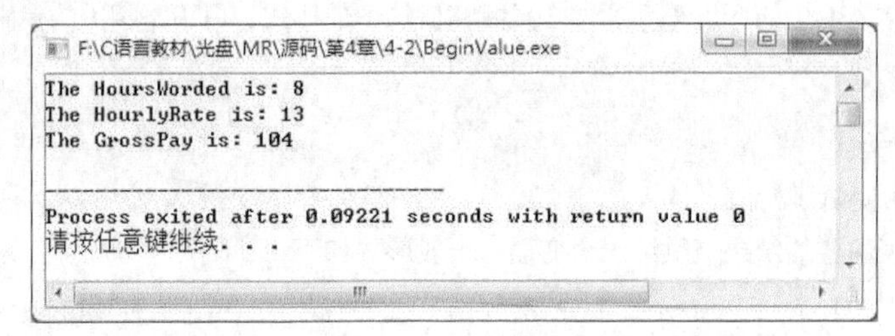

图 4-2　为变量赋初值

4.2.2　自动类型转换

数值类型有很多种，如字符型、整型、长整型和实型等，因为这些类型的变量、长度和符号特性都不同，所以取值范围也不同。混合使用这些类型时会出现什么情况呢？第 3 章已经对此有所介绍。

C 语言中使用一些特定的转换规则。根据这些转换规则，数值类型变量可以混合使用。如果把比较短的数值类型变量的值赋给比较长的数值类型变量，那么比较短的数值类型变量中的值会升级表示为比较长的数值类型，数据信息不会丢失。但是，如果把较长的数值类型变量的值赋给比较短的数值类型变量，那么数据就会降低级别表示，并且当数据大小超过比较短的数值类型的可表示范围时，就会发生数据截断。

有些编译器遇到这种情况时就会发出警告信息，例如：

```
float i=10.1f;
int j=i;
```

此时编译器会发出警告，如图 4-3 所示。

```
warning C4244: 'initializing' : conversion from 'float ' to 'int ', possible loss of data
```

图 4-3　程序警告

4.2.3　强制类型转换

通过自动类型转换的介绍得知，如果数据类型不同，就可以根据不同情况自动进行类型转换，但此时编译器会提示警告信息。这时如果使用强制类型转换告知编译器，就不会出现警告。

强制类型转换的一般形式为：

```
(类型名) (表达式)
```

例如在上述不同变量类型转换时使用强制类型转换的方法：

```
float i=10.1f;
int j= (int)i;                                    /*进行强制类型转换*/
```

在代码中可以看到在变量前使用包含要转换类型的括号，这样就对变量进行了强制类型转换。

【例 4-3】 通过不同类型变量之间的赋值，将赋值操作后的结果进行输出，观察类型转换后的结果。

```
#include<stdio.h>

int main()
{
        char cChar;                             /*字符型变量*/
        short int iShort;                       /*短整型变量*/
        int iInt;                               /*整型变量*/
        float fFloat=70000;                     /*单精度浮点型*/

        cChar=(char)fFloat;                     /*强制转换赋值*/
        iShort=(short)fFloat;
        iInt=(int)fFloat;

        printf("the char is: %c\n",cChar);      /*输出字符变量值*/
        printf("the long is: %ld\n",iShort);    /*输出短整型变量值*/
        printf("the int is: %d\n",iInt);        /*输出整型变量值*/
        printf("the float is: %f\n",fFloat);    /*输出单精度浮点型变量值*/

        return 0;                               /*程序结束*/
}
```

在本实例中定义了一个单精度浮点型变量，然后通过强制转换将其赋给不同类型的变量。因为是由高的级别向低的级别转换，所以可能会出现数据的丢失。在使用强制转换时要注意此问题。

运行程序，显示效果如图 4-4 所示。

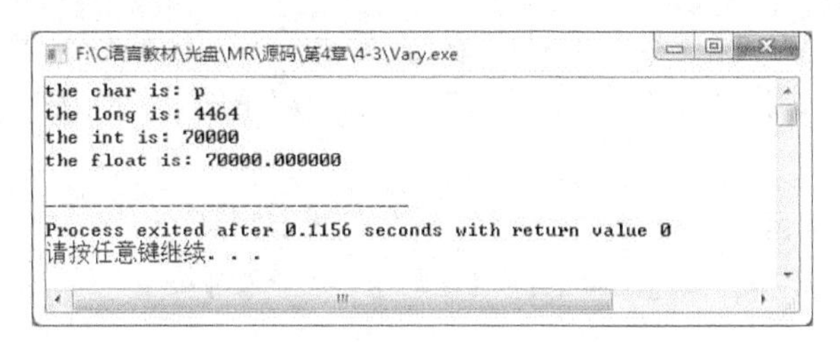

图 4-4 显示类型转换的结果

4.3 算术运算符与算术表达式

C 语言中有两个单目算术运算符、5 个双目算术运算符。在双目运算符中，乘法、除法和取模运算符比加法和减法运算符的优先级高。单目正和单目负运算符的优先级最高。下面进行详细介绍。

4.3.1 算术运算符

算术运算符

算术运算符包括两个单目运算符（正和负），5 个双目运算符，即乘法、除法、取模、加法和减法。具体符号和对应的功能如表 4-1 所示。

表 4-1 算术运算符

符号	功能	符号	功能
+	单目正	%	取模
-	单目负	+	加法
*	乘法	-	减法
/	除法		

在上述算术运算符中，取模运算符“%”用于计算两个整数相除得到的余数，并且取模运算符的两侧均为整数，如 7%4 的结果是 3。

其中的单目正运算符是冗余的，也就是为了与单目运算符构成一对而存在的。单目运算符不会改变任何数值，如不会将一个负值表达式改为正。

运算符“-”作为减法运算符，此时为双目运算符，如 5-3。“-”也可作负值运算符，此时为单目运算，如-5 等。

4.3.2 算术表达式

算术表达式

在表达式中使用算术运算符，则将表达式称为算术表达式。下面是一些算术表达式的例子，其中使用的运算符就是表 4-1 中所列出的算术运算符：

```
Number=(3+5)/Rate;
Height= Top-Bottom+1;
Area=Height * Width;
```

需要说明的是，两个整数相除的结果为整数，如 7/4 的结果为 1，舍去的是小数部分。但是，如果其中的一个数是负数时会出现什么情况呢？此时机器会采取“向零取整”的方法，即为-1，取整后向 0 靠拢。

如果用+、-、*、/ 运算的两个数中有一个为实数，那么结果是 double 型，这是因为所有实数都按 double 型进行运算。

【例 4-4】 使用算术表达式计算摄氏温度。

在本实例中，通过在表达式中使用上面介绍的算术运算符，完成计算摄氏温度，把用户的华氏温度换算为摄氏温度，然后显示出来。

```
#include<stdio.h>
int main()
{
    int iCelsius,iFahrenheit;                        /*声明两个变量*/
    printf("Please enter temperature :\n");          /*显示提示信息*/
    scanf("%d",&iFahrenheit);                        /*在键盘上输入华氏温度*/
    iCelsius=5*(iFahrenheit-32)/9;                   /*通过算术表达式进行计算，并将结果赋值*/

    printf("Temperature is :");                      /*显示提示信息*/
```

```
        printf("%d",iCelsius);                          /*显示摄氏温度*/
        printf(" degrees Celsius\n");                   /*显示提示信息*/
        return 0;                                       /*程序结束*/
}
```

（1）在主函数 main 中声明两个整型变量，iCelsius 表示摄氏温度，iFahrenheit 表示华氏温度。

（2）使用 printf 函数显示提示信息。之后使用 scanf 函数获得在键盘上输入的数据，其中%d 是格式字符，用来表示输入有符号的十进制整数，这里输入 80。

（3）利用算术表达式，将获得的华氏温度转换成摄氏温度。最后将转换的结果进行输出，可以看到 80 是用户输入的华氏温度，而 26 是计算后输出的摄氏温度。

运行程序，显示效果如图 4-5 所示。

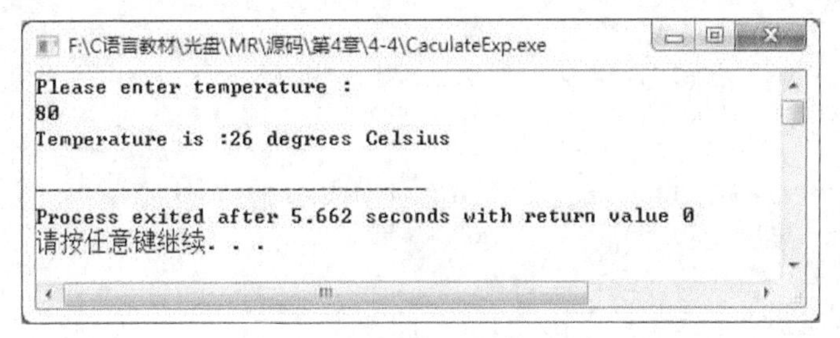

图 4-5　使用算术表达式计算摄氏温度

4.3.3　优先级与结合性

优先级与结合性

C 语言中规定了各种运算符的优先级和结合性，首先来看一下有关算术运算符的优先级。

1．算术运算符的优先级

在表达式求值时，先按照运算符的优先级别高低次序执行，算术运算符中*、/、%的优先级别高于+、-的级别。例如，如果在表达式中同时出现*和+，那么先运算乘法：

```
R=x+y*z;
```

在表达式中，因为*比+的优先级高，所以会先进行 y*z 的运算，最后加上 x。

在表达式中常会出现这样的情况，例如要进行 a+b 再将结果与 c 相乘，将表达式写为 a+b*c。可是因为*的优先级高于+，这样的话就会先执行乘法运算，显然不是期望得到的结果，这时应该怎么办呢？此时可以使用括号“( )”将级别提高先进行运算，就可以得到预期的结果了，例如解决上式的方法是(a+b) *c。括号可以使其中的表达式先进行运算的原因在于，括号在运算符中的优先级别是最高的。

2．算术运算符的结合性

当算术运算符的优先级相同时，结合方向为“自左向右”。例如：

```
a-b+c
```

因为减法和加法的优先级是相同的，所以 b 先与减号相结合，执行 a-b 的操作，然后执行加 c 的操作。这样的操作过程就称为“自左向右的结合性”，在后面的介绍中还可以看到“自右向左的结合性”。本章小结处将会给出有关运算符的优先级和结合性的表格，读者可以进行参照。

【例 4-5】 算术运算符的优先级和结合性。

在本实例中，通过不同运算符的优先级和结合性，使用 printf 函数显示最终的计算结果，根据结果体会优先级和结合性的概念。

```
#include<stdio.h>

int main()
{
 int iNumber1,iNumber2,iNumber3,iResult=0;/*声明整型变量*/
 iNumber1=20;                               /*为变量赋值*/
 iNumber2=5;
 iNumber3=2;

 iResult=iNumber1+iNumber2-iNumber3;        /*加法，减法表达式*/
 printf("the result is : %d\n",iResult);    /*显示结果*/

 iResult=iNumber1-iNumber2+iNumber3;        /*减法，加法表达式*/
 printf("the result is : %d\n",iResult);    /*显示结果*/

 iResult=iNumber1+iNumber2*iNumber3;        /*加法，乘法表达式*/
 printf("the result is : %d\n",iResult);    /*显示结果*/

 iResult=iNumber1/iNumber2*iNumber3;        /*除法，乘法表达式*/
 printf("the result is : %d\n",iResult);    /*显示结果*/

 iResult=(iNumber1+iNumber2)*iNumber3;      /*括号，加法，乘法表达式*/
 printf("the result is : %d\n",iResult);    /*显示结果*/

 return 0;
}
```

（1）在程序中先声明要用到的变量，其中 iResult 的作用是存储计算结果，为其他变量进行赋值。

（2）接下来使用算术运算符完成不同的操作，根据这些不同操作输出的结果来观察优先级与结合性。

- 根据代码“iResult=iNumber1+iNumber2-iNumber3;”与“iResult=iNumber1-iNumber2+iNumber3;”的结果，表示相同优先级别的运算符根据结合性由左向右进行运算。
- 语句“iResult=iNumber1+iNumber2*iNumber3;”与上面的语句进行比较，可以看出不同级别的运算符按照优先级进行运算。
- 语句“iResult=iNumber1/iNumber2*iNumber3;”又体现出同优先级的运算符按照结合性进行运算。
- 语句“iResult=(iNumber1+iNumber2)*iNumber3;”中使用括号提高优先级，使括号中的表达式先进行运算。表现出括号在运算符中具有最高优先级。

运行程序，显示效果如图 4-6 所示。

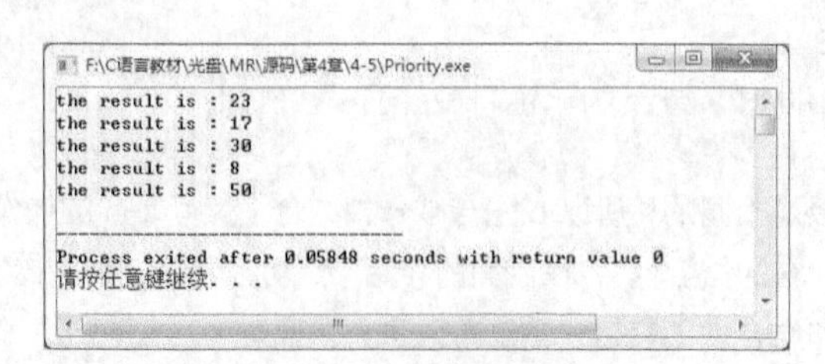

图 4-6 优先级和结合性

4.3.4 自增/自减运算符

自增/自减运算符

在 C 语言中还有两个特殊的运算符，即自增运算符“++”和自减运算符“--”。自增运算符和自减运算符对变量的操作分别是增加 1 和减少 1。

自增运算符和自减运算符可以放在变量的前面或者后面，放在变量前面称为前缀，放在后面称为后缀，使用的一般方法如下：

```
--Counter;                                    /*自减前缀符号*/
Grade--;                                      /*自减后缀符号*/
++Age;                                        /*自增前缀符号*/
Height++;                                     /*自增后缀符号*/
```

在上面这些例子中，运算符的前后位置不重要，因为所得到的结果是一样的，自减就是减 1，自增就是加 1。

在表达式内部，作为运算的一部分，两者的用法可能有所不同。如果运算符放在变量前面，那么变量在参加表达式运算之前完成自增或者自减运算；如果运算符放在变量后面，那么变量的自增或者自减运算在变量参加了表达式运算之后完成。

【例 4-6】 比较自增、自减运算符前缀与后缀的不同。

在本实例中定义一些变量，为变量赋相同的值，然后通过前缀和后缀的操作来观察在表达式中前缀和后缀的不同结果。

```
#include<stdio.h>

int main()
{
        int iNumber1=3;                                    /*定义变量，赋值为3*/
        int iNumber2=3;

        int iResultPreA,iResultLastA;                      /*声明变量，得到自增运算的结果*/
        int iResultPreD,iResultLastD;                      /*声明变量，得到自减运算的结果*/

        iResultPreA=++iNumber1;                            /*前缀自增运算*/
        iResultLastA=iNumber2++;                           /*后缀自增运算*/

        printf("The Addself ...\n");
        printf("the iNumber1 is :%d\n",iNumber1);          /*显示自增运算后自身的数值*/
        printf("the iResultPreA is :%d\n",iResultPreA);    /*得到自增表达式中的结果*/
        printf("the iNumber2 is :%d\n",iNumber2);          /*显示自增运算后自身的数值*/
        printf("the iResultLastA is :%d\n",iResultLastA);  /*得到自增表达式中的结果*/

        iNumber1=3;                                        /*恢复变量的值为3*/
        iNumber2=3;

        iResultPreD=--iNumber1;                            /*前缀自减运算*/
        iResultLastD=iNumber2--;                           /*后缀自减运算*/

        printf("The Deleteself ...\n");
```

```
        printf("the iNumber1 is :%d\n",iNumber1);               /*显示自减运算后自身的数值*/
        printf("the iResultPreD is :%d\n",iResultPreD);         /*得到自减表达式中的结果*/
        printf("the iNumber2 is :%d\n",iNumber2);               /*显示自减运算后自身的数值*/
        printf("the iResultLastD is :%d\n",iResultLastD);       /*得到自减表达式中的结果*/

        return 0;                                               /*程序结束*/
}
```

（1）在程序代码中，定义 iNumber1 和 iNumber2 两个变量用来进行自增、自减运算。

（2）进行自增运算，分为前缀自增和后缀自增。通过程序最终的显示结果可以看到，自增变量 iNumber1 和 iNumber2 的结果同为 4，但是得到表达式结果的两个变量 iResultPreA 和 iResultLastA 却不一样。iResultPreA 的值为 4，iResultLastA 的值为 3，因为前缀自增使得 iResultPreA 变量先进行自增操作，然后进行赋值操作；后缀自增操作是先进行赋值操作，然后进行自增操作。因此两个变量得到表达式的结果值是不一样的。

（3）在自减运算中，前缀自减和后缀自减与自增运算方式是相同的，前缀自减是先进行减 1 操作，然后赋值操作；而后缀自减是先进行赋值操作，再进行自减操作。

运行程序，显示效果如图 4-7 所示。

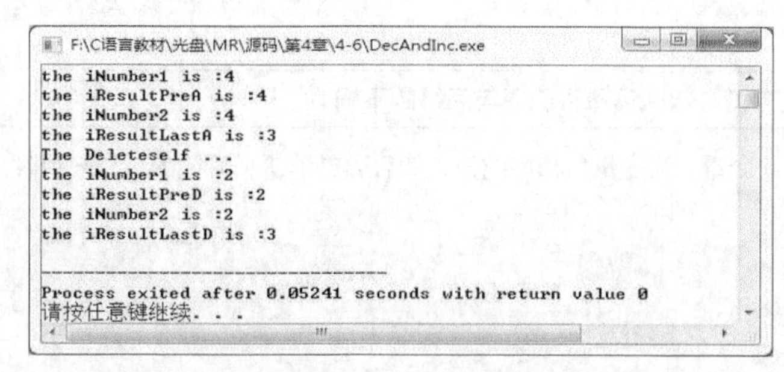

图 4-7　比较自增、自减运算符前缀与后缀的不同

4.4　关系运算符与关系表达式

在数学中，经常会比较两个数的大小。在 C 语言中，关系运算符的作用就是判断两个操作数的大小关系。

关系运算符

4.4.1　关系运算符

关系运算符包括大于、大于等于、小于、小于等于、等于和不等于，如表 4-2 所示。

表 4-2　关系运算符

符号	功能	符号	功能
>	大于	<=	小于等于
>=	大于等于	==	等于
<	小于	!=	不等于

符号“>=”（大于等于）与“<=”（小于等于）的意思分别是大于或等于、小于或等于。

4.4.2 关系表达式

关系表达式

关系运算符用于对两个表达式的值进行比较，返回一个真值或者假值。返回真值还是假值取决于表达式中的值和所用的运算符。其中真值为 1，假值为 0，真值表示指定的关系成立，假值则表示指定的关系不正确。例如：

```
7>5                         /*因为7大于5，所以该关系成立，表达式的结果为真值*/
7>=5                        /*因为7大于5，所以该关系成立，表达式的结果为真值*/
7<5                         /*因为7大于5，所以该关系不成立，表达式的结果为假值*/
7<=5                        /*因为7大于5，所以该关系不成立，表达式的结果为假值*/
7==5                        /*因为7不等于5，所以该关系不成立，表达式的结果为假值*/
7!=5                        /*因为7不等于5，所以该关系成立，表达式的结果为真值*/
```

关系运算符通常用来构造条件表达式，用在程序流程控制语句中，如 if 语句是用于判断条件而执行语句块，在其中使用关系表达式作为判断条件，如果关系表达式返回的是真值则执行下面的语句块，如果为假值就不去执行。代码如下：

```
if(Count<10)
{
    …                       /*判断条件为真值，执行代码*/
}
```

其中，if(iCount<10)就是判断 iCount 小于 10 这个关系是否成立，如果成立则为真，如果不成立则为假。

注意

在进行判断时，一定要注意等号运算符"=="的使用，千万不要与赋值运算符"="弄混。如在 if 语句中进行判断，使用的是"="：

```
if(Amount=100)
{
    …
}
```

上面的代码看上去是在检验变量 Amount 是否等于常量 100，但是事实上没有起到这个效果。因为表达式使用的是赋值运算符"="而不是等于运算符"=="。赋值表达式 Amount=100，本身也是表达式，其返回值是 100。既然是 100，说明是非零值也就是真值，则该表达式的值始终为真值，没有起到进行判断的作用。如果赋值表达式右侧不是常量 100，而是变量，则赋值表达式的真值或假值就由这个变量的值决定。

因为这两个运算符在语言上的差别，使得用其构造条件表达式时很容易出现错误，新手在编写程序时一定要加以注意。

4.4.3 优先级与结合性

关系运算符的结合性都是自左向右的。使用关系运算符时常常会判断两个表达式的关系，但是由于运算符存在着优先级的问题，因此如果不小心处理则会出现错误。如要进行这样的判断操作：先对一个变量进行赋值，然后判断这个赋值的变量是否不等于一个常数，代码如下：

```
if(Number=NewNum!=10)
{
    …
}
```

因为"!="运算符比"="的优先级要高，所以 NewNum!=0 的判断操作会在赋值之前实现，变量 Number 得到的就是关系表达式的真值或者假值，这样并不会按照之前的意愿执行。

前文曾经介绍过括号运算符，其优先级具有最高性，因此使用括号来表示要优先计算的表达式，例如：

```
if((Number=NewNum)!=10)
{
        …
}
```

这种写法比较清楚，不会产生混淆，没有人会对代码的含义产生误解。由于这种写法格式比较精确简洁，因此被多数程序员所接受。

【例 4-7】 关系运算符的使用。

在本实例中，定义两个变量表示两个学科的分数，使用 if 语句判断两个学科的分数大小，通过 printf 输出函数显示信息，得到比较的结果。

```
#include<stdio.h>

int main()
{
        int iChinese,iEnglish;                          /*定义两个变量，用来保存分数*/
        printf("Enter Chinese score:");                 /*提示信息*/
        scanf("%d",&iChinese);                          /*输入分数*/
        printf("Enter English score:");                 /*提示信息*/
        scanf("%d",&iEnglish);                          /*输入分数*/

        if(iChinese>iEnglish)                           /*使用关系表达式进行判断*/
        {
                printf("Chinese is better than English\n");
        }
        if(iChinese<iEnglish)                           /*使用关系表达式进行判断*/
        {
                printf("English is better than Chinese\n");
        }
        if(iChinese==iEnglish)                          /*使用关系表达式进行判断*/
        {
                printf("Chinese equal English\n");
        }
        return 0;
}
```

为了可以在键盘上得到两个学科的分数，定义变量 iChinese 和 iEnglish。然后利用 if 语句进行判断，在判断条件中使用了关系表达式，判断分数是否使得表达式成立。如果成立则返回真值，如果不成立则返回假值。最后根据真值和假值选择执行语句。

运行程序，显示效果如图 4-8 所示。

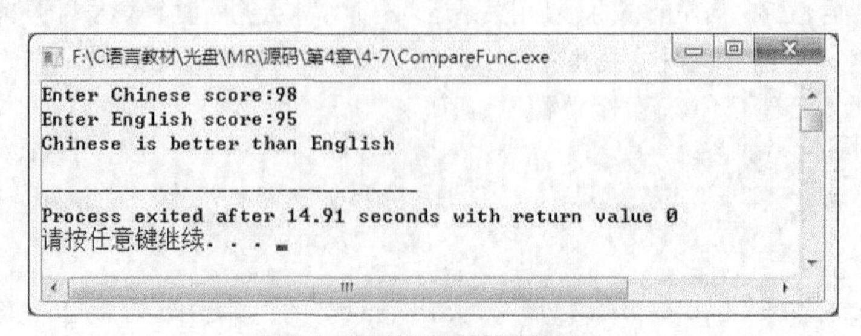

图 4-8 关系运算符的使用

4.5 逻辑运算符与逻辑表达式

逻辑运算符根据表达式的真或者假属性返回真值或假值。在 C 语言中，表达式的值非零，那么其值为真。非零的值用于逻辑运算，则等价于 1；假值总是为 0。

4.5.1 逻辑运算符

逻辑运算符

逻辑运算符有 3 种，如表 4-3 所示。

表 4-3 ASCII 表

符号	功能
&&	逻辑与
||	逻辑或
!	单目逻辑非

注意

表 4-3 中的逻辑与运算符“&&”和逻辑或运算符“||”都是双目运算符。

4.5.2 逻辑表达式

逻辑表达式

前文介绍过关系运算符可用于对两个操作数进行比较，使用逻辑运算符可以将多个关系表达式的结果合并在一起进行判断。其一般形式如下：

```
表达式 逻辑运算符 表达式
```

例如使用逻辑运算符：

```
Result= Func1&&Func2;                    /*Func1和Func2都为真时，结果为真*/
Result= Func1||Func2;                    /*Func1、Func2其中一个为真时，结果为真*/
Result= !Func2;                          /*如果Func2为真，则Result为假*/
```

前面已经介绍过，但这里还要作重点强调，不要把逻辑与运算符“&&”和逻辑或运算符“||”与下面要讲的位与运算符“&”和位或运算符“|”混淆。

逻辑与运算符和逻辑或运算符可以用于相当复杂的表达式中。一般来说，这些运算符用来构造条件表达式，用在控制程序的流程语句中，例如在后面章节中要介绍的 if、for、while 语句等。

在程序中，通常使用单目逻辑非运算符“!”把一个变量的数值转换为相应的逻辑真值或者假值，也就是 1 或 0。例如：

```
Result= !!Value;                         /*转换成逻辑值*/
```

4.5.3 优先级与结合性

优先级与结合性

“&&”和“||”是双目运算符，它们要求有两个操作数，结合方向自左至右；“!”是单目运算符，要求有一个操作数，结合方向自左向右。

逻辑运算符的优先级从高到低依次为单目逻辑非运算符“!”、逻辑与运算符“&&”和逻辑或运算符“||”。

【例 4-8】 逻辑运算符的应用。

在本实例中，使用逻辑运算符构造表达式，通过输出函数显示表达式的结果，根据结果分析表达式中逻辑运算符的计算过程。

```
#include<stdio.h>

int main()
{
	int iNumber1,iNumber2;                                  /*声明变量*/
	iNumber1=10;                                            /*为变量赋值*/
	iNumber2=0;

	printf("the 1 is Ture , 0 is False\n");                 /*显示提示信息*/
	printf("5<  iNumber1&&iNumber2 is %d\n",5<iNumber1&&iNumber2);    /*显示逻辑与表达式的结果*/
	printf("5<  iNumber1||iNumber2 is %d\n",5<iNumber1||iNumber2); /*显示逻辑或表达式的结果*/
	iNumber2=!!iNumber1;                                    /*得到iNumber1的逻辑值*/
	printf("iNumber2 is %d\n",iNumber2);                    /*输出逻辑值*/
	return 0;
}
```

（1）在程序中，先声明两个变量用来进行下面的计算。为变量赋值，iNumber1 的值为 10，iNumber2 的值为 0。

（2）先进行输出信息，说明显示为 1 表示真值，0 表示假值。在 printf 函数中，进行表达式的运算，最后将结果输出。分析表达式 5<iNumber1&&iNumber2，由于“&&”运算符的优先级高于“<”运算符，因此先执行与运算，之后进行关系判断。iNumber1 的值为 10，iNumber2 的值为 0，这个表达式的含义是数值 5 小于 iNumber1 的同时也必须小于 iNumber2，很明显是不成立的，因此表达式返回的是假值。表达式 5<iNumber1||iNumber2 的含义是数值 5 小于 iNumber1 或者 iNumber2，此时表达式成立，返回值为真值。

（3）将 iNumber1 进行两次单目逻辑非运算，得到的是逻辑值，因为 iNumber1 的数值是 10，所以逻辑值为 1。

运行程序，显示效果如图 4-9 所示。

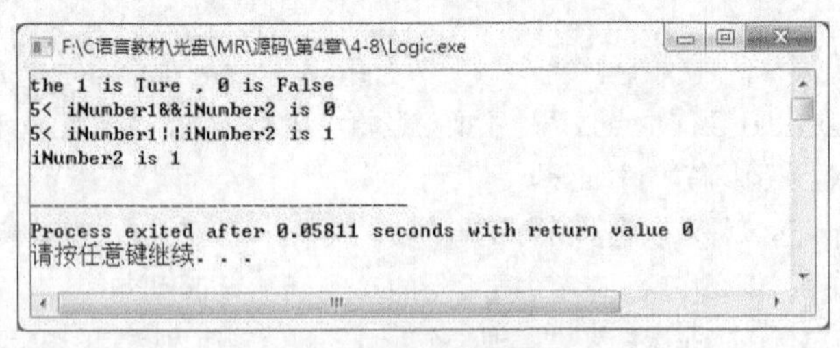

图 4-9　逻辑运算符的应用

4.6　位逻辑运算符与位逻辑表达式

位运算是 C 语言中比较有特色的内容。位逻辑运算符可实现位的设置、清零、取反和取补操作。利用位运算可以实现只有部分汇编语言才能实现的功能。

位逻辑运算符

4.6.1　位逻辑运算符

位逻辑运算符包括位逻辑与、位逻辑或、位逻辑非、取补，如表 4-4 所示。

【例 4-10】 使用复合赋值运算符简化赋值运算。

```
#include<stdio.h>

int main()
{
	int iTotal,iValue,iDetail;				/*声明变量*/
	iTotal=100;						/*为变量赋值*/
	iValue=50;
	iDetail=5;

	iValue*=iDetail;					/*计算得到iValue变量值*/
	iTotal+=iValue;					/*计算得到iTotal变量值*/
	printf("Value is: %d\n",iValue);		/*显示计算结果*/
	printf("Total is: %d\n",iTotal);
	return 0;
}
```

从程序代码中可以看到语句 iValue*=iDetail 中使用复合赋值运算符，表示的意思是 iValue 的值等于 iValue*iDetail 的结果。而 iTotal+=iValue 表示的是 iTotal 的值等于 iTotal+=iValue 的结果。最后将结果显示输出。

运行程序，显示效果如图 4-11 所示。

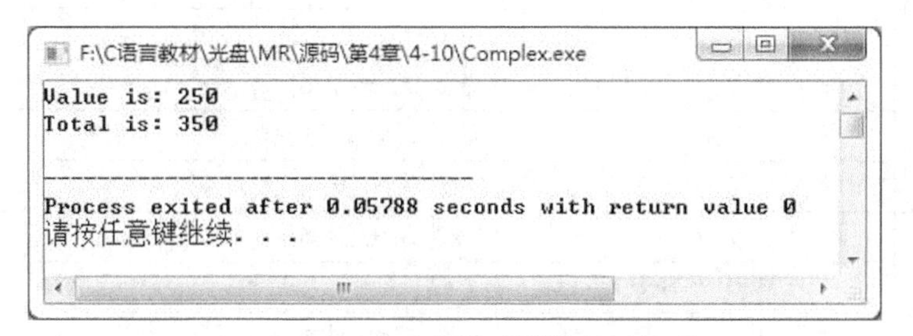

图 4-11　使用复合赋值运算符简化赋值运算

小 结

本章介绍了程序的各种运算符与表达式。首先介绍了表达式的概念，帮助读者了解后续章节所需要的准备知识。然后分别介绍了赋值运算符、算术运算符、关系运算符、逻辑运算符、位逻辑运算符和逗号运算符。最后讲解了如何使用复合运算符简化程序的编写。

同时为了方便读者，表 4-5 中列出了运算符的优先级。优先级从上到下依次递减，最上面具有最高的优先级，逗号操作符具有最低的优先级。表达式的结合次序取决于表达式中各种运算符的优先级。优先级高的运算符先结合，优先级低的运算符后结合。

表 4-5　运算符优先级

优先级	运算符	名称	形式	结合方向
1	后置++	后置自增运算符	变量名++	左到右
	后置--	后置自减运算符	变量名--	
	[]	数组下标	数组名[整型表达式]	

续表

优先级	运算符	名称	形式	结合方向
	()	圆括号	函数名(形参表)	
	.	成员选择（对象）	对象.成员名	
	->	成员选择	对象指针->成员名	
2	-	负号运算符	-表达式	右到左
	(类型)	强制类型转换	(数据类型)表达式	
	前置++	前置自增运算符	++变量名	
	前置--	前置自减运算符	--变量名	
	*	取值运算符	*指针表达式	
	&	取地址运算符	&左值表达式	
	!	逻辑非运算符	！表达式	
	~	按位取反运算符	~表达式	
	sizeof	长度预算福	sizeof 表达式/sizeof(类型)	
3	/	除	表达式/表达式	左到右
	*	乘	表达式*表达式	
	%	取余	整型表达式%整型表达式	
4	+	加	表达式+表达式	左到右
	-	减	表达式-表达式	
5	<<	左移	表达式<<表达式	左到右
	>>	右移	表达式>>表达式	
6	>	大于	表达式>表达式	左到右
	>=	大于等于	表达式>=表达式	
	<	小于	表达式<表达式	
	<=	小于等于	表达式<=表达式	
7	==	等于	表达式==表达式	左到右
	!=	不等于	表达式!=表达式	
8	&	按位与	整型表达式&整型表达式	左到右
9	^	按位异或	整型表达式^整型表达式	左到右
10	|	按位或	整型表达式}整型表达式	左到右
11	&&	逻辑与	表达式&&表达式	左到右
12	||	逻辑或	表达式||表达式	左到右
13	？：	条件运算符	表达式 1？表达式 2；表达式 3	右到左
14	=	赋值运算符	变量=表达式	右到左
	/=	除后赋值	变量/=表达式	
	*=	乘后赋值	变量*=表达式	
	%=	取模后赋值	变量%=表达式	
	+=	加后赋值	变量+=表达式	
	-=	减后赋值	变量-=表达式	

续表

优先级	运算符	名称	形式	结合方向
14	>>=	右移后赋值	变量>>=表达式	右到左
	&=	按位与后赋值	变量&=表达式	
	^=	按位异或后赋值	变量^=表达式	
	|=	按位或后赋值	变量|=表达式	
15	,	逗号运算符	表达式,表达式,…	左到右

上机指导

从键盘上输入一个表示年份的整数，判断该年份是否是闰年，判断后的结果显示在屏幕上，如图 4-12 所示。

上机指导

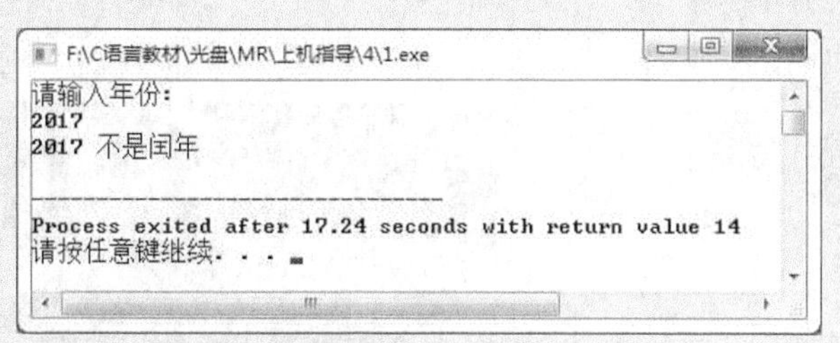

图 4-12　判断闰年

程序开发步骤如下。

（1）在 DEV C++中创建一个 C 文件。

（2）引用头文件，代码如下：

```
#include <stdio.h>
```

（3）定义数据类型，本实例中定义 year 为基本整型，使用输入函数从键盘中获得表示年份的整数。

（4）使用 if 语句进行条件判断，如果满足括号内的条件则输出是闰年，否则输出不是闰年。

习 题

4-1　使用复合运算符计算 a+=a*=a/=a-6。

4-2　定义一个变量赋值为 6，经过操作前缀自加、后缀自加、前缀自减和后缀自减，得到每一次运算的结果。

4-3　求满足 abcd=（ab+cd）2 的数。

4-4　编程求解：在你面前有一条长长的阶梯。如果你每步跨 2 阶，那么最后剩 1 阶；如果你每步跨 3 阶，那么最后剩 2 阶；如果你每步跨 5 阶，那么最后剩 4 阶；如果你每步跨 6 阶，那么最后剩 5 阶；只有当你每步跨 7 阶时，最后才正好走完，一阶也不剩。请问条阶梯至少有多少阶？（求所有三位阶梯数）

4-5　编程求 10~100 之间满足各位上数的乘积大于各位上数的和的所有数，并将结果每行 5 个的形式输出。

4-6　编程求 100~1000 之间满足各位数字之和是 5 的所有数，以 5 个数字一行的形式输出。

PART05

第5章

常用的数据输入/输出函数

本章要点：

- 了解有关语句的概念
- 掌握单个字符数据的输入/输出操作
- 掌握如何输入/输出字符串
- 掌握操作数据的格式化输入/输出操作

■ 与其他高级语言一样，C 语言的语句是用来向计算机系统发出操作指令的。当要求程序按照要求执行时，先要通过向程序输入数据的方式给程序发送指示。当程序解决了一个问题之后，还要通过输出的方式将计算的结果显示出来。

■ 本章致力于使读者了解有关语句的概念，掌握如何对程序的输入/输出进行操作，并且对这些输入/输出操作按照不同的方式进行讲解。

5.1 语句

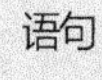

语句

C 语言的语句用来向计算机系统发出操作指令。一条语句编写完成经过编译后产生若干条机器指令。实际程序中包含若干条语句，因此语句的作用就是完成一定的操作任务。

在编写程序时，声明部分不能算作语句。例如，“int iNumber;”就不是一条语句，因为不产生机器的操作，只是对变量的提前定义。

通过前面的介绍可知程序包括声明部分和执行部分，其中执行部分即由语句组成。

5.2 字符数据输入/输出

字符数据输出

前面的实例中常常会使用到 printf 函数进行输出，使用 scanf 函数获取键盘的输入。本节将介绍 C 标准 I/O 函数库中最简单的，也是很容易理解的字符输入、输出函数 getchar 和 putchar。

5.2.1 字符数据输出

字符数据输出使用的是 putchar 函数，作用是向显示设备输出一个字符。其语法格式如下：

```
int putchar(int ch);
```

使用该函数时要添加头文件 stdio.h，其中的参数 ch 为要进行输出的字符，可以是字符型变量或整型变量，也可以是常量。如输出一个字符 A 的代码如下：

```
putchar('A');
```

使用 putchar 函数也可以输出转义字符，如输出字符 A：

```
putchar('\101');
```

【例 5-1】 使用 putchar 函数实现输出字符串“Hello”，并且在字符串输出完毕之后进行换行。

```
#include<stdio.h>

int main()
{
	char cChar1,cChar2,cChar3,cChar4;                    /*声明变量*/
	cChar1='H';                                          /*为变量赋值*/
	cChar2='e';
	cChar3='l';
	cChar4='o';

	putchar(cChar1);                                     /*输出字符变量*/
	putchar(cChar2);
	putchar(cChar3);
	putchar(cChar3);
	putchar(cChar4);
```

```
    putchar('\n');                                          /*输出转义字符*/
    return 0;
}
```

（1）要使用 putchar 函数，首先要包含头文件 stdio.h。声明字符型变量，用来保存要输出的字符。

（2）为字符变量赋值，因为 putchar 函数只能输出一个字符，如果要输出字符串就需要多次调用 putchar 函数。

（3）当字符串输出完毕之后，使用 putchar 函数输出转义字符\n 进行换行操作。

运行程序，显示效果如图 5-1 所示。

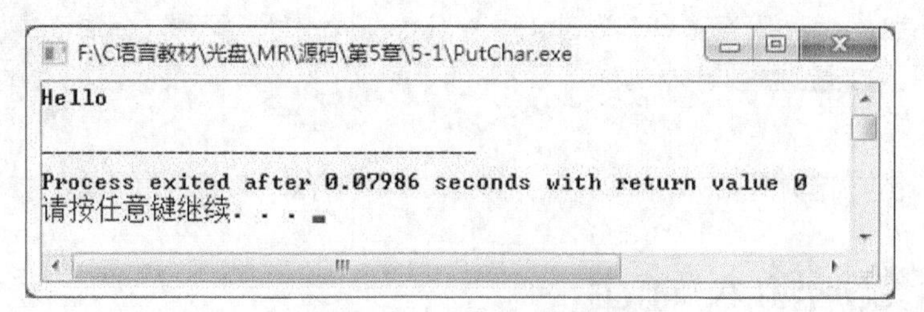

图 5-1 使用 putchar 函数实现字符数据输出

5.2.2 字符数据输入

字符数据输入

字符数据输入使用的是 getchar 函数，其作用是从终端（输入设备）输入一个字符。getchar 与 putchar 函数的区别在于没有参数。

该函数的语法格式如下：

```
int getchar();
```

使用 getchar 函数时也要添加头文件 stdio.h，函数的值就是从输入设备得到的字符。例如，从输入设备得到一个字符赋给字符变量 cChar，代码如下：

```
cChar=getchar();
```

getchar 函数只能接收一个字符。getchar 函数得到的字符可以赋给一个字符变量或整型变量，也可以不赋给任何变量，还可以作为表达式的一部分，如“putchar(getchar());”。

getchar 函数作为 putchar 函数的参数，getchar 函数从输入设备得到字符，然后 putchar 函数将字符输出。

【例 5-2】 使用 getchar 函数实现字符数据输入。

在本实例中，使用 getchar 函数获取在键盘上输入的字符，再利用 putchar 函数进行输出。本实例演示了将 getchar 函数作为 putchar 函数表达式的一部分，进行输入和输出字符的方式。

```
#include<stdio.h>

int main()
{
    char cChar1;                                            /*声明变量*/
    cChar1=getchar();                                       /*在输入设备得到字符*/
    putchar(cChar1);                                        /*输出字符*/
    putchar('\n');                                          /*输出转义字符换行*/
```

```
    getchar();                              /*得到回车字符*/
    putchar(getchar());                     /*得到输入字符，直接输出*/
    putchar('\n');                          /*换行*/
    return 0;                               /*程序结束*/
}
```

（1）要使用 getchar 函数，首先要包括头文件 stdio.h。

（2）声明变量 cChar1，通过 getchar 函数得到输入的字符，赋值给 cChar1 字符型变量。然后使用 putchar 函数将变量进行输出。

（3）使用 getchar 函数得到输入过程中的回车符。

（4）在 putchar 函数的参数位置调用 getchar 函数得到字符，将得到的字符输出。

运行程序，显示效果如图 5-2 所示。

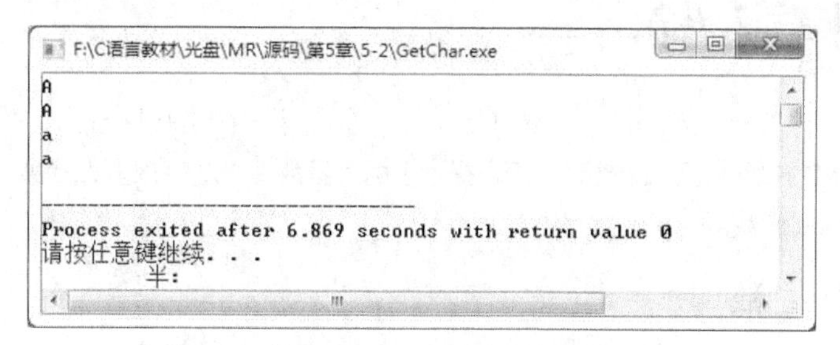

图 5-2　使用 getchar 函数实现字符数据输入

在上面的程序分析中，有一处使用 getchar 函数接收回车符，这是怎么回事呢？原来在输入时，当输入完 A 字符后，为了确定输入完毕要按 Enter 键进行确定。其中的回车符也算是字符，如果不进行获取，那么下一次使用 getchar 函数时将得到回车符，如上面的程序去掉调用 getchar 函数获取回车符的情况，如例 5-3 所示。

【例 5-3】 使用 getchar 函数取消获取回车符。

```
#include<stdio.h>

int main()
{
    char cChar1;                            /*声明变量*/
    cChar1=getchar();                       /*在输入设备得到字符*/
    putchar(cChar1);                        /*输出字符*/
    putchar('\n');                          /*输出转义字符换行*/
                                            /*将此处getchar函数删掉*/
    putchar(getchar());                     /*得到输入字符，直接输出*/
    putchar('\n');                          /*换行*/
    return 0;                               /*程序结束*/
}
```

在程序中将 getchar 函数获取回车符的语句去掉，比较两个程序的运行情况。从程序的显示结果可以发现，程序没有获取第二次的字符输入，而是进行了两次回车操作。

运行程序，显示效果如图 5-3 所示。

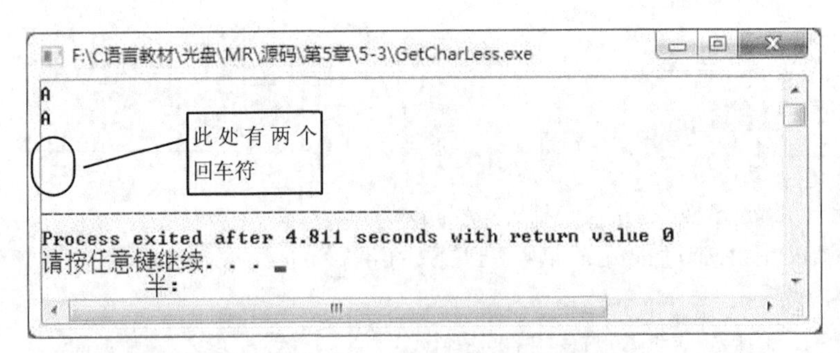

图 5-3　使用 getchar 函数取消获取回车符

5.3　字符串输入/输出

从上文的介绍中可以看到，putchar 和 getchar 函数都只能对一个字符进行操作，如果是进行一个字符串的操作则会很麻烦。C 语言提供了两个函数用来对字符串进行操作，分别为 gets 和 puts 函数。

字符串输出函数

5.3.1　字符串输出函数

字符串输出使用的是 puts 函数，作用是输出一个字符串到屏幕上。其语法格式如下：

```
int puts(char *str);
```

使用 puts 函数时，先要在程序中添加 stdio.h 头文件。其中，形式参数 str 是字符指针类型，可以用来接收要输出的字符串。例如使用 puts 函数输出一个字符串：

```
puts("I LOVE CHINA!");                                        /*输出一个字符串常量*/
```

这行语句是输出一个字符串，之后会自动进行换行操作。这与 printf 函数有所不同，在前面的实例中使用 printf 函数进行换行时，要在其中添加转义字符'\n'。puts 函数会在字符串中判断“\0”结束符，遇到结束符时，后面的字符不再输出并且自动换行。例如：

```
puts("I LOVE\0 CHINA!");                                      /*输出一个字符串常量*/
```

在上面的语句中加上“\0”字符后，puts 函数输出的字符串就变成“I LOVE”。

前面的章节曾经介绍到，编译器会在字符串常量的末尾添加结束符“\0”，这也就说明了 puts 函数会在输出字符串常量时最后进行换行操作的原因。

【例 5-4】 使用字符串输出函数显示信息提示。

在本实例中，使用 puts 函数对字符串常量和字符串变量都进行操作，在这些操作中观察使用 puts 函数的方式。

```
#include<stdio.h>

int main()
{
    char* Char="ILOVECHINA";                        /*定义字符串指针变量*/

    puts("ILOVECHINA!");                            /*输出字符串常量*/
```

```
	puts("I\0LOVE\0CHINA!");                         /*输出字符串常量，其中加入结束符“\0” */
	puts(Char);                                      /*输出字符串变量的值*/
	Char="ILOVE\0CHINA!";                            /*改变字符串变量的值*/
	puts(Char);                                      /*输出字符串变量的值*/
	return 0;                                        /*程序结束*/
}
```

（1）从程序代码中可以看到，字符串常量赋值给字符串指针变量，有关字符串指针的内容将会在后面的章节进行介绍。此时可以将其看作整型变量，为其赋值后，就可以使用该变量。

（2）第一次使用 puts 函数输出的字符串常量中，由于在该字符串中没有结束符“\0”，所以输出的字符会一直到最后编译器为其字符串添加的结束符“\0”为止。

（3）第二次使用 puts 函数输出的字符串常量中，为其添加两个“\0”。输出的显示结果表明检测字符时，如果遇到第一个结束符便不再输出字符并且进行换行操作。

（4）第三次使用 puts 函数输出的是字符串指针变量，函数根据变量的值进行输出。因为在变量的值中并没有结束符，所以会一直将字符输出到最后编译器为其添加的结束字符，然后进行换行操作。

（5）改变变量的值，再使用 puts 函数输出变量时，可以看到由于变量的值中有结束符“\0”，因此显示结果到第一个结束符后停止，最后进行换行操作。

运行程序，显示效果如图 5-4 所示。

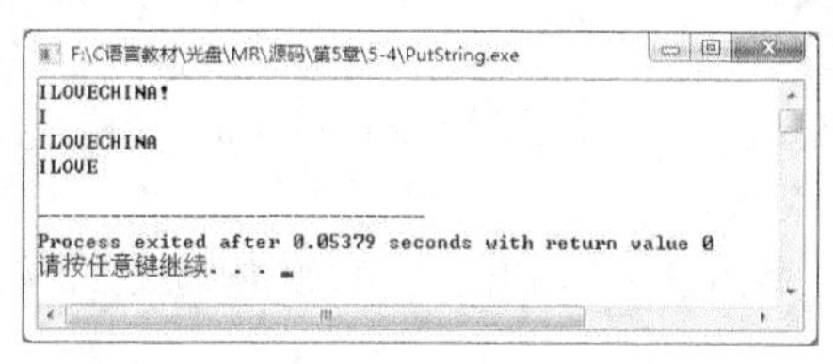

图 5-4　使用字符串输出函数显示信息提示

5.3.2　字符串输入函数

字符串输入函数

字符串输入使用的是 gets 函数，作用是将读取的字符串保存在形式参数 str 变量中，读取过程直到出现新的一行为止。其中新的一行的换行字符将会转换为字符串中的空终止符“\0”。gets 函数的语法格式如下：

```
char *gets(char *str);
```

在使用 gets 函数输入字符串前，要为程序加入头文件 stdio.h。其中的 str 字符指针变量为形式参数。例如定义字符数组变量 cString，然后使用 gets 函数获取输入字符的方式如下：

```
gets(cString);
```

在上面的代码中，cString 变量获取到了字符串，并将最后的换行符转换成了终止字符。

【例 5-5】 使用字符串输入函数 gets 获取输入信息。

```
#include<stdio.h>

int main()
{
	char cString[30];                                /*定义一个字符数组变量*/
	gets(cString);                                   /*获取字符串*/
	puts(cString);                                   /*输出字符串*/
	return 0;                                        /*程序结束*/
}
```

（1）因为要接收输入的字符串，所以要定义一个可以接收字符串的变量。在程序代码中，定义 cString 为字符数组变量的标识符，关于字符数组的内容将在后面的章节中进行介绍，此处知道此变量可以接收字符串即可。

（2）调用 gets 函数，其中函数的参数为定义的 cString 变量。调用该函数时，程序会等待用户输入字符，当用户字符输入完毕按 Enter 键确定时，gets 函数获取字符结束。

（3）使用 puts 字符串输出函数将获取后的字符串进行输出。

运行程序，显示效果如图 5-5 所示。

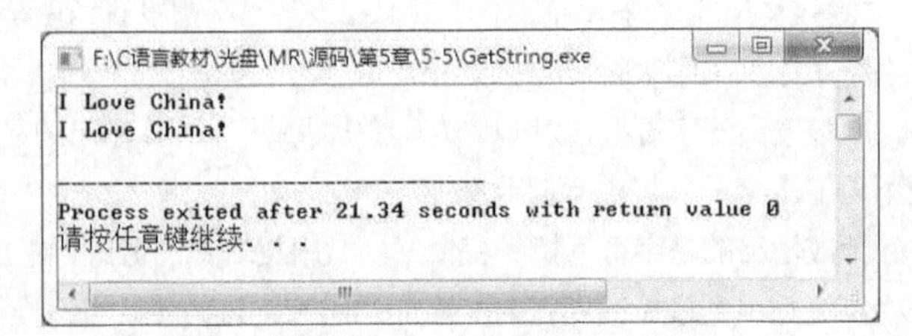

图 5-5　使用字符串输入函数 gets 获取输入信息

5.4　格式输出函数

格式输出函数

前面章节的实例中常常使用格式输入、输出函数 scanf 和 printf。其中 printf 函数就是用于格式输出的函数，也称为格式输出函数。

printf 函数的作用是向终端（输出设备）输出若干任意类型的数据，其语法格式如下：

```
printf(格式控制,输出列表)
```

1. 格式控制

格式控制是用双引号括起来的字符串，此处也称为转换控制字符串。其中包括格式字符和普通字符两种字符。

- 格式字符用来进行格式说明，作用是将输出的数据转换为指定的格式输出。格式字符是以“%”字符开头的。
- 普通字符是需要原样输出的字符，其中包括双引号内的逗号、空格和换行符。

2. 输出列表

输出列表框中列出的是要进行输出的一些数据，可以是变量或表达式。

例如，要输出一个整型变量时：

```
int iInt=10;
printf("this is %d",iInt);
```

执行上面的语句显示出来的字符是“this is 10”。在格式控制双引号中的字符是“this is %d”，其中的 this is 字符串是普通字符，而“%d”是格式字符，表示输出的是后面 iInt 的数据。

由于 printf 是函数，“格式控制”和“输出列表”这两个位置都是函数的参数，因此 printf 函数的一般形式也可以表示为：

```
printf(参数1,参数2,…,参数n)
```

函数中的每一个参数按照给定的格式和顺序依次输出。例如，显示一个字符型变量和整型变量：

```
printf("the Int is %d,the Char is %c",iInt,cChar);
```

表 5-1 中列出了有关 printf 函数的格式字符。

表 5-1　printf 函数的格式字符

格式字符	功能说明
d,i	以带符号的十进制形式输出整数（整数不输出符号）
o	以八进制无符号形式输出整数
x,X	以十六进制无符号形式输出整数。用 x 输出十六进制数的 a ~ f 时以小写形式输出；用 X 时，则以大写字母输出
u	以无符号十进制形式输出整数
c	以字符形式输出，只输出一个字符
s	输出字符串
f	以小数形式输出
e,E	以指数形式输出实数，用 e 时指数以“e”表示，用 E 时指数以“E”表示
g,G	选用“%f”或“%e”格式中输出宽度较短的一种格式，不输出无意义的 0。若以指数形式输出，则指数以大写表示

另外，在格式说明中，在“%”符号和上述格式字符间可以插入几种附加符号，如表 5-2 所示。

表 5-2　printf 函数的附加格式说明字符

字符	功能说明
字母 l	用于长整型整数，可加在格式字符 d、o、x、u 前面
m（代表一个整数）	数据最小宽度
n（代表一个整数）	对实数，表示输出 *n* 位小数；对字符串，表示截取的字符个数
-	输出的数字或字符在域内向左靠

在使用 printf 函数时，除 X、E、G 外其他格式字符必须用小写字母，如“%d”不能写成“%D”。

如果想输出“%”符号，则在格式控制处使用“%%”进行输出即可。

【例 5-6】 使用 printf 函数输出字符花，如图 5-6 所示。

为了避免界面过于死板，程序中可以适当加入一些小的装饰，使界面更加生动。

在打印输出一个字符花图案时，是有绘制技巧的，那就是打印时从上至下，从左至右，算好空行和空格的数量。具体代码如下：

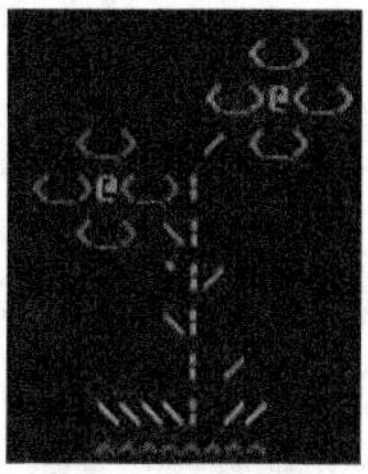

图 5-6　字符花

```
#include <stdio.h>
#include <windows.h>

HANDLE hOut;            //控制台句柄

/**
 * 获取屏幕光标位置
 */
void gotoxy(int x, int y)
{
        COORD pos;
```

```
        pos.X = x;  //横坐标
        pos.Y = y;  //纵坐标
        SetConsoleCursorPosition(GetStdHandle(STD_OUTPUT_HANDLE), pos);
}

/**
 * 文字颜色函数        此函数的局限性：1.只能Windows系统下使用    2.不能改变背景颜色
 */
int color(int c)
{
        SetConsoleTextAttribute(GetStdHandle(STD_OUTPUT_HANDLE), c);    //更改文字颜色
        return 0;
}

/**
 * 主 函 数
 */
int main()
{
        gotoxy(66,11);          //确定屏幕上要输出的位置
        color(12);              //设置颜色
        printf("(_)");          //红花上边花瓣

        gotoxy(64,12);
        printf("(_)");          //红花左边花瓣

        gotoxy(68,12);
        printf("(_)");          //红花右边花瓣

        gotoxy(66,13);
        printf("(_)");          //红花下边花瓣

        gotoxy(67,12);          //红花花蕊
        color(6);
        printf("@");

        gotoxy(72,10);
        color(13);
        printf("(_)");          //粉花左边花瓣

        gotoxy(76,10);
        printf("(_)");          //粉花右边花瓣

        gotoxy(74,9);
        printf("(_)");          //粉花上边花瓣

        gotoxy(74,11);
        printf("(_)");          //粉花下边花瓣

        gotoxy(75,10);
        color(6);
        printf("@");            //粉花花蕊
```

```
        gotoxy(71,12);
        printf("|");                //两朵花之间的连接

        gotoxy(72,11);
        printf("/");                //两朵花之间的连接

        gotoxy(70,13);
        printf("\\|");              //注意、\为转义字符。想要输入\，必须在前面需要转义

        gotoxy(70,14);
        printf("`|/");

        gotoxy(70,15);
        printf("\\|");

        gotoxy(71,16);
        printf("| /");

        gotoxy(71,17);
        printf("|");

        gotoxy(67,17);
        color(10);
        printf("\\\\\\\\");         //草地

        gotoxy(73,17);
        printf("//");

        gotoxy(67,18);
        color(2);
        printf("^^^^^^^^^");
}
```

其中，gotoxy()函数用来设置控制台界面的坐标位置。color()函数用来设置控制台上文字的颜色。在打印文字之前，首先调用 gotoxy()函数来设置此文字要在控制台上显示的位置，然后调用 color()函数设置此文字的显示颜色。

运行程序，显示效果如图 5-7 所示。

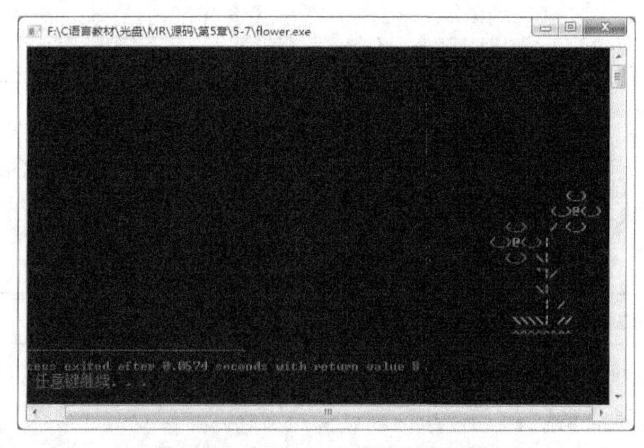

图 5-7　使用 printf 函数打印字符花

5.5 格式输入函数

与格式输出函数 printf 相对应的是格式输入函数 scanf。该函数的功能是指定固定的格式，并且按照指定的格式接收用户在键盘上输入的数据，最后将数据存储在指定的变量中。

scanf 函数的一般格式如下：

```
scanf(格式控制,地址列表)
```

通过 scanf 函数的一般格式可以看出，参数位置中的格式控制与 printf 函数相同。如“%d”表示十进制的整型，“%c”表示单字符。而在地址列表中，此处应该给出用来接收数据变量的地址。如得到一个整型数据的操作：

```
scanf("%d",&iInt);                                    /*得到一个整型数据*/
```

在上面的代码中，“&”符号表示取 iInt 变量的地址，因此不用关心变量的地址具体是多少，只要在代码中变量的标识符前加“&”，就表示取变量的地址。

编写程序时，在 scanf 函数参数的地址列表处，一定要使用变量的地址，而不是变量的标识符，否则编译器会提示出现错误。

表 5-3 中列出了 scanf 函数中常用的格式字符。

表 5-3 scanf 函数的格式字符

格式字符	功能说明
d,i	用来输入有符号的十进制整数
u	用来输入无符号的十进制整数
o	用来输入无符号的八进制整数
x,X	用来输入无符号的十六进制整数（大小写作用是相同的）
c	用来输入单个字符
s	用来输入字符串
f	用来输入实型，可以用小数形式或指数形式输入
e,E,g,G	与 f 作用相同，e 与 f、g 之间可以相互替换（大小写作用相同）

格式字符“%s”用来输入字符串。将字符串送到一个字符数组中，在输入时以非空白字符开始，以第一个空白字符结束。字符串以串结束标志“\0”作为最后一个字符。

【例 5-7】 使用 scanf 格式输入函数得到用户输入的数据。

在本实例中，利用 scanf 函数得到用户输入的两个整型数据，因为 scanf 函数只能用于输入操作，所以若在屏幕上显示信息时则使用显示函数。

```
#include<stdio.h>
```

```
int main()
{
    int iInt1,iInt2;                              /*定义两个整型变量*/
    puts("Please enter two numbers:");            /*通过puts函数输出提示信息的字符串*/
    scanf("%d%d",&iInt1,&iInt2);                  /*通过scanf函数得到输入的数据*/
    printf("The first is : %d\n",iInt1);          /*显示第一个输入的数据*/
    printf("The second is : %d\n",iInt2);         /*显示第二个输入的数据*/
    return 0;
}
```

（1）为了能接收用户输入的整型数据，在程序代码中定义了两个整型变量 iInt1 和 iInt2。

（2）因为 scanf 函数只能接收用户的数据，而不能显示信息，所以先使用 puts 函数输出一段字符表示信息提示。puts 函数在输出字符串之后会自动进行换行，这样就可以省去使用换行符。

（3）调用 scanf 格式输入函数，在函数参数中可以看到，在格式控制的位置使用双引号将格式字符包括，“%d”表示输入的是十进制的整数。在参数中的地址列表位置，使用“&”符号表示变量的地址。

（4）此时变量 iInt1 和 iInt2 已经得到了用户输入的数据，调用 printf 函数将变量进行输出。这里要注意区分的是，printf 函数使用的是变量的标识符，而不是变量的地址。scanf 函数使用的是变量的地址，而不是标识符。

程序是怎样将输入的内容分别保存到指定的两个变量中的呢？原来 scanf 函数使用空白字符分隔输入的数据，这些空白字符包括空格、换行、制表符（tab）。例如在本程序中，使用换行作为空白字符。

运行程序，显示效果如图 5-8 所示。

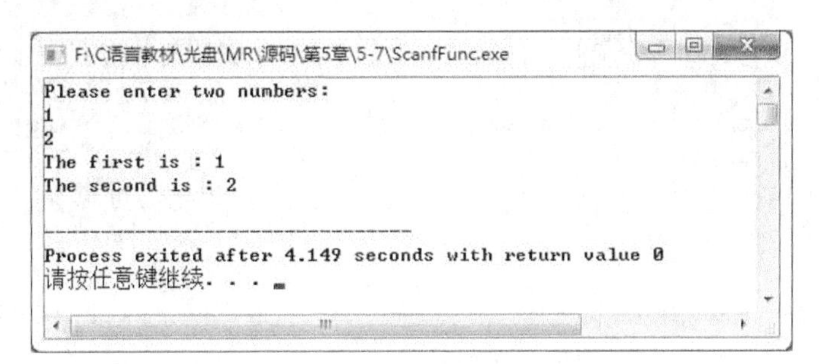

图 5-8　逻辑运算符的应用

在 printf 函数中除了格式字符还有附加格式用于更为具体的说明，相应地，scanf 函数中也有附加格式用于更为具体的格式说明，如表 5-4 所示。

表 5-4　scanf 函数的附加格式

字符	功能说明
l	用于输入长整型数据（可用于“%ld”“%lo”“%lx”或“%lu”）以及 double 型的数据（“%lf”或“%le”）
h	用于输入短整型数据（可用于“%hd”“%ho”或“%hx”）
n（整数）	指定输入数据所占宽度
*	表示指定的输入项在读入后不赋给相应的变量

【例 5-8】 使用附加格式说明 scanf 函数的格式输入。

在本实例中，将所有 scanf 函数的附加格式都进行格式输入的说明，通过这些指定格式的输入后，对比输入前后的结果，观察其附加格式的效果。

```
#include<stdio.h>

int main()
{
    long iLong;                                                  /*长整型变量*/
    short iShort;                                                /*短整型变量*/
    int iNumber1=1;                                              /*整型变量，为其赋值为1*/
    int iNumber2=2;                                              /*整型变量，为其赋值为2*/
    char cChar[10];                                              /*定义字符数组变量*/

    printf("Enter the long integer\n");                          /*输出信息提示*/
    scanf("%ld",&iLong);                                         /*输入长整型数据*/

    printf("Enter the short integer\n");                         /*输出信息提示*/
    scanf("%hd",&iShort);                                        /*输入短整型数据*/

    printf("Enter the number:\n");                               /*输出信息提示*/
    scanf("%d*%d",&iNumber1,&iNumber2);                          /*输入整型数据*/

    printf("Enter the string but only show three character\n");  /*输出信息提示*/
    scanf("%3s",cChar);                                          /*输入字符串*/

    printf("the long interger is: %ld\n",iLong);                 /*显示长整型值*/
    printf("the short interger is: %hd\n",iShort);               /*显示短整型值*/
    printf("the Number1 is: %d\n",iNumber1);                     /*显示整型iNumber1的值*/
    printf("the Number2 is: %d\n",iNumber2);                     /*显示整型iNumber2的值*/
    printf("the three character are: %s\n",cChar);               /*显示字符串*/
    return 0;
}
```

（1）为了程序中的 scanf 函数能接收数据，在程序代码中定义所使用的变量。为了演示不同格式说明的情况，定义变量的类型有长整型、短整型和字符数组。

（2）使用 printf 函数显示一串字符，提示输入的数据为长整型，调用 scanf 函数使变量 iLong 得到用户输入的数据。在 scanf 函数的格式控制部分，格式字符使用 l 附加格式表示长整型。

（3）再使用 printf 函数显示数据提示，提示输入的数据为短整型。调用 scanf 函数时，使用附加格式字符 h 表示短整型。

（4）使用格式字符 “*” 的作用是表示指定的输入项在读入后不赋给相应的变量，在代码中分析这句话的含义就是，第一个 “%d” 是输入 iNumber1 变量，第二个 “%d” 是输入 iNumber2 变量，但是在第二个 “%d” 前有一个 “*” 附加格式说明字符，这样第二个输入的值被忽略，也就是说，iNumber2 变量不保存输入相应的值。

（5）“%s” 是用来表示字符串的格式字符，将一个数 n（整数）放入 “%s” 中间，这样就指定了数据的宽度。在程序中，scanf 函数中指定的数据宽度为 3，那么在输入一个字符串时，只是接收前 3 个字符。

（6）最后利用 printf 函数将输入得到的数据进行输出。

运行程序，显示效果如图 5-9 所示。

```
F:\C语言教材\光盘\MR\源码\第5章\5-8\MoreScanf.exe
Enter the long integer
100000
Enter the short integer
10000
Enter the number:
10
Enter the string but only show three character
Wonderful
the long interger is: 100000
the short interger is: 10000
the Number1 is: 10
the Number2 is: 2
the three character are: Won

--------------------------------
Process exited after 39.88 seconds with return value 0
请按任意键继续. . .
```

图 5-9 逻辑运算符的应用

5.6 顺序程序设计应用

本节介绍几个顺序程序设计的实例，帮助读者巩固本章前面小节所讲的内容。

【例 5-9】 计算圆的面积。

在本实例中，定义单精度浮点型变量，为其赋值为圆周率的值。得到用户输入的数据并进行计算，最后将计算的结果输出。

顺序程序设计应用

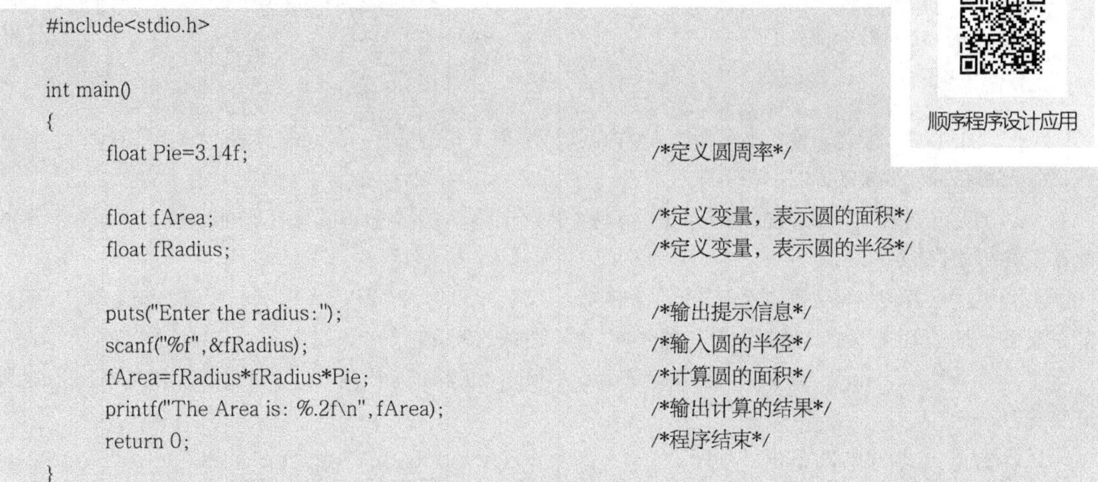

```
#include<stdio.h>

int main()
{
        float Pie=3.14f;                                /*定义圆周率*/

        float fArea;                                    /*定义变量，表示圆的面积*/
        float fRadius;                                  /*定义变量，表示圆的半径*/

        puts("Enter the radius:");                      /*输出提示信息*/
        scanf("%f",&fRadius);                           /*输入圆的半径*/
        fArea=fRadius*fRadius*Pie;                      /*计算圆的面积*/
        printf("The Area is: %.2f\n",fArea);            /*输出计算的结果*/
        return 0;                                       /*程序结束*/
}
```

（1）定义单精度浮点型 Pie 表示圆周率，在常量 3.14 后加上 f 表示为单精度类型。变量 fArea 表示圆的面积，变量 fRadius 表示圆的半径。

（2）根据 puts 函数输出的程序提示信息，使用 scanf 函数输入半径的数据，将输入的数据保存在变量 fRadius 中。

（3）圆的面积=圆的半径的平方×圆周率。运用公式，将变量放入其中计算圆的面积，最后使用 printf 函数将结果输出。在 printf 函数中可以看到“%.2f”格式关键字，其中的“.2”表示取小数点后两位。

运行程序，显示效果如图 5-10 所示。

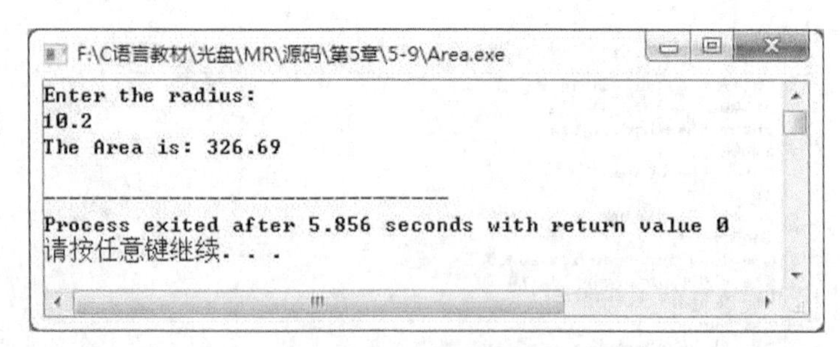

图 5-10　计算圆的面积

【例 5-10】 将大写字符转换成小写字符。

本实例要将一个输入的大写字符转换成小写字符，需要对其中的 ASCII 码的关系有所了解。将大写字符转换成小写字符的方法就是将大写字符的 ASCII 码转换成小写字符的 ASCII 码。

```
#include<stdio.h>

int main()
{
	char cBig;					/*定义字符变量，表示大写字符*/
	char cSmall;					/*定义字符变量，表示小写字符*/

	puts("Please enter capital character:");	/*输出提示信息*/
	cBig=getchar();					/*得到用户输入的大写字符*/
	puts("Minuscule character is:");		/*输出提示信息*/
	cSmall=cBig+32;					/*将大写字符转换成小写字符*/
	printf("%c\n",cSmall);				/*输出小写字符*/
	return 0;					/*程序结束*/
}
```

（1）为了将大写字符转换为小写字符，要为其定义变量并进行保存。cBig 表示要存储字符的大写字符变量，而 cSmall 表示要转换成的小写字符。

（2）通过信息提示，用户输入字符。因为只要得到一个输入的字符即可，所以在此处使用 getchar 函数就可以满足程序的要求。

（3）大写字符与小写字符的 ASCII 码值相差 32。如字符 A 的 ASCII 值为 65，a 的 ASCII 值为 97，因此如果要将一个大写字符转换成小写字符，那么将大写字符的 ASCII 值加上 32 即可。

（4）字符变量 cSmall 得到转换的小写字符后，利用 printf 格式输出函数将字符进行输出，其中使用的格式字符为“%c”。

运行程序，显示效果如图 5-11 所示。

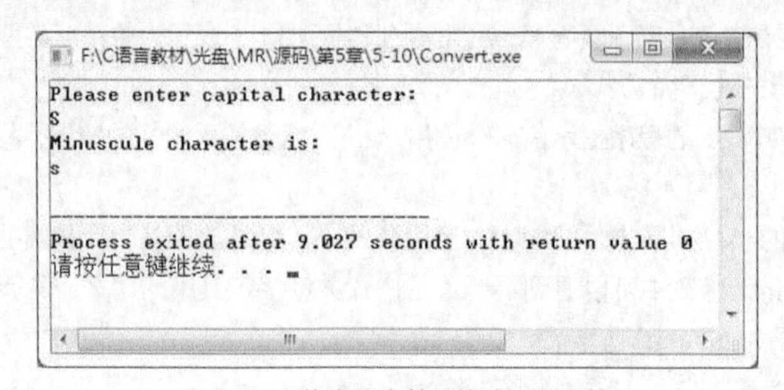

图 5-11　将大写字符转换成小写字符

小 结

本章主要讲解 C 语言中常用的数据输入、输出函数。熟练使用输入、输出函数是学习 C 语言必须要掌握的，因为在很多情况下，为了证实一项操作的正确性，可以将输入和输出的数据进行对比而得到结论。

其中，用于单个字符的输入、输出时，使用的是 getchar 和 putchar 函数，而 gets 和 puts 函数用于输入、输出字符串，并且 puts 函数在遇到终止符时会进行自动换行。为了能输出其他类型的数据，可以使用格式输出函数 printf 和格式输入函数 scanf。在这两个格式函数中，利用格式字符和附加格式字符可以更为具体地进行格式说明。

上机指导

求回文素数。

任意整数 i，当从左向右的读法与从右向左的读法是相同且为素数时则称该数为回文素数，在了解了什么是回文素数的基础上求 1000 之内的所有回文素数。运行结果如图 5-12 所示。

上机指导

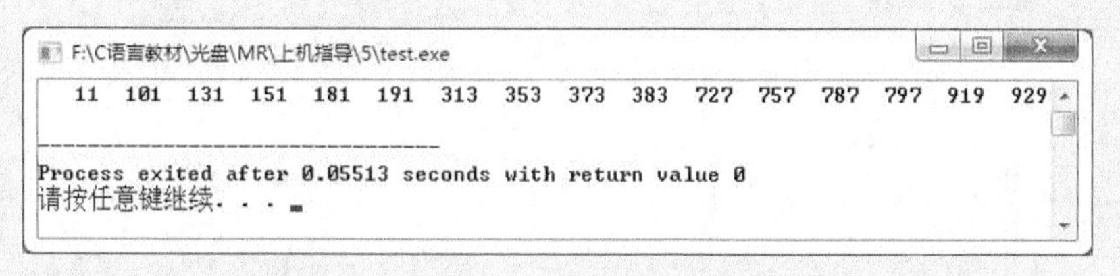

图 5-12 求回文素数

程序开发步骤如下。

（1）在 DEV C++中创建一个 C 文件。

（2）引用头文件。

（3）自定义 ss 函数，函数类型为基本整型，作用是判断一个数是否为素数。

（4）对 10 到 1000 之间的数进行穷举，找出符合条件的数并将其输出。

习 题

5-1 使用 printf 函数的附加格式说明字符，对输出的数据进行更为精准的格式设计。

5-2 使用 printf 函数对不同类型的变量进行输出，并对使用 printf 函数所用到的输出格式进行分析理解。

5-3 模仿实例 5-10，试将输入的小写字符转换成大写字符，并且将大写字符与字符所对应的 ASCII 码进行输出。

5-4 模拟工资计算器，计算一个销售人员的月工资的数量（月工资=基本工资+提成，提成=商品数×1.5）。

5-5　利用输出函数 printf 实现，将“MR”的图案用“*”号输出。

5-6　利用各种特殊符号打印图 5-13 所示的字符画蛇。

图 5-13　字符画蛇

PART06

第6章

选择结构程序设计

本章要点：

- 掌握使用if语句编写判断语句
- 掌握switch语句的编写方式
- 区分if…else语句与switch语句
- 通过应用程序了解选择结构的具体使用

■ 走入程序设计领域的第一步，是学会设计编写一个程序，其中顺序结构程序设计是最简单的程序设计，而选择结构程序设计就用到了一些用于条件判断的语句，增加了程序的功能，也增强了程序的逻辑性与灵活性。

■ 本章致力于使读者掌握使用 if 语句进行条件判断的方法，并掌握有关 switch 语句的使用方式。

6.1 if 语句

在日常生活中，为了使交通畅通有序，一般会在路口设立交通信号灯。在信号灯显示为绿色时车辆可以行驶通过，当信号灯转为红色时车辆就要停止行驶。可见，信号灯给出了信号，人们通过不同的信号进行判断，然后根据判断的结果进行相应的操作。

在 C 语言程序中，想要完成这样的判断操作，利用的就是 if 语句。if 语句的功能就像路口的信号灯一样，根据判断不同的条件，决定是否进行操作。

据说第一台数字计算机是用来进行决策操作的，使得之后的计算机都继承了这项功能。程序员将决策表示成对条件的检验，即判断一个表达式值的真假。除了没有任何返回值的函数和返回无法判断真假的结构函数外，几乎所有表达式的返回值都可以判断真假。

下面具体介绍 if 语句的有关内容。

6.2 if 语句的基本形式

if 语句就是判断表达式的值，然后根据该值的情况控制程序流程。表达式的值不等于 0，也就是为真；否则，就是假值。if 语句有 if、if...else 和 else if 三种语句形式，下面介绍每种情况的具体使用方式。

6.2.1 if 语句形式

if 语句通过对表达式进行判断，根据判断的结果决定是否进行相应的操作。if 语句的一般形式为：

```
if(表达式)  语句
```

其语句的执行流程图如图 6-1 所示。

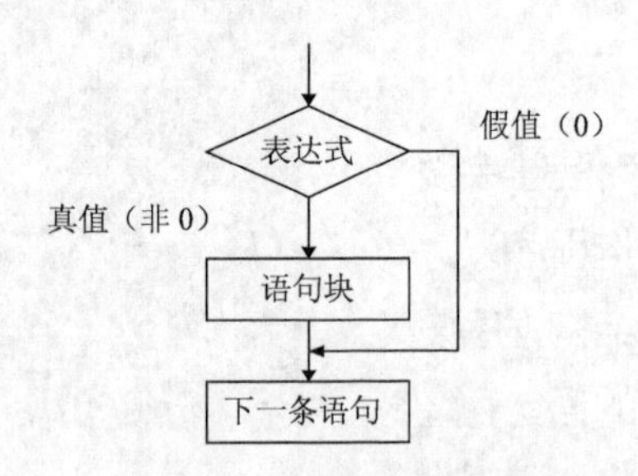

图 6-1　if 语句的执行流程图

if 后面括号中的表达式就是要进行判断的条件，而后面语句部分是对应的操作。如果 if 判断括号中的表达式为真，就执行后面语句的操作；如果为假值，那么不会执行后面的语句部分。例如下面的代码：

```
if(iNum)printf("The ture value");
```

代码中判断变量 iNum 的值，如果变量 iNum 为真值，则执行后面的输入语句；如果变量的值为假，则不执行。

在 if 语句的括号中，不仅可以判断一个变量的值是否为真，也可以判断表达式，例如：

```
if(iSignal==1) printf("the Signal Light is%d:",iSignal);
```

这行代码的含义是：判断变量 iSignal==1 的表达式，如果条件成立，那么判断的结果是真值，则执行后面的输出语句；如果条件不成立，那么结果为假值，则不执行后面的输出语句。

从这些代码中可以看到 if 后面的执行部分只是调用了一条语句，如果是两条语句时怎么办呢？这时可以使用大括号使之成为语句块，例如：

```
if(iSignal==1)
{
        printf("the Signal Light is%d:\n",iSignal);
        printf("Cars can run");
}
```

将执行的语句都放在大括号中，这样当 if 语句判断条件为真时，就可以全部执行。使用这种方式的好处是可以很规范、清楚地表达出 if 语句所包含语句的范围，所以这里建议大家使用 if 语句时都使用大括号将执行语句包括在内。

【例 6-1】 使用 if 语句模拟信号灯指挥车辆行驶。

在本实例中，为了模拟十字路口上信号灯指挥车辆行驶，要使用 if 语句判断信号灯的状态。如果信号灯为绿色，则说明车辆可以行驶通过，通过输出语句进行信息提示说明车辆的行动状态。

```
#include<stdio.h>

int main()
{
        int iSignal;                                                /*定义变量表示信号灯的状态*/
        printf("the Red Light is 0,the Green Light is 1\n");       /*输出提示信息*/
        scanf("%d",&iSignal);                                       /*输入iSignal变量*/
        if(iSignal==1)                                              /*使用if语句进行判断*/
        {
                printf("the Light is green,cars can run\n");        /*判断结果为真时输出*/
        }
        return 0;
}
```

（1）为了模拟信号灯指挥交通，要根据信号灯的状态进行判断，这样就需要一个变量表示信号灯的状态。在程序代码中，定义变量 iSignal 表示信号灯的状态。

（2）输出提示信息，输入 iSignal 变量，表示此时信号灯的状态。此时用键盘输入“1”，表示信号灯的状态是绿灯。

（3）使用 if 语句判断 iSignal 变量的值，如果为真，则表示信号灯为绿灯；如果为假，则表示是红灯。在程序中，此时变量 iSignal 的值为 1，表达式 iSignal==1 的条件成立，因此判断的结果为真值，从而执行 if 语句后面大括号中的语句。

运行程序，显示效果如图 6-2 所示。

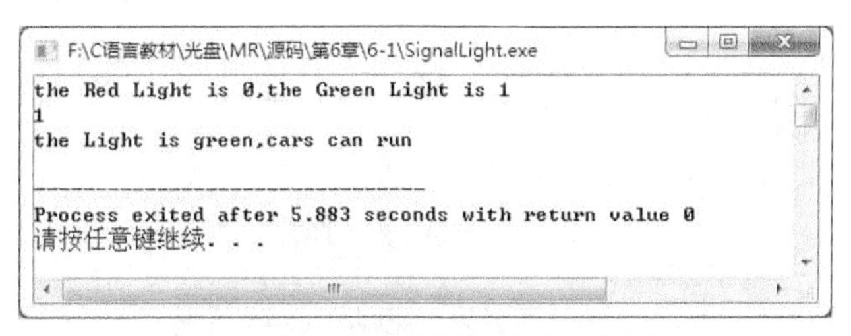

图 6-2 使用 if 语句模拟信号灯指挥车辆行驶

if 语句不是只可以使用一次，而是可以连续使用进行判断的，继而根据不同条件的成立给出相应的操作。

例如在上面的实例程序中，可以看到虽然使用 if 语句判断信号灯状态 iSignal 变量，但只是给出了判断是绿灯时执行的操作，并没有给出红灯时相应的操作。为了使得在红灯情况下也进行操作，需要再使用一次 if 语句判断为红灯时的情况。现在对上面的实例进行完善。

【例 6-2】 完善 if 语句的使用。

【例 6-1】仅对绿灯情况下作出相应操作，为进一步完善信号灯为红灯时的操作，在程序中再添加一次 if 语句对信号灯为红灯时的判断，并且在条件成立时给出相应操作。

```
#include<stdio.h>

int main()
{
        int iSignal;                                                      /*定义变量表示信号灯的状态*/
        printf("the Red Light is 0,the Green Light is 1\n");              /*输出提示信息*/
        scanf("%d",&iSignal);                                             /*输入iSignal变量*/

        if(iSignal==1)                                                    /*使用if语句进行判断*/
        {
                printf("the Light is green,cars can run\n");              /*判断结果为真时输出*/
        }
        if(iSignal==0)                                                    /*使用if语句进行判断*/
        {
                printf("the Light is red,cars can't run\n");              /*判断结果为真时输出*/
        }
        return 0;
}
```

（1）在【例 6-1】的基础上进行修改，完善程序的功能。在代码中添加一个 if 判断语句，用来表示当信号灯为红灯时所进行的相应操作。

（2）从程序的开始处来分析整个程序的运行过程。使用 scanf 函数输入数据，这次用户输入“0”，表示红灯。

（3）程序继续执行，第一个 if 语句判断 iSignal 变量的值是否为 1，如果判断的结果为真，则说明信号灯为绿灯。因为 iSignal 变量的值为 0，所以判断的结果为假，则不会执行后面语句中的内容。

（4）接下来是新添加的 if 语句，在其中判断 iSignal 变量是否等于 0，如果判断成立为真，则表示信号灯此时为红灯。因为输入的值为 0，所以 iSignal==0 条件成立，执行 if 后面的语句内容。

运行程序，显示效果如图 6-3 所示。

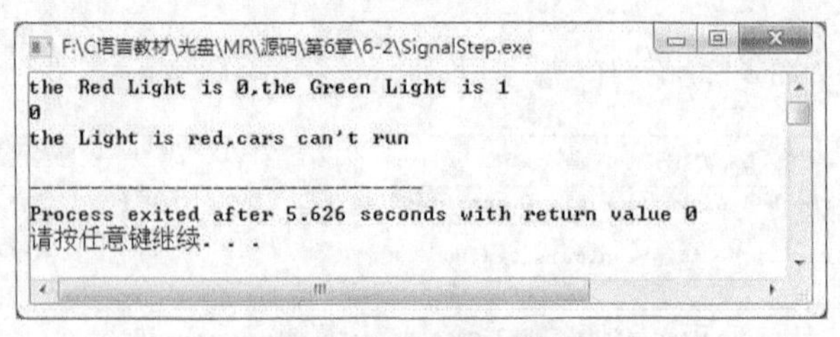

图 6-3 完善 if 语句的使用

初学编程的人在程序中使用 if 语句时，常常会将下面的两个判断弄混，例如：

```
if(value){...}                                   /*判断变量值*/
if(value==0){...}                                /*判断表达式的值*/
```

这两行代码中都有 value 变量，value 值虽然相同，但是判断的结果却不同。第一行代码表示判断的是 value 的值，第二行代码表示判断 value 等于 0 这个表达式是否成立。假定其中 value 的值为 0，那么在第一个 if 语句中，value 值为 0 即说明判断的结果为假，所以不会执行 if 后的语句。但是在第二个 if 语句中，判断的是 value 是否等于 0，因为设定 value 的值为 0，所以表达式成立，那么判断的结果就为真，执行 if 后的语句。

6.2.2 if…else 语句形式

if…else 语句形式

除了可以指定在条件为真时执行某些语句外，还可以在条件为假时执行另外一段代码。这在 C 语言中是利用 else 语句来完成的，其一般形式为：

```
if(表达式)
        语句块1;
else
        语句块2;
```

其语句的执行流程图如图 6-4 所示。

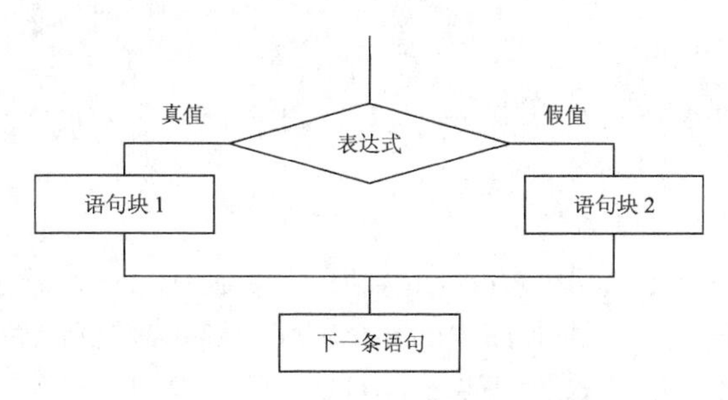

图 6-4　if…else 语句的执行流程图

在 if 后的括号中判断表达式的结果，如果判断的结果为真值，则执行紧跟 if 后的语句块中的内容；如果判断的结果为假值，则执行 else 语句后的语句块内容。也就是说，当 if 语句检验的条件为假时，就执行相应的 else 语句后面的语句或者语句块。例如：

```
if(value)
{
        printf("the value is true");
}
else
{
        printf("the value is false");
}
```

在上面的代码中，如果 if 判断变量 value 的值为真，则执行 if 后面的语句块进行输出。如果 if 判断的结果为假值，则执行 else 下面的语句块。

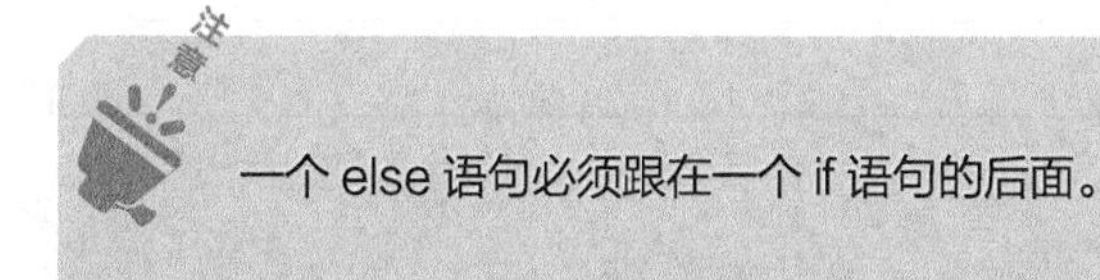

一个 else 语句必须跟在一个 if 语句的后面。

【例 6-3】 使用 if...else 语句进行选择判断。

在本实例中，使用 if…else 语句判断用户输入的数值，输入的数字为 0 表示条件为假，输入的数字为非 0

表示条件为真。

```
#include<stdio.h>

int main()
{
	int iNumber;                                          /*定义变量*/

	printf("Enter a number\n");                           /*显示提示信息*/
	scanf("%d",&iNumber);                                 /*输入数字*/

	if(iNumber)                                           /*判断变量的值*/
	{
	                                                      /*判断为真时执行输出*/
		printf("the value is true and the number is: %d\n",iNumber);
	}
	else                                                  /*判断为假时执行输出*/
	{
		printf("the value is flase and the number is: %d\n",iNumber);
	}
	return 0;
}
```

（1）程序中定义变量 iNumber 用来保存输入的数据，然后通过 if...else 语句判断变量的值。

（2）用户输入数据的值为 0，if 语句判断 iNumber 变量，此时也就是判断输入的数值。因为 0 表示的是假，所以 if 后面紧跟着的语句块不会执行，而会执行 else 后面语句块中的操作，显示一条信息并将数值进行输出。

（3）从程序的运行结果中也可以看出，当 if 语句检验的条件为假时，就执行相应的 else 语句后面的语句或者语句块。

运行程序，显示效果如图 6-5 所示。

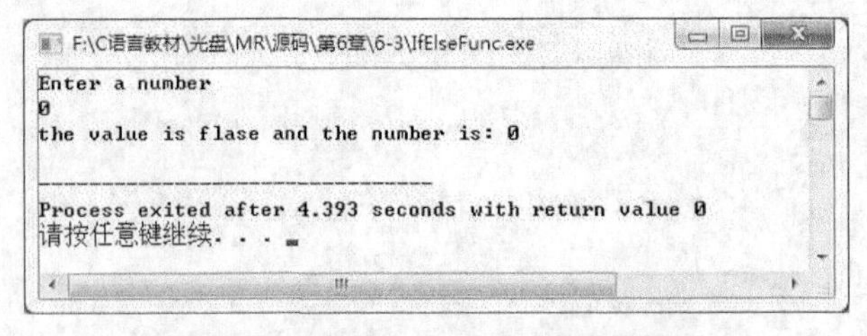

图 6-5　使用 if...else 语句进行选择判断

if...else 语句也可以用来判断表达式，根据表达式的结果从而选择不同的操作。

【例 6-4】 使用 if...else 语句得到两个数的最大值。

本实例要实现的功能是比较两个数值的大小。这两个数值由用户输入，然后将其中相对较大的数值输出显示。

```
#include<stdio.h>

int main()
{
	int iNumber1,iNumber2;                        /*定义变量*/

	printf("please enter two numbers:\n");        /*信息提示*/
```

```
    scanf("%d%d",&iNumber1,&iNumber2);                /*输入数据*/
    if(iNumber1>iNumber2)                             /*判断iNumber1是否大于iNumber2*/
    {
        printf("the bigger number is %d\n",iNumber1);
    }
    else                                              /*判断结果为假，则执行下面的语句*/
    {
        printf("the bigger number is %d\n",iNumber2);
    }
    return 0;
}
```

（1）在程序运行过程中，利用 printf 函数先显示一条信息，通过信息提示用户输入两个数据，第一个输入的是 5，第二个输入的是 10。这两个数据的数值由变量 iNumber1 和 iNumber2 保存。

（2）if 语句判断表达式 iNumber1>iNumber2 的真假。如果判断的结果为真，则执行 if 后的语句输出 iNumber1 的值，说明 iNumber1 是最大值；如果判断的结果为假，则执行 else 后的语句输出 iNumber2 的值，说明 iNumber2 是最大值。因为 iNumber1 的值为 5，iNumber2 的值为 10，所以 iNumber1>iNumber2 的关系表达式结果为假。这样执行的就是 else 后的语句，输出 iNumber2 的值。

运行程序，显示效果如图 6-6 所示。

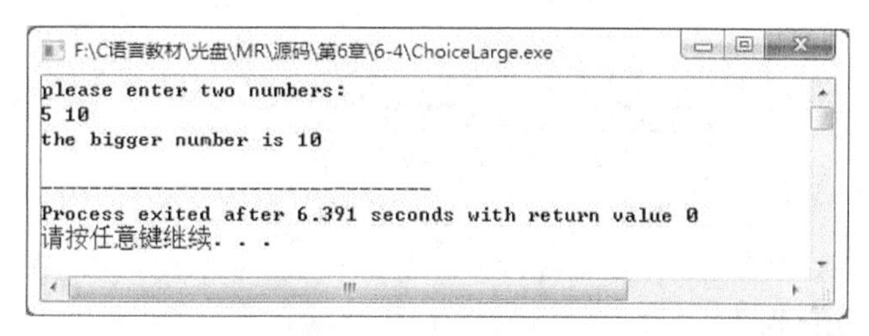

图 6-6　使用 if...else 语句得到两个数的最大值

【例 6-5】 使用 if...else 语句模拟信号灯。

多数路口的信号灯还有一个黄灯，用来提示车辆准备行驶或者停车。6.2.1 节使用 if 语句模拟信号灯，在本实例中使用 if...else 语句进一步完善这个程序，使得信号灯具有黄灯相应的功能。

```
#include<stdio.h>

int main()
{
    int iSignal;                                      /*定义变量表示信号灯的状态*/
    printf("the Red Light is 0,\nthe Green Light is 1,\nthe Yellow Light is other number\n");
                                                      /*输出提示信息*/
    scanf("%d",&iSignal);                             /*输入iSignal变量*/

    if(iSignal==1)                                    /*当信号灯为绿灯时*/
    {
        printf("the Light is green,cars can run\n");  /*判断结果为真时输出*/
    }
    if(iSignal==0)                                    /*当信号灯为红灯时*/
    {
        printf("the Light is red,cars can't run\n");  /*判断结果为真时输出*/
    }
```

```
    else                                             /*当信号灯为黄灯时*/
    {
        printf("the Light is yellow,cars are ready\n");
    }
    return 0;
}
```

（1）程序运行时，先输出信息，提示用户输入一个信号灯的状态。其中 0 表示红灯，1 表示绿灯，其他数字表示黄灯。

（2）输入一个数字 2，将其保存到变量 iSignal 中。接下来使用 if 语句进行判断。

（3）第一个 if 语句判断 iSignal 是否等于 1，很明显判断结果为假，因此不会执行第一个 if 后的语句块中的内容。

（4）第二个 if 语句判断 iSignal 是否等于 0，结果为假，因此不会执行第二个 if 后的语句块中的内容。

（5）因为第二个 if 语句都为假值，不执行第二个 if 语句的话就会执行 else 后的语句块。在语句块中通过输出信息表示现在为黄灯，车辆要进行准备。

运行程序，显示效果如图 6-7 所示。

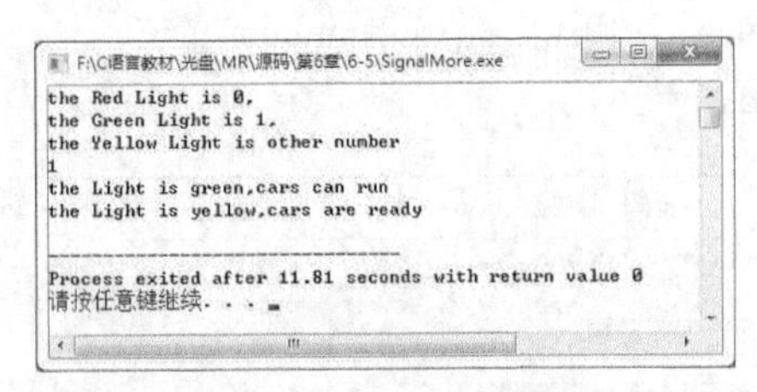

图 6-7　使用 if...else 语句模拟信号灯

6.2.3　else if 语句形式

else if 语句形式

利用 if 和 else 关键字的组合可以实现 else if 语句，这是对一系列互斥的条件进行检验，其一般形式如下：

```
if(表达式1) 语句1
else if(表达式2) 语句2
else if(表达式3) 语句3
    …
else if(表达式m) 语句m
else 语句n
```

else if 语句的执行流程图如图 6-8 所示。

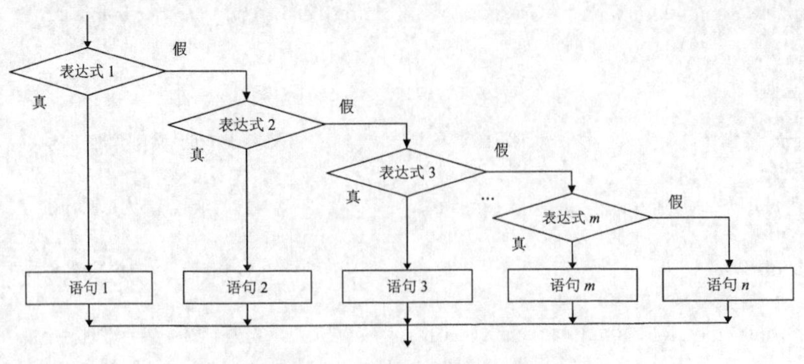

图 6-8　else if 语句的执行流程图

根据流程图可知，首先对 if 语句中的表达式 1 进行判断，如果结果为真值，则执行后面跟着的语句 1，然后跳过 else if 语句和 else 语句；如果结果为假，那么判断 else if 语句中的表达式 2。如果表达式 2 为真值，那么执行语句 2 而不会执行后面 else if 的判断或者 else 语句。当所有的判断都不成立，也就是都为假值时，执行 else 后的语句块。例如：

```
if(iSelection==1)
    {…}
else if(iSelection==2)
    {…}
else if(iSelection==3)
    {…}
else
    {…}
```

上述代码的含义是，使用 if 语句判断变量 iSelection 的值是否为 1，如果为 1 则执行后面语句块中的内容，然后跳过后面的 else if 判断和 else 语句的执行；如果 iSelection 的值不为 1，那么 else if 判断 iSelection 的值是否为 2，如果值为 2，则条件为真执行后面紧跟着的语句块，执行完后跳过后面 else if 和 else 的操作；如果 iSelection 的值也不为 2，那么接下来的 else if 语句判断 iSelection 是否等于数值 3，如果等于则执行后面语句块中的内容，否则执行 else 语句块中的内容。也就是说，当前面所有的判断都不成立（为假值）时，执行 else 语句块中的内容。

【例 6-6】 使用 else if 语句编写屏幕菜单程序。

在本实例中，既然要对菜单进行选择，那么首先要显示菜单。利用格式输出函数将菜单中所需要的信息进行输出。

```
#include<stdio.h>

int main()
{
    int iSelection;                          /*定义变量，表示菜单的选项*/

    printf("---Menu---\n");                  /*输出屏幕的菜单*/
    printf("1 = Load\n");
    printf("2 = Save\n");
    printf("3 = Open\n");
    printf("other = Quit\n");

    printf("enter selection\n");             /*提示信息*/
    scanf("%d",&iSelection);                 /*用户输入选项*/

    if(iSelection==1)                        /*选项为1*/
    {
        printf("Processing Load\n");
    }
    else if(iSelection==2)                   /*选项为2*/
    {
        printf("Processing Save\n");
    }
    else if(iSelection==3)                   /*选项为3*/
    {
        printf("Processing Open\n");
```

```
    }
    else                                                    /*选项为其他数值时*/
    {
        printf("Processing Quit\n");
    }
    return 0;
}
```

（1）程序中使用 printf 函数将可以进行选择的菜单显示输出，然后显示一条信息提示用户进行输入，选择一个菜单项进行操作。

（2）这里假设输入数字为 3，变量 iSelection 将输入的数值保存，用来执行后续判断。

（3）再判断 iSelection 的位置，可以看到使用 if 语句判断 iSelection 是否等于 1，使用 else if 语句判断 iSelection 等于 2 和等于 3 的情况，如果都不满足则会执行 else 处的语句。因为 iSelection 的值为 3，所以 iSelection==3 关系表达式为真，执行相应 else if 处的语句块，输出提示信息。

运行程序，显示效果如图 6-9 所示。

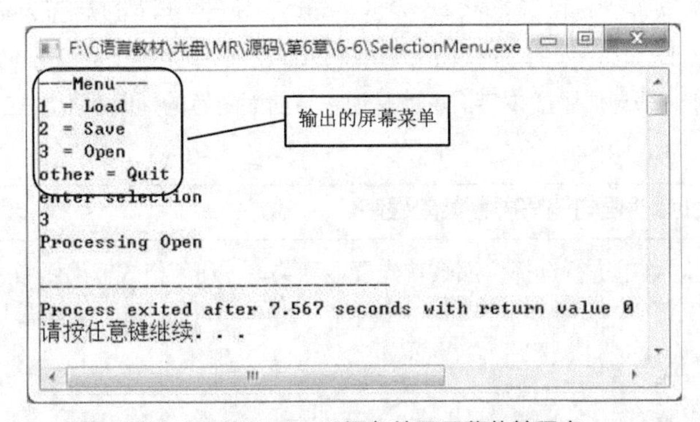

图 6-9　使用 else if 语句编写屏幕菜单程序

实例 6-5 中使用 if...else 语句模拟信号灯时，连续使用两次 if 语句，当第一个 if 语句满足条件时会出现问题，因为 else 语句也会执行。现在使用 else if 语句再一次修改此程序使其功能完善。

【例 6-7】 使用 else if 语句正确修改信号灯程序。

```
#include<stdio.h>

int main()
{
    int iSignal;                                            /*定义变量表示信号灯的状态*/
    printf("the Red Light is 0,\nthe Green Light is 1,\nthe Yellow Light is other number\n");
                                                            /*输出提示信息*/
    scanf("%d",&iSignal);                                   /*输入iSignal变量*/

    if(iSignal==1)                                          /*当信号灯为绿灯时*/
    {
        printf("the Light is green,cars can run\n");        /*判断结果为真时输出*/
    }
    else if(iSignal==0)                                     /*当信号灯为红灯时*/
    {
        printf("the Light is red,cars can't run\n");        /*判断结果为真时输出*/
    }
```

```
    else                                                  /*当信号灯为黄灯时*/
    {
        printf("the Light is yellow,cars are ready\n");
    }
    return 0;
}
```

在原来的程序中，只是将原来第二个 if 判断改成了 else if 判断。这样当输入“1”时程序就可以正常运行了。

通过对两个程序结果的比较可以发现，连续使用 if 判断条件这种方式中，每个条件的判断都是分开的、独立的。而使用 if 和 else if 判断条件，所有的判断可以看成是一个整体，如果其中一个为真，那么下面的 else if 中的判断即使有符合的也被跳过，不会执行。

运行程序，显示效果如图 6-10 所示。

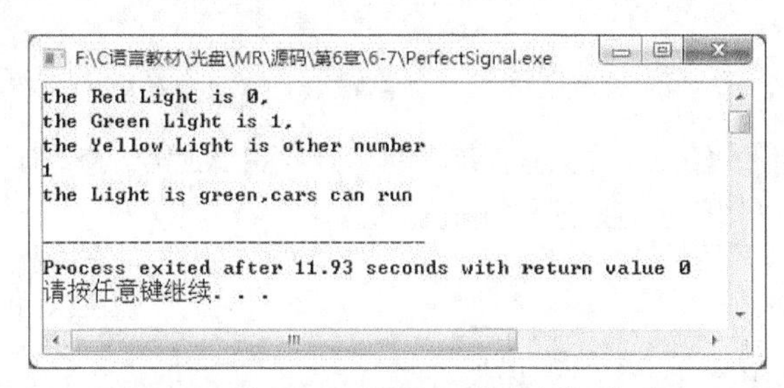

图 6-10　使用 else if 语句正确修改信号灯程序

6.3　if 的嵌套形式

在 if 语句中又包含一个或多个 if 语句，此种情况称为 if 语句的嵌套。一般形式如下：

if 的嵌套形式

```
if(表达式1)
    if(表达式2) 语句块1
    else  语句块2
else
    if(表达式3) 语句块3
    else  语句块4
```

使用 if 语句嵌套的形式功能是对判断的条件进行细化，然后进行相应的操作。

这就好比人们在生活中，每天早上醒来的时候想一下今天是星期几，如果是周末就是休息日，如果不是周末就要上班；同时，休息日可能是星期六或者是星期日，星期六就和朋友去逛街，星期日就陪家人在家。

根据这个比喻来看一下上述一般形式表示：if 语句判断表达式 1 就像判断今天是星期几，假设判断结果为真，则用 if 语句判断表达式 2，这就好像判断出今天是休息日，然后去判断今天是不是周六；如果 if 语句判断表达式 2 为真，那么执行语句块 1 中的内容。如果不为真，那么执行语句块 2 中的内容。例如，如果为星期六就陪朋友逛街，如果为星期日就陪家人在家。外面的 else 语句表示不为休息日时的相应操作。代码如下：

```
if(iDay>Friday)                                  /*判断为休息日的情况*/
{
    if(iDay==Saturday)                           /*判断为周六时的操作*/
    { }
    else                                         /*为周日时的操作*/
    { }
```

```
    }
    else                                         /*不为休息日的情况*/
    {
        if(iDay==Monday)                         /*判断为周一时的操作*/
        { }
        else
        { }
}
```

上面的代码表示了整个 if 语句嵌套的操作过程，首先判断为休息日的情况，然后根据判断的结果选择相应的具体判断或者操作。过程如上述对 if 语句判断的描述。

在使用 if 语句嵌套时，应注意 if 与 else 的配对情况。else 总是与其上面的最近的未配对的 if 进行配对。

前面曾经介绍过，使用 if 语句，如果只有一条语句则可以不用大括号。修改一下上面的代码，让其先判断是否为工作日，然后在工作日中只判断星期一的情况。例如：

```
if(iDay<Friday)                                  /*判断为休息日的情况*/
    if(iDay==Monday)                             /*判断为周一时的操作*/
    { }
else
    if(iDay==Saturday)                           /*判断为周六时的操作*/
    { }
    else
    { }
```

原本这段代码的作用是先判断是否为工作日，是工作日则判断是否为星期一，不是工作日则判断是否是星期六，否则就是星期日。但是因为 else 总是与其上面的最近的未配对的 if 进行配对，所以 else 与第二个 if 语句配对，形成内嵌 if 语句块，这样就无法满足设计的要求。如果为 if 语句后的语句块加上大括号，就可避免出现这种情况了。因此建议大家即使是一条语句也要使用大括号。

【例 6-8】 使用 if 嵌套语句选择日程安排。

在本实例中，使用 if 嵌套语句对输入的数据逐步进行判断，最终选择执行相应的操作。

```
#include<stdio.h>

int main()
{
    int iDay=0;                                  /*定义变量表示输入的星期*/
    /*定义变量代表一周中的每一天*/
    int Monday=1,Tuesday=2,Wednesday=3,Thursday=4,
        Friday=5,Saturday=6,Sunday=7;

    printf("enter a day of week to get course:\n"); /*提示信息*/
    scanf("%d",&iDay);                           /*输入星期*/

    if(iDay>Friday)                              /*休息日的情况*/
    {
        if(iDay==Saturday)                       /*为周六时*/
```

```
			{
				printf("Go shopping with friends\n");
			}
		else                                                    /*为周日时*/
			{
				printf("At home with families\n");
			}
		}
		else                                                    /*工作日的情况*/
		{
			if(iDay=Monday)                                     /*为周一时*/
			{
				printf("Have a meeting in the company\n");
			}
			else                                                /*为其他星期时*/
			{
				printf("Working with partner\n");
			}
		}
		return 0;
}
```

（1）在程序中定义变量 iDay 用来保存后面进行输入的数值，而其他变量表示一周中的每一天。

（2）在运行时，假设输入“6”，代表选择星期六。if 语句判断表达式 iDay>Friday，如果成立则表示输入的是休息日，否则执行 else 表示工作日的部分。如果判断为真，则再利用 if 语句判断 iDay 是否等于 Saturday 变量的值，如果等于则表示为星期六，那么执行后面的语句，输出信息表示星期六和朋友去逛街。else 语句表示的是星期日，进行输出表示陪家人在家。

（3）因为 iDay 保存的数值为 6，大于 Friday，并且 iDay 等于 Saturday 变量的值，所以执行输出语句表示星期六要和朋友去逛街。

运行程序，显示效果如图 6-11 所示。

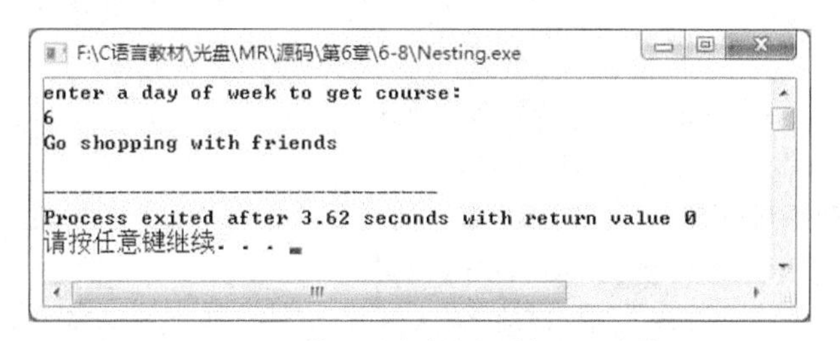

图 6-11　使用 if 嵌套语句选择日程安排

6.4　条件运算符

在使用 if 语句时，可以通过判断表达式为“真”或“假”，而执行相应的表达式。例如：

```
if(a>b)
	{max=a;}
else
	{max=b;}
```

条件运算符

上面的代码可以用条件运算符“? :”来进行简化，例如：

```
max=(a>b)?a:b;
```

条件运算符对一个表达式的真值或假值结果进行检验，然后根据检验结果返回另外两个表达式中的一个。条件运算符的一般形式如下：

```
表达式1?表达式2:表达式3;
```

在运算中，首先对第一个表达式的值进行检验。如果值为真，则返回第二个表达式的结果值；如果值为假，则返回第 3 个表达式的结果值。例如上面使用条件运算符的代码，首先判断表达式 a>b 是否成立，成立则说明结果为真，否则为假。当为真时，将 a 的值赋给 max 变量；如果为假，则将 b 的值赋给 max 变量。

【例 6-9】 使用条件运算符计算欠款金额。

本实例要求设计还欠款时，还钱的时间如果过期，则会在欠款的金额上增加 10%的罚款。其中使用条件运算符进行判断选择。

```
#include<stdio.h>

int main()
{
	float fDues;                                          /*定义变量表示欠款数*/
	float fAmount;                                        /*表示要还的总欠款数*/
	int iOntime;                                          /*表示是否按时归还*/
	char cChar;                                           /*用来接收用户输入的字符*/

	printf("Enter dues amount:\n");                       /*显示信息，提示输入欠款金额*/
	scanf("%f",&fDues);                                   /*用户输入*/
	printf("On Time? (y/n)\n");                           /*显示信息，提示还款是否按时还款*/
	getchar();                                            /*得到回车符*/
	cChar=getchar();                                      /*得到输入的字符*/
	iOntime=(cChar=='y')?1:0;                             /*使用条件运算符根据字符选择进行选择操作*/
	fAmount=iOntime?fDues:(fDues*1.1);                    /*使用条件运算符根据iOntime值的真假进行选择操作*/
	printf("the Amount is:%.2f\n",fAmount);               /*将计算应还的总欠款数输出*/
	return 0;
}
```

（1）在程序代码中，定义变量 fDues 表示欠款的金额，fAmount 表示应该还款的金额，iOntime 的值表示有没有按时还款，cChar 用字符表示有没有按时还款。

（2）通过运行程序时的提示信息，用户输入数据。假设用户输入欠款的金额为 100，然后提示有没有按时还款。用户输入“y”表示按时，“n”表示没有按时还款。

（3）假设用户输入“n”，表示没有按时还款。接下来使用条件运算符判断表达式 cChar=='y'是否成立，成立为真时，将“? ”号后的值 1 赋给 iOntime 变量；否则表达式不成立为假时，将 0 赋给 iOntime 变量。因为 cChar=='y'的表达式不成立，所以 iOntime 的值为 0。

（4）使用条件运算符对 iOntime 的值进行判断，如果 iOntime 为真，则说明按时还款为原来的欠款，返回 fDues 值给 fAmount 变量。若 iOntime 值为假，则说明没有按时还款，要加上 10%的罚金，返回表达式 fDues*1.10 的值给 fAmount 变量。若 iOntime 为 0，则 fAmount 值为 fDues*1.10 的结果。

运行程序，显示效果如图 6-12 所示。

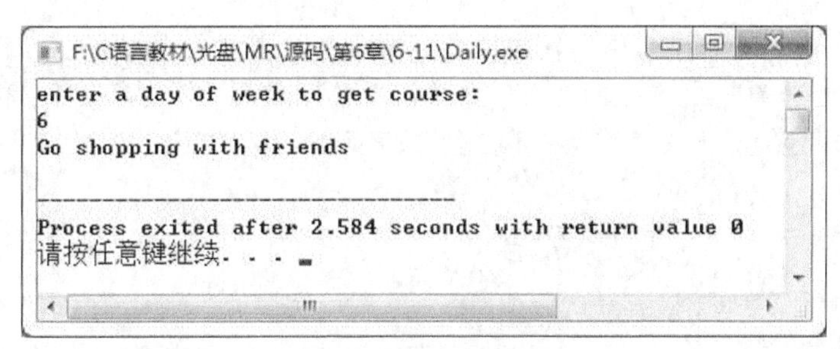

图 6-16　修改日程安排程序

6.5.2　多路开关模式的 switch 语句

多路开关模式的 switch 语句

在实例 6-11 中，将 break 去掉之后，会将符合检验条件后的所有语句都输出。利用这个特点，可以设计多路开关模式的 switch 语句，其形式如下：

```
switch(表达式)
{
    case 1:
        语句1
        break;
    case 2:
    case 3:
        语句2
        break;
    …
    default:
        默认语句
        break;
}
```

可以看到如果在 case 2 后不使用 break 语句，那么符合检验时与符合 case 3 检验时的效果是一样的。也就是说，使用多路开关模式使得多种检验条件使用一种解决方式。

【例 6-12】 使用 switch 语句设计欢迎界面的菜单选项。

设计一个游戏的欢迎界面，在此界面中可以进行功能选择，如图 6-17 所示。

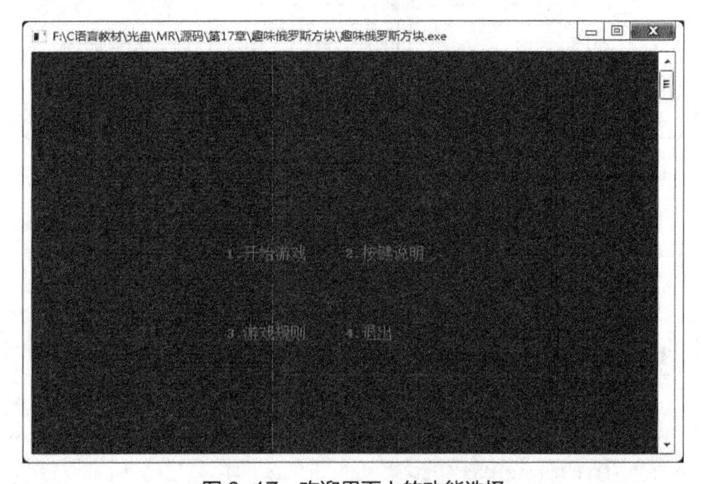

图 6-17　欢迎界面上的功能选择

本实例要求使用 switch 语句，输出 4 个选择，如果选择“1”，则输出“您选择了' 1.开始游戏'选项”；如果选择“2”，输出“您选择了' 2.按键说明'选项”；如果选择“3”，输出“您选择了' 3.游戏规则'选项”；如果选择“4”，输出“您选择了' 4.退出'选项”。另外不必输出文字颜色。代码如下：

```
#include <stdio.h>
#include <conio.h>

int main()
{
	int n;
	printf("\n\n\t1.开始游戏");
	printf("\t2.按键说明\n");
	printf("\t3.游戏规则");
	printf("\t4.退出\n\n");
	printf("\t  请选择[1 2 3 4]:[ ]\b\b");
	scanf("%d", &n);                    //输入选项
	switch (n)
	{
		case 1:
		printf("\n\t您选择了'1.开始游戏'选项");
			break;
		case 2:
			printf("\n\t您选择了' 2.按键说明'选项");
			break;
		case 3:
			printf("\n\t您选择了' 3.游戏规则'选项");
			break;
		case 4:
			printf("\n\t您选择了' 4.退出'选项");
			break;
	}
}
```

在程序中，使用到了转义字符，如\n 表示 Enter 键换行；\t 表示一个 Tab 键的距离；\b 表示退格。

运行程序，显示效果如图 6-18 所示。

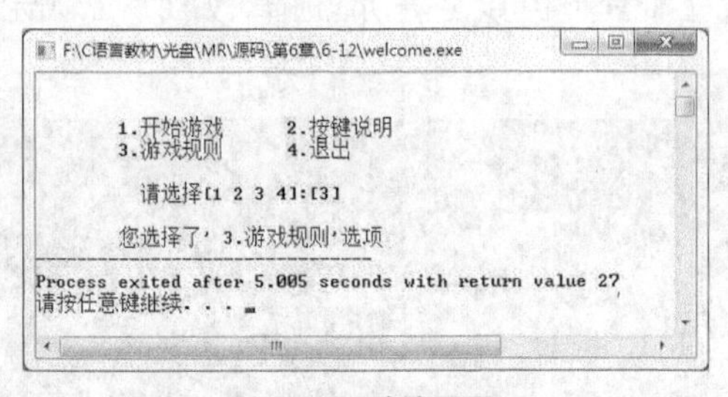

图 6-18 欢迎界面

6.6 if…else 语句和 switch 语句的区别

if…else 语句和 switch 语句都用于根据不同的情况检验条件作出相应的判断。那么 if…else 语句和 switch 语句有什么区别呢？下面从两者的语法和效率的比较进行讲解。

编程思路如下。

根据输入格式可以看出，具体输入的数据要求是两个数值型，一个字符型，字符型数据是四则运算的符号“+”“-”“*”“/”。由于运算符的个数是固定的，可以作为 case 后面的常量，所以本实例可用 switch 分支结构来解决问题。

习 题

6-1 使用多路开关模式编写日程安排程序。

6-2 利用选择结构设计一个程序，使其能计算函数：

$$\begin{cases} y=x & (x<1) \\ y=2x-1 & (1 \leqslant x<10) \\ y=3x-11 & (x \geqslant 10) \end{cases}$$

当输入 x 值时，计算显示 y 值。

6-3 设计一个程序，要求通过键盘输入 3 个任意的整数，并输出其中最大的数。

6-4 已知某公司员工的底薪工资为 500 元，员工所销售的软件金额与提成数如下：

销售额≤2000	没有提成
2000＜销售额≤5000	提成 8%
5000＜销售额≤10000	提成 10%
销售额＞10000	提成 12%

利用 switch 语句编写程序，求员工的工资。

6-5 检查字符类型。要求用户输入一个字符，通过对 ASCII 值范围的判断，输出判断的结果。

PART07

第7章

循环控制

本章要点：

- 了解循环语句的概念
- 掌握while循环语句的使用方式
- 掌握do-while循环语句的使用方式
- 掌握for循环语句
- 区分3种循环语句的各自特点和嵌套使用方式
- 掌握使用转移语句控制程序的流程

■ 日常生活中总会有许多简单而重复的工作，为完成这些必要的工作需要花费很多时间，而编写程序的目的就是使工作变得简单，使用计算机来处理这些重复的工作是最好不过的了。

■ 本章致力于使读者了解循环语句的特点，分别介绍了 while 语句结构、do-while 语句结构和 for 语句结构 3 种循环结构，并且对这 3 种循环结构进行区分讲解，帮助读者掌握转移语句的相关内容。

循环，转到步骤（5）。

（3）求解表达式 3。

（4）回到上面的步骤（2）继续执行。

（5）循环结束，执行 for 语句下面的一个语句。

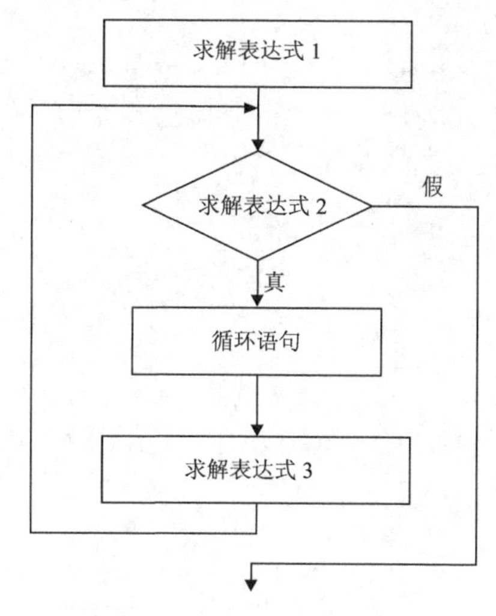

图 7-5　for 语句的执行流程图

其实 for 语句简单的应用形式如下：

```
for(循环变量赋初值;循环条件;循环变量) 语句块
```

例如实现一个循环操作：

```
for(i=1;i<100;i++)
{
	printf("the i is:%d",i);
}
```

在上面的代码中，表达式 1 是对循环变量 i 进行赋值操作，表达式 2 是判断循环条件是否为真。因为 i 的初值为 1，小于 100，所以执行语句块中的内容。第 3 个变量是每一个次循环后，对循环变量的操作，然后判断表达式 2 的状态。为真时，继续执行语句块；为假时，循环结束，执行后面的程序代码。

【例 7-3】 打印趣味俄罗斯方块的游戏边框。

设计俄罗斯方块的游戏窗口，在游戏窗口中，显示了游戏边框，如图 7-6 所示。

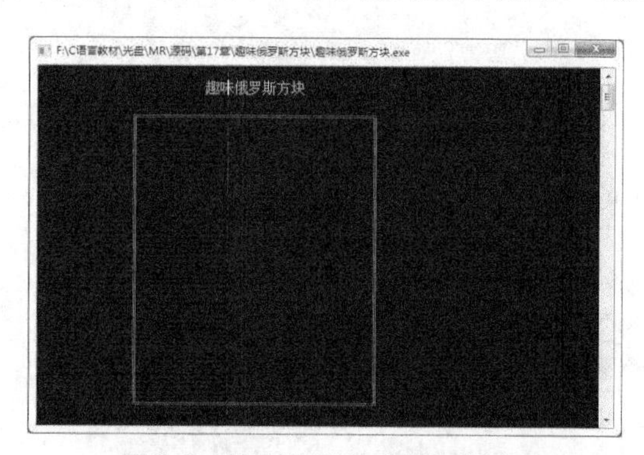

图 7-6　趣味俄罗斯方块的游戏边框

本实例要求使用 for 循环打印游戏边框，不必打印彩色文字，控制台的背景颜色为白色，输出的文字颜色为黑色即可。

```
#include <stdio.h>
#include <conio.h>
#include <windows.h>

HANDLE hOut;                                                    //控制台句柄

/**
 * 获取屏幕光标位置
 */
void gotoxy(int x, int y)
{
        COORD pos;
        pos.X = x;          //横坐标
        pos.Y = y;          //纵坐标
        SetConsoleCursorPosition(GetStdHandle(STD_OUTPUT_HANDLE), pos);
}

int main()
{
        int i,j;
        int FrameY = 3;
        int FrameX = 13;
        int Frame_width = 18;
        int Frame_height = 20;

        gotoxy(FrameX+Frame_width-7,FrameY-2);                  //设置游戏名称的显示位置
        printf("趣味俄罗斯方块");                                //打印游戏名称

        gotoxy(FrameX,FrameY);
        printf(" ┏");                                           //打印框角
        gotoxy(FrameX+2*Frame_width-2,FrameY);
        printf("┓ ");
        gotoxy(FrameX,FrameY+Frame_height);
        printf(" ┗");
        gotoxy(FrameX+2*Frame_width-2,FrameY+Frame_height);
        printf("┛ ");

        for(i=2;i<2*Frame_width-2;i+=2)
        {
                gotoxy(FrameX+i,FrameY);
                printf("━");                                    //打印上横框
        }
        for(i=2;i<2*Frame_width-2;i+=2)
        {
                gotoxy(FrameX+i,FrameY+Frame_height);
                printf("━");                                    //打印下横框
        }
        for(i=1;i<Frame_height;i++)
```

```
        {
            gotoxy(FrameX,FrameY+i);
            printf("┃");                                    //打印左竖框
        }
        for(i=1;i<Frame_height;i++)
        {
            gotoxy(FrameX+2*Frame_width-2,FrameY+i);
            printf("┃");                                    //打印右竖框
        }
        printf("\n\n");
    }
```

在程序中，分别打印游戏边框的上横框、下横框、左竖框和右竖框，其中每一个边框都使用了一个 for 循环来打印。

运行程序，显示效果如图 7-7 所示。

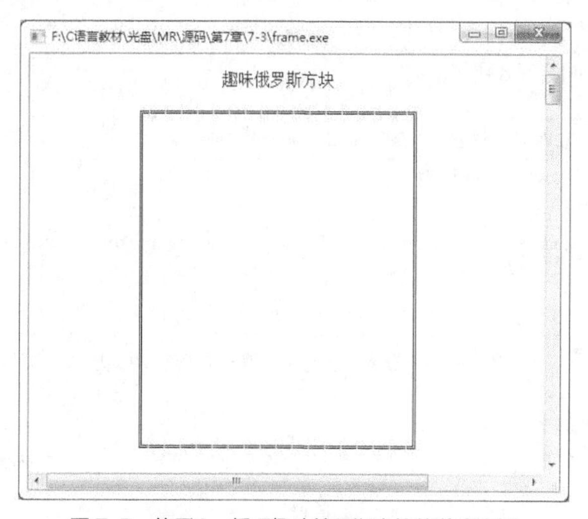

图 7-7　使用 for 循环趣味俄罗斯方块的游戏边框

7.4.2　for 循环的变体

for 循环的变体

通过上面的学习可知 for 语句的一般形式中有 3 个表达式。在实际程序的编写过程中，对这 3 个表达式可以根据情况进行省略，接下来对不同情况进行讲解。

❑　for 语句中省略表达式 1

for 语句中第一个表达式的作用是对循环变量设置初值。因此，如果省略了表达式 1，就会跳过这一步操作，则应在 for 语句之前给循环变量赋值。例如：

```
for(;iNumber<10;iNumber++)
```

省略表达式 1 时，其后的分号不能省略。

【例 7-4】 省略 for 语句中的第一个表达式。

在本实例中，同样实现 1 ~ 100 数字间的累加计算，不过将 for 语句中第一个表达式省略。

```
#include<stdio.h>

int main()
{
	int iNumber=1;                          /*定义变量，为变量赋初始值*/
	int iSum=0;                             /*保存计算后的结果*/
	/*使用for循环*/
	for(;iNumber<=100;iNumber++)
	{
		iSum=iNumber+iSum;                  /*累加计算*/
	}
	printf("the result is:%d\n",iSum);      /*输出计算结果*/
	return 0;
}
```

在代码中可以看到 for 语句中将第一个表达式省略，而在定义 iNumber 变量时直接为其赋初值。这样在使用 for 语句循环时就不用为 iNumber 赋初值，从而省略了第一个表达式。

运行程序，显示效果如图 7-8 所示。

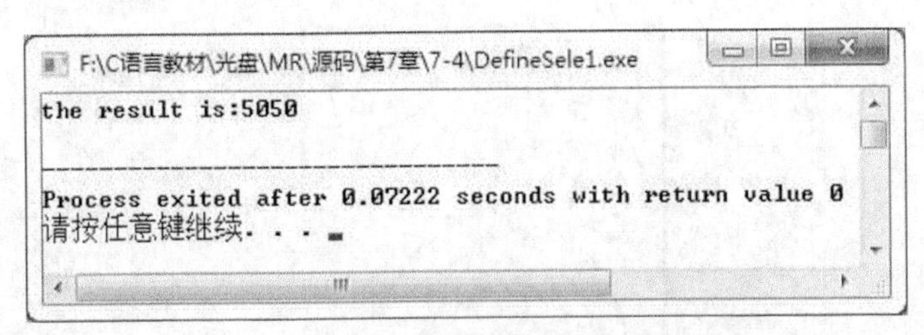

图 7-8　省略 for 语句中的第一个表达式的效果

❑ for 语句中省略表达式 2

如果表达式 2 省略，即不判断循环条件，则循环无终止地进行下去，也即默认表达式 2 始终为真。例如：

```
for(iCount=1; ;iCount++)
{
	sum=sum+iCount;
}
```

在括号中，表达式 1 为赋值表达式，而表达式 2 是空缺的，这样就相当于使用 while 语句：

```
iCount=1;
while(1)
{
	sum=sum+iCount;
	iCount++;
}
```

如果表达式 2 为空缺，则程序将无限循环。

❑ for 语句中省略表达式 3

表达式 3 也可以省略，但此时程序设计人员应该另外设法保证循环能正常结束，否则程序会无终止地循环下去。例如：

```
for(iCount=1;iCount<50;)
```

```
{
        sum=sum+iCount;
        iCount++;
}
```

❑ 3 个表达式都省略

这种情况既不设置初值，也不判断条件，也没有改变循环变量的操作，因此会无终止地执行循环体。例如：

```
for(; ;)
{
        语句
}
```

这种情况相当于 while 语句永远为真：

```
while(1)
{
        语句
}
```

❑ 表达式 1 为与循环变量赋值无关的表达式

表达式 1 可以是设置循环变量初值的赋值表达式，也可以是与循环无关的其他表达式。例如：

```
for(sum=0; iCount<50;iCount++)
{
        sum=sum+iCount;
}
```

7.4.3 for 语句中的逗号应用

for 语句中的逗号应用

在 for 语句中的表达式 1 和表达式 3 处，除了可以使用简单的表达式外，还可以使用逗号表达式。即包含一个以上的简单表达式，中间用逗号间隔。例如在表达式 1 处为变量 iCount 和 iSum 设置初始值：

```
for(iSum=0,iCount=1;iCount<100;iCount++)
{
        iSum=iSum+iCount;
}
```

或者执行循环变量自加操作两次：

```
for(iCount=1;iCount<100;iCount++,iCount++)
{
        iSum=iSum+iCount;
}
```

表达式 1 和表达式 3 都是逗号表达式，在逗号表达式内按照自左至右顺序求解，整个逗号表达式的值为其中最右边的表达式的值。例如：

```
for(iCount=1;iCount<100;iCount++,iCount++)
```

就相当于：

```
for(iCount=1;iCount<100;iCount=iCount+2)
```

【例 7-5】 计算 1～100 所有偶数的累加结果。

在本实例中，为变量赋初值的操作都放在 for 语句中，并且对循环变量进行两次自加操作，这样所求出的结果就是所有偶数的和。

```
#include<stdio.h>

int main()
```

```
{
    int iCount,iSum;                                    /*定义变量*/
    /*在for循环中，为变量赋值，对循环变量进行两次自增运算*/
    for(iSum=0,iCount=0;iCount<=100;iCount++,iCount++)
    {
        iSum=iSum+iCount;                              /*进行累加计算*/
    }
    printf("the result is:%d\n",iSum);                 /*输出结果*/
    return 0;
}
```

在程序代码中，for语句中对变量iSum、iCount进行初始化赋值。每次循环语句执行完后进行两次iCount++操作，最后将结果输出。

运行程序，显示效果如图7-9所示。

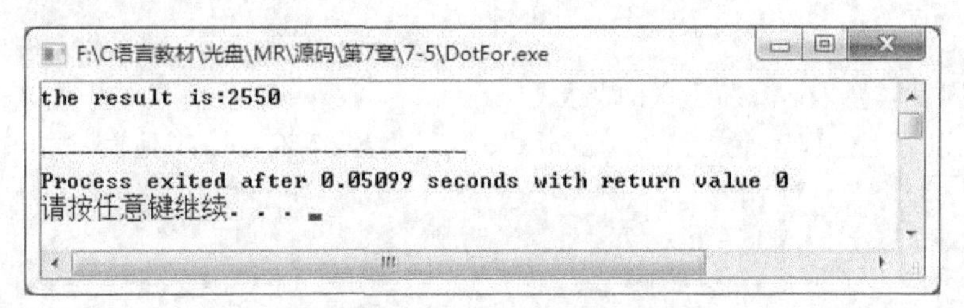

图7-9　计算1~100所有偶数的累加和

7.5　3种循环语句的比较

3种循环语句的比较

前面介绍了3种可以执行循环操作的语句，这3种循环都可用来解决同一问题。一般情况下这三者可以相互代替。下面是对这3种循环语句在不同情况下的比较。

- while和do-while循环只在while后面指定循环条件，在循环体中应包含使循环趋于结束的语句（如i++或者i=i+1等）；for循环可以在表达式3中包含使循环趋于结束的操作，可以设置将循环体中的操作全部放在表达式3中。因此for语句的功能更强，凡用while循环能完成的，用for循环都能实现。
- 用while和do-while循环时，循环变量初始化的操作应在while和do-while语句之前完成；而for语句可以在表达式1中实现循环变量的初始化。
- while循环、do-while循环和for循环都可以用break语句跳出循环，用continue语句结束本次循环（break和continue语句将在7.7节中进行介绍）。

7.6　循环嵌套

一个循环体内又包含另一个完整的循环结构，称之为循环的嵌套。内嵌的循环中还可以嵌套循环，这就是多层循环。不管在什么语言中，关于循环嵌套的概念都是一样的。

循环嵌套的结构

7.6.1　循环嵌套的结构

while循环、do-while循环和for循环之间可以互相嵌套。例如，下面几种嵌套方式都是正确的。

（1）while 结构中嵌套 while 结构

```
while(表达式)
{
        语句
        while(表达式)
        {
              语句
        }
}
```

（2）do-while 结构中嵌套 do-while 结构

```
do
{
        语句
        do
        {
              语句
        }
        while(表达式);
}
while(表达式);
```

（3）for 结构中嵌套 for 结构

```
for(表达式;表达式;表达式)
{
        语句
        for(表达式;表达式;表达式)
        {
              语句
        }
}
```

（4）do-while 结构中嵌套 while 结构

```
do
{
        语句
        while(表达式);
        {
              语句
        }
}
while(表达式);
```

（5）do-while 结构中嵌套 for 结构

```
do
{
        语句
        for(表达式;表达式;表达式)
        {
              语句
        }
}
while(表达式);
```

以上是一些嵌套的结构方式，当然还有不同结构的循环嵌套，在此不对每一项都进行列举，读者只要将每种循环结构的方式把握好，就可以正确写出循环嵌套。

7.6.2 循环嵌套实例

循环嵌套实例

本节通过实例讲解，使读者了解循环嵌套的使用方法。

【例 7-6】 使用嵌套语句打印欢迎界面的边框。

设计俄罗斯方块的游戏欢迎界面，在游戏欢迎界面中，显示了游戏边框，如图 7-10 所示。

图 7-10 趣味俄罗斯方块的游戏欢迎界面

本实例要求使用 for 循环嵌套打印出游戏欢迎界面的边框，不必打印彩色文字输出，控制台的背景颜色为白色。

```
#include <stdio.h>
#include <conio.h>
#include <windows.h>

HANDLE hOut;                                        //控制台句柄

/**
 * 获取屏幕光标位置
 */
void gotoxy(int x, int y)
{
        COORD pos;
        pos.X = x;                                  //横坐标
        pos.Y = y;                                  //纵坐标
        SetConsoleCursorPosition(GetStdHandle(STD_OUTPUT_HANDLE), pos);
}

int main()
{
        int n;
        int i,j = 1;
        for (i = 9; i <= 20; i++)          //循环y纵坐标，打印输出上下边框===
```

```
                    goto exit;                                      /*执行goto跳转语句*/
                }
            }
            while(iSelect!=99);                                     /*进行判断用户输入*/
        }
        exit:                                                       /*跳转语句执行位置*/
        printf("Exit the program!");                                /*显示程序结束信息*/
        return 0;
    }
```

（1）程序运行时，for 循环控制程序步骤。程序输出的循环步骤为 1。信息提示输入数字，其中 0 表示退出，99 表示下一个步骤。

（2）在 for 循环中使用 do-while 语句判断用户输入，当条件为假时，循环结束并执行 for 循环的下一步。在程序中假如用户输入数字 3，既不退出也不到下一步骤，程序显示继续输入数字。当输入数字为 99 时，跳转到下一步，显示提示信息“The Step is:2”。

（3）如果用户输入的是 0，那么通过 if 语句判断为真，执行其中的 goto 语句进行跳转，其中 exit 为跳转的标识符。循环的外部使用 exit:表示 goto 跳转的位置。通过输出一段信息表示程序结果。

运行程序，显示效果如图 7-12 所示。

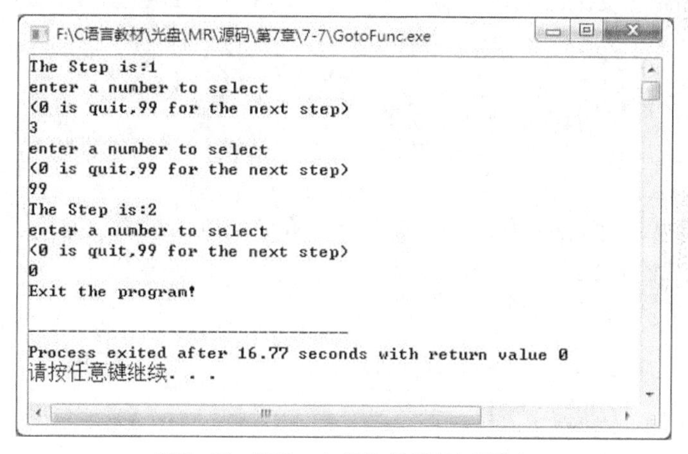

图 7-12　使用 goto 语句从循环内部跳出

7.7.2 break 语句

break 语句

有时会遇到这样的情况，不顾表达式检验的结果而强行终止循环，这时可以使用 break 语句。break 语句终止并跳出循环，继续执行后面的代码。break 语句的一般形式为：

```
break;
```

break 语句不能用于循环语句和 switch 语句之外的任何其他语句中。例如在 while 循环语句中使用 break 语句：

```
while(1)
{
    printf("Break");
    break;
}
```

在代码中，虽然 while 语句是一个条件永远为真的循环，但是在其中使用 break 语句使得程序流程跳出循环。

这个 break 语句和 switch…case 分支结构中的 break 语句的作用是不同的。

【例 7-8】 使用 break 语句跳出循环。

本实例与使用 break 语句结束循环的实例相似，区别在于将使用 break 语句的位置改写成了 continue。因为 continue 语句是结束一次循环，所以剩下的循环还是会继续执行。

```
#include<stdio.h>

int main()
{
	int iCount;                                          /*循环控制变量*/
	for(iCount=0;iCount<10;iCount++)                     /*执行10次循环*/
	{
		if(iCount==5)                                /*判断条件，如果iCount等于5则跳出*/
		{
			printf("Continue here\n");
			continue;                            /*跳出本次循环*/
		}
		printf("the counter is:%d\n",iCount);        /*输出循环的次数*/
	}
	return 0;
}
```

通过程序的显示结果，可以看到在 iCount 等于 5 时，调用 continue 语句使得本次的循环结束。但是循环本身还没有结束，因此程序会继续执行。

运行程序，显示效果如图 7-13 所示。

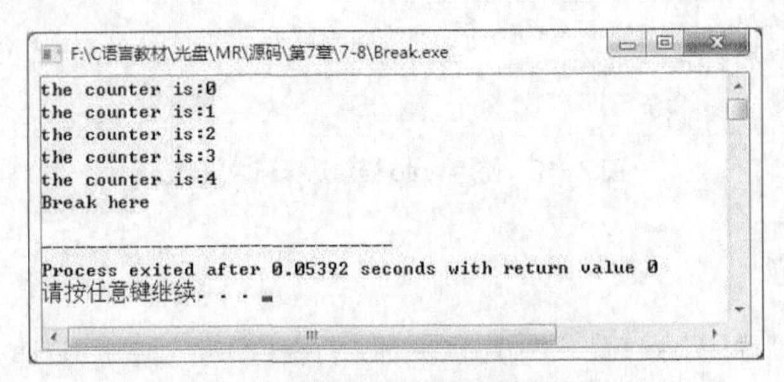

图 7-13 使用 break 语句跳出循环

7.7.3 continue 语句

continue 语句

在某些情况下，程序需要返回到循环头部继续执行，而不是跳出循环。continue 语句的一般形式是：

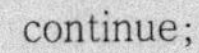

```
continue;
```

其作用就是结束本次循环，即跳过循环体中尚未执行的部分，接着执行下一次的循环操作。

continue 语句和 break 语句的区别是：continue 语句只结束本次循环，而不是终止整个循环的执行；break 语句则是结束整个循环过程，不再判断执行循环的条件是否成立。

【例 7-9】 使用 continue 语句结束本次的循环操作。

使用 for 语句执行循环输出 10 次的操作，在循环体中判断输出的次数。当循环变量 5 次时，使用 break 语句跳出循环，终止循环输出操作。

```
#include<stdio.h>

int main()
{
	int iCount;                                        /*循环控制变量*/
	for(iCount=0;iCount<10;iCount++)                   /*执行10次循环*/
	{
		if(iCount==5)                                  /*判断条件，如果iCount等于5跳出*/
		{
			printf("Break here\n");
			break;                                     /*跳出循环*/
		}
		printf("the counter is:%d\n",iCount);          /*输出循环的次数*/
	}
	return 0;
}
```

变量 iCount 在 for 语句中被赋值为 0，因为 iCount<10，所以循环执行 10 次。在循环语句中使用 if 语句判断当前 iCount 的值。当 iCount 值为 5 时，if 判断为真，使用 break 语句跳出循环。

运行程序，显示效果如图 7-14 所示。

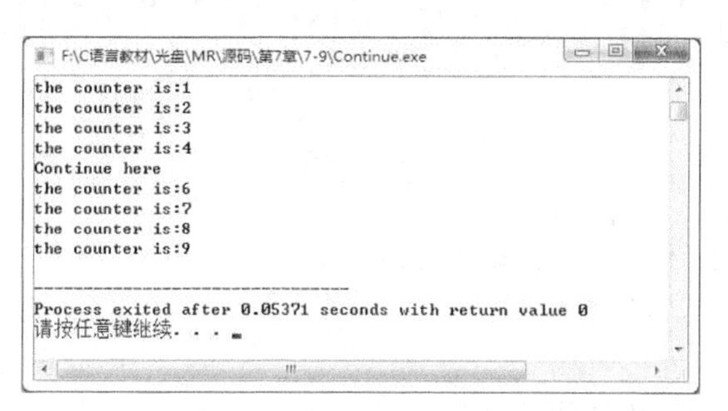

图 7-14　使用 continue 语句结束本次的循环操作

小 结

本章介绍了有关循环语句的内容，其中包括 while 结构、do-while 结构和 for 结构的使用。

了解这些结构的使用方法，可以在程序功能上节约很多时间，无需再一条一条地进行操作。通过对 3 种循环语句的比较，可以了解到不同语句的使用区别，也可以发现三者的共同之处。最后介绍了有关转移语句的内容。学习转移语句使得程序设计更为灵活，使用 continue 语句可以结束本次循环操作而不终止整个循环，使用 break 语句可以结束整体循环过程，使用 goto 语句可以跳转到函数体内的任何位置。

上机指导

用编程解决爱因斯坦阶梯问题。

爱因斯坦著名的阶梯问题是这样的：有一条长长的阶梯。如果你每步跨 2 阶，那么最后剩 1 阶；如果你每步跨 3 阶，那么最后剩 2 阶；如果你每步跨 5 阶，那么最后剩 4 阶；如果你每步跨 6 阶，那么最后剩 5 阶；只有当你每步跨 7 阶时，最后才正好走完，一阶也不剩。请问条阶梯至少有多少阶？（求所有三位阶梯数）运行结果如图 7-15 所示。

上机指导

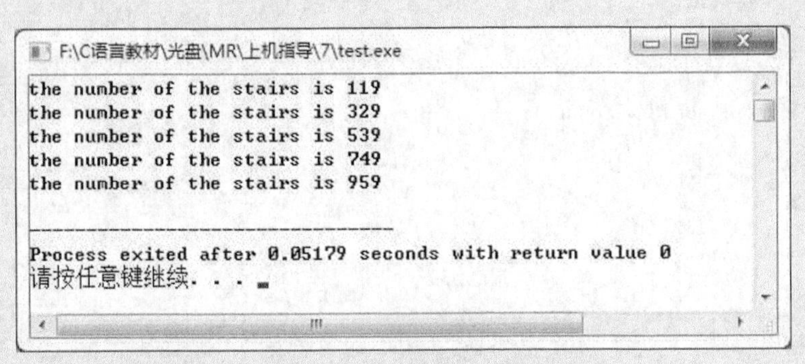

图 7-15　爱因斯坦阶梯问题

编程思路：

本实例中的关键是如何来写 if 语句中的条件，如果这个条件大家能够顺利地写出，那么整个程序也基本上完成了。条件如何来写这主要是根据题意来看，“每步跨 2 阶，那么最后剩 1 阶……当每步跨 7 阶时，最后才正好走完，一阶也不剩”从这几句可以看出题的规律就是总的阶梯数对每步跨的阶梯数取余得的结果就是剩余阶梯数，这 5 种情况是&&的关系也就说必须同时满足。

习 题

7-1　使用 while 循环语句为用户提供菜单显示。

7-2　使用 for 语句显示随机数。

7-3　打印乘法口诀表。

7-4　使用嵌套语句输出金字塔形状。

7-5　要求使用 for 循环打印出大写字母的 ASCII 码对照表。

7-6　输出 0～100 不能被 3 整除的数。提示：使用 for 语句进行循环检查操作，使用 continue 语句结束不符合条件的情况。

PART08

第8章

数组

本章要点：

- 掌握一维数组和二维数组的定义和引用
- 熟悉字符数组的方式
- 了解多维数组的概念
- 掌握数组的排序算法
- 熟悉字符串处理函数的使用

■ 在编写程序的过程中，经常会遇到使用很多数据量的情况，处理每一个数据量都要有一个相对应的变量，如果每一个变量都要单独进行定义则很烦琐，使用数组就可以解决这种问题。

■ 本章致力于首先使读者掌握一维数组和二维数组的作用，并且能利用所学知识解决一些实际问题；然后掌握字符数组的使用及其相关操作；接着通过一维数组和二维数组了解有关多维数组的内容；最后利用数组应用于排序算法，并介绍有关字符串处理函数的使用。

8.1 一维数组

8.1.1 一维数组的定义和引用

一维数组的定义和引用

1. 一维数组的定义

一维数组是用以存储一维数列中数据的集合。其一般形式如下：

```
类型说明符 数组标识符[常量表达式];
```

- 类型说明符表示数组中的所有元素类型。
- 数组标识符表示该数组型变量的名称，命名规则与变量名一致。
- 常量表达式定义了数组中存放的数据元素的个数，即数组长度。例如 iArray[5]，5 表示数组中有 5 个元素，下标从 0 开始，到 4 结束。

例如定义一个数组：

```
int iArray[5];
```

代码中的 int 为数组元素的类型，而 iArray 表示的是数组变量名，括号中的 5 表示的是数组中包含的元素个数。

在数组 iArray[5]中只能使用 iArray[0]、iArray[1]、iArray[2]、iArray[3]、iArray[4]，而不能使用 iArray[5]，若使用 iArray[5]则会出现下标越界的错误。

2. 一维数组的引用

数组定义完成后就要使用该数组，可以通过引用数组元素的方式使用该数组中的元素。

数组元素表示的一般形式如下：

```
数组标识符[下标]
```

例如引用一个数组变量 iArray 中的第 3 个变量：

```
iArray[2];
```

iArray 是数组变量的名称，2 为数组的下标。有的读者会问："为什么使用第 3 个数组元素，而使用的数组下标是 2 呢？" 前面介绍过数组的下标是从 0 开始的，也就是说下标为 0 表示的是第一个数组元素。

下标可以是整型常量或整型表达式。

【例 8-1】 使用数组保存数据。

在本实例中，使用数组保存用户输入的数据，当输入完毕后逆向输出数据。

```
#include<stdio.h>

int main()
{
    int iArray[5], index, temp;                    /*定义数组及变量为基本整型*/
    printf("Please enter a Array:\n");
```

```
    for(index= 0; index< 5; index++)                /*逐个输入数组元素*/
  {
      scanf("%d", &iArray[index]);
  }

    printf("Original Array is:\n");
    for(index = 0; index< 5; index++)               /*显示数组中的元素*/
  {
      printf("%d ", iArray[index]);
  }
    printf("\n");

    for(index= 0; index < 2; index++)               /*将数组中元素的前后位置互换*/
    {
        temp = iArray[index];                       /*元素位置互换的过程借助中间变量temp*/
        iArray[index] = iArray[4-index];
        iArray[4-index] = temp;
    }
    printf("Now Array is:\n");
    for(index = 0; index< 5; index++)               /*将转换后的数组再次输出*/
  {
      printf("%d ", iArray[index]);
  }
    printf("\n");
  return 0;
  }
```

在本实例中，程序定义变量 temp 用来实现数据间的转换，而 index 用于控制循环的变量。通过语句 int iArray[5]定义一个有 5 个元素的数组，程序中用到的 iArray[i]就是对数组元素的引用。

运行程序，显示效果如图 8-1 所示。

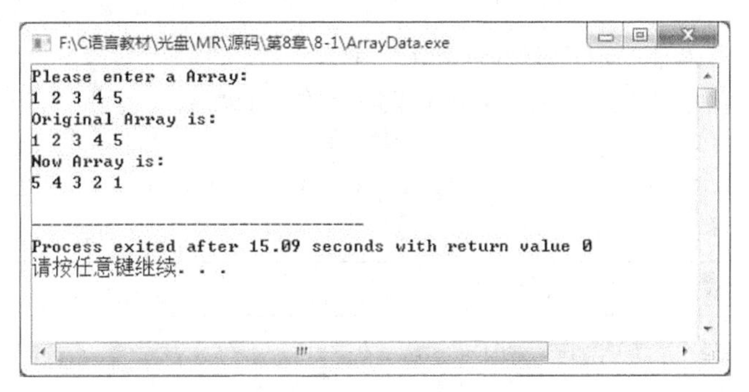

图 8-1　使用数组保存数据

8.1.2　一维数组初始化

一维数组初始化

对一维数组的初始化可以用以下 3 种方法实现。

（1）在定义数组时直接对数组元素赋初值，例如：

```
int i,iArray[6]={1,2,3,4,5,6};
```

该方法是将数组中的元素值一次放在一对花括号中。经过上面的定义和初始化之后，数组中的元素 iArray[0]=1，iArray[1]=2，iArray[2]=3，iArray[3]=4，iArray[4]=5，iArray[5]=6。

【例 8-2】 初始化一维数组。

在本实例中，对定义的数组变量进行初始化操作，然后隔位进行输出。

```
#include<stdio.h>

int main()
{
	int index;                                  /*定义循环控制变量*/
int iArray[6]={0,1,2,3,4,5};                        /*对数组中的元素赋值*/

	for(index=0;index<6;index+=2)               /*隔位输出数组中的元素*/
	{
		printf("%d\n",iArray[index]);
	}
	return 0;
}
```

在程序中，定义一个数组变量 iArray，并且对其进行初始化赋值。使用 for 循环输出数组中的元素，在循环中，控制循环变量使其每次增加 2，这样根据下标进行输出时就会得到隔一个元素输出的效果了。

运行程序，显示效果如图 8-2 所示。

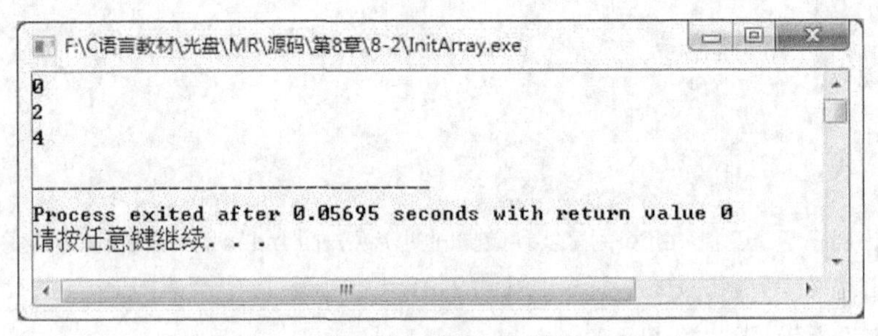

图 8-2 初始化一维数组

（2）只给一部分元素赋值，未赋值的部分元素值为 0。

第二种为数组初始化的方式是对其中一部分元素进行赋值，例如：

```
int iArray[6]={0,1,2};
```

数组变量 iArray 包含 6 个元素，不过在初始化时只给出了 3 个值。于是数组中前 3 个元素的值对应括号中给出的值，在数组中没有得到值的元素被默认赋值为 0。

【例 8-3】 赋值数组中的部分元素。

在本实例中，定义数组并且为其进行初始化赋值，但只为一部分元素赋值，然后将数组中的所有元素进行输出，观察输出的元素数值。

```
#include<stdio.h>

int main()
{
 int index;
 int iArray[6]={1,2,3};                     /*对数组中部分元素赋初值*/

 for(index=0;index<6;index++)               /*输出数组中的所有元素*/
 {
```

```
        printf("%d\n",iArray[index]);
    }
    return 0;
}
```

在程序代码中，可以看到为数组部分元素初始化的操作和为数组元素全部赋值的操作是相同的，只不过在括号中给出的元素数值比数组元素数量少。

运行程序，显示效果如图 8-3 所示。

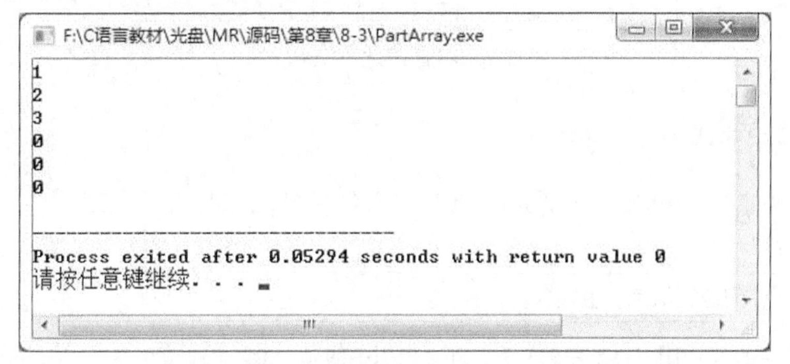

图 8-3　赋值数组中的部分元素

（3）在对全部数组元素赋初值时可以不指定数组长度。

之前在定义数组时，都在数组变量后指定了数组的元素个数。C 语言还允许在定义数组时不必指定长度，例如：

```
int iArray[]={1,2,3,4};
```

上述代码的大括号中有 4 个元素，系统就会根据给定的初始化元素值的个数来定义数组的长度，因此该数组变量的长度为 4。

如果在定义数组时加入定义的长度为 10，就不能使用省略数组长度的定义方式，而必须写成：

```
int iArray[10]={1,2,3,4};
```

【例 8-4】 不指定数组的元素个数。

在本实例中，定义数组变量时不指定数组的元素个数，直接对其进行初始化操作，然后将其中的元素值进行输出显示。

```
#include<stdio.h>

int main()
{
    int index;
    int iArray[]={1,2,3,4,5};                    /*不指定元素个数进行初始化*/
    for(index=0;index<5;index++)
    {
        printf("%d\n",iArray[index]);            /*使用for循环输出数组中的所有元素*/
    }
    return 0;
}
```

运行程序，显示效果如图 8-4 所示。

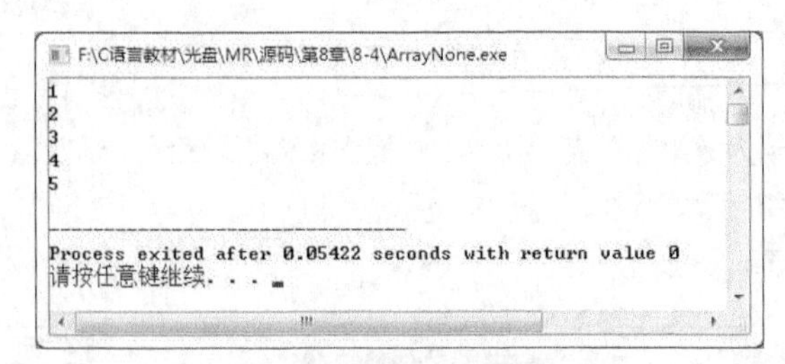

图 8-4　不指定数组的元素个数

8.1.3　一维数组应用

一维数组应用

例如，在一个学校的班级中会有很多学生，此时就可以使用数组来保存这些学生的姓名，以便进行管理。

【例 8-5】 使用数组保存学生姓名。

在本实例中，要使用数组保存学生的姓名，那么数组中的每一个元素都应该是可以保存字符串的类型，这里使用字符指针类型。

```
#include<stdio.h>

int main()
{
    char* ArrayName[5];                    /*字符指针数组*/
    int index;                             /*循环控制变量*/
    ArrayName[0]="WangJiasheng";           /*为数组元素赋值*/
    ArrayName[1]="LiuWen";
    ArrayName[2]="SuYuqun";
    ArrayName[3]="LeiYu";
    ArrayName[4]="ZhangMeng";
    for(index=0;index<5;index++)           /*使用循环显示名称*/
    {
        printf("%s\n",ArrayName[index]);
    }

    return 0;
}
```

从上述程序代码可以看出，char* ArrayName[5]定义了一个具有 5 个字符指针元素的数组，然后利用每个元素保存一个学生的姓名，使用 for 循环将其数组中保存的姓名数据进行输出。

运行程序，显示效果如图 8-5 所示。

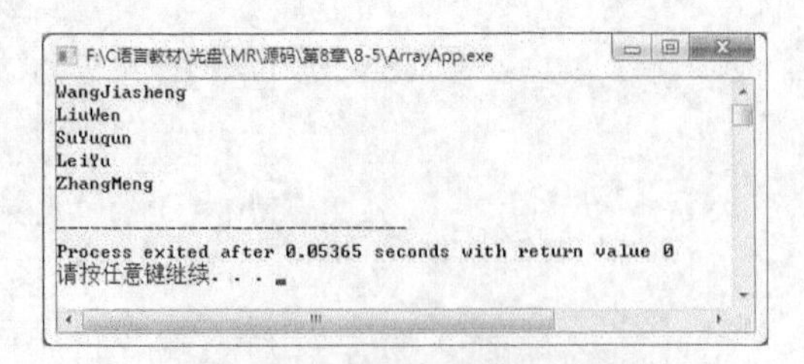

图 8-5　使用数组保存学生姓名

8.2 二维数组

二维数组的定义和引用

8.2.1 二维数组的定义和引用

1. 二维数组的定义

二维数组的声明与一维数组相同，一般形式如下：

```
数据类型 数组名[常量表达式1][常量表达式2];
```

其中，“常量表达式 1”被称为行下标，“常量表达式 2”被称为列下标。如果有二维数组 array[n][m]，则二维数组的下标取值范围如下：

- 行下标的取值范围 0～n-1。
- 列下标的取值范围 0～m-1。
- 二维数组的最大下标元素是 array[n-1][m-1]。

例如定义一个 3 行 4 列的整型数组：

```
int array[3][4];
```

上述代码说明了一个 3 行 4 列的数组，数组名为 array，其下标变量的类型为整型。该数组的下标变量共有 3×4 个，即 array[0][0]、array[0][1]、array[0][2]、array[0][3]、array[1][0]、array[1][1]、array[1][2]、array[1][3]、array[2][0]、array[2][1]、array[2][2]、array[2][3]。

在 C 语言中，二维数组是按行排列的，即按行顺次存放，先存放 array[0]行，再存放 array[1]行。每行中有 4 个元素，也是依次存放。

2. 二维数组的引用

二维数组元素的引用一般形式为：

```
数组名[下标][下标];
```

二维数组的下标可以是整型常量或整型表达式。

例如对一个二维数组的元素进行引用：

```
array[1][2];
```

上述代码表示的是对 array 数组中第 2 行的第 3 个元素进行引用。

不管是行下标还是列下标，其索引都是从 0 开始的。

这里和一维数组一样要注意下标越界的问题，例如：

```
int array[2][4];
...                                   /*对数组元素进行赋值*/
array[2][4]=9;                        /*错误！ */
```

上述代码的表示是错误的。

首先 array 为 2 行 4 列的数组，那么它的行下标的最大值为 1，列下标的最大值为 3，所以 array[2][4]超过了数组的范围，下标越界。

8.2.2 二维数组初始化

二维数组初始化

二维数组和一维数组一样，也可以在声明时对其进行初始化。在给二维数组赋初值时，有以下 4 种情况。

（1）可以将所有数据写在一个大括号内，按照数组元素排列顺序对元素赋值。例如：

```
int array[2][2] = {1,2,3,4};
```

如果大括号内的数据少于数组元素的个数，则系统将默认后面未被赋值的元素值为 0。

（2）在为所有元素赋初值时，可以省略行下标，但是不能省略列下标。例如：

```
int array[][3] = {1,2,3,4,5,6};
```

系统会根据数据的个数进行分配，一共有 6 个数据，而数组每行分为 3 列，当然可以确定数组为 2 行。

（3）也可以分行给数组元素赋值。例如：

```
int a[2][3] = {{1,2,3},{4,5,6}};
```

在分行赋值时，可以只对部分元素赋值。例如：

```
int a[2][3] = {{1,2},{4,5}};
```

在上行代码中，各个元素的值为：a[0][0]的值是 1；a[0][1]的值是 2；a[0][2]的值是 0；a[1][0]的值是 4；a[1][1]的值是 5；a[1][2]的值是 0。

还记得在前面介绍一维数组初始化时的情况吗？如果只给一部分元素赋值，则未赋值的部分元素值为 0。

（4）二维数组也可以直接对数组元素赋值。例如：

```
int a[2][3];
a[0][0] = 1;
a[0][1] = 2;
```

这种赋值的方式就是使用数组引用的数组中的元素。

【例 8-6】 使用二维数组保存数据。

本实例实现通过键盘为二维数组元素赋值，显示二维数组，求出二维数组中最大元素和最小元素的值及其下标，将二维数组转换为另一个二维数组并显示。

```
#include<stdio.h>

int main()
{
 int a[2][3],b[3][2];                          /*定义两个数组*/
 int max,min;                                  /*表示最大值和最小值*/
 int h,l,i,j;                                  /*用于控制循环*/

 for(i=0;i<2;i++)                              /*通过键盘为数组元素赋值*/
 {
         for(j=0;j<3;j++)
         {
                 printf("a[%d][%d]=",i,j);
                 scanf("%d",&a[i][j]);
         }
```

```
    }
    printf("输出二维数组: \n");                              /*信息提示*/
    for(i=0;i<2;i++)
    {
        for(j=0;j<3;j++)
        {
            printf("%d\t",a[i][j]);
        }
        printf("\n");                                        /*使元素分行显示*/
    }
    /*求数组中最大元素及其下标*/
    max = a[0][0];
    h = 0;
    l = 0;
    for(i=0;i<2;i++)
    {
        for(j=0;j<3;j++)
        {
            if(max < a[i][j])
            {
                max = a[i][j];
                h = i;
                l = j;
            }
        }
    }
    printf("数组中最大元素是: \n");
    printf("max:a[%d][%d]=%d\n",h,l,max);
    /*求数组中最小元素及其下标*/
    min = a[0][0];
    h = 0;
    l = 0;
    for(i=0;i<2;i++)
    {
        for(j=0;j<3;j++)
        {
            if(min > a[i][j])
            {
                min = a[i][j];
                h = i;
                l = j;
            }
        }
    }
    printf("数组中最小元素是: \n");
    printf("min:a[%d][%d]=%d\n",h,l,min);
    /*将数组a转换后存入数组b中*/
    for(i=0;i<2;i++)
    {
        for(j=0;j<3;j++)
        {
```

```
                b[j][i] = a[i][j];
            }
        }
        printf("输出转换后的二维数组：\n");
        for(i=0;i<3;i++)
        {
            for(j=0;j<2;j++)
            {
                printf("%d\t",b[i][j]);
            }
            printf("\n");                                    /*使元素分行显示*/
        }
        return 0;
    }
```

（1）在程序中根据每一次的提示，输入相应数组元素的数据，然后将这个 2 行 3 列的数组输出。在输出数组元素时，为了使输出的数据更容易观察，使用\t 转换字符来控制间距。

（2）寻找数组中的最大数值，使用 max 变量表示最大数值，使用双重循环比较二维数组中的每一个元素，当一个元素的数值比 max 变量表示的数值大时，就将该值赋给 max 变量，然后使用 h 和 j 变量保存最大数值在数组中的下标位置。根据保存数据的变量，最后将最大值和该数据在数组中的下标都输出显示。

（3）得到数组中最小值的方法与得到最大值的方法相同。

（4）最后将数组转换成 3 行 2 列的数组，其中通过循环的控制，将一个数组中元素的数值赋值到转换后的数组中。

运行程序，显示效果如图 8-6 所示。

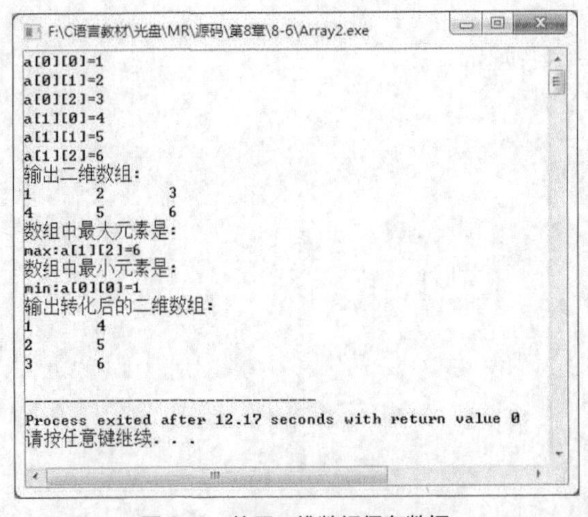

图 8-6　使用二维数组保存数据

8.2.3　二维数组应用

二维数组应用

【例 8-7】 打印趣味俄罗斯方块的游戏窗口，并设置左右下横框上有图案。

在上一章的【例 7-3】中，打印趣味俄罗斯方块的游戏边框。但是，俄罗斯方块是要落到游戏界面的下方，累计消除满行才会得分的，那么最下面就应该有一个边界，防止方块落到边界之外，这个边界就是下面的横框了。同样的道理，如果没有设置左右边界，在左右移动时，俄罗斯方块就会移动出左右两边的竖框了，如图 8-7 所示。

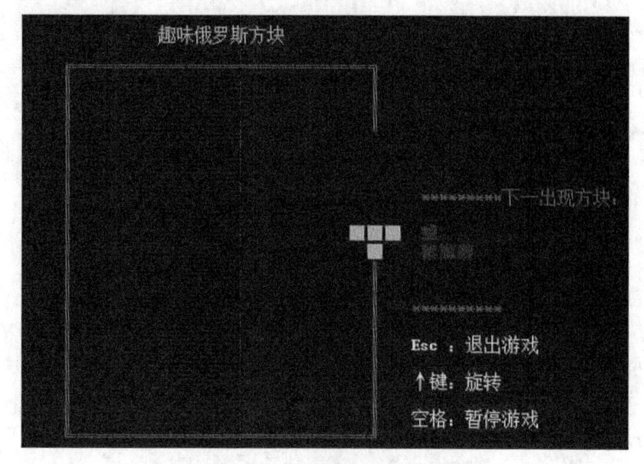

图 8-7　没有设置右边界的后果

代码如下：

```
#include <stdio.h>
#include <conio.h>
#include <windows.h>

HANDLE hOut;                                    //控制台句柄

/**
 * 获取屏幕光标位置
 */
void gotoxy(int x, int y)
{
        COORD pos;
        pos.X = x;          //横坐标
        pos.Y = y;          //纵坐标
        SetConsoleCursorPosition(GetStdHandle(STD_OUTPUT_HANDLE), pos);
}

int main()
{
 int i,j;
 int FrameY = 3;
 int FrameX = 13;
 int Frame_width = 18;
 int Frame_height = 20;
 int a[80][80]={0};                                        //标记游戏屏幕的图案

 gotoxy(FrameX+Frame_width-7,FrameY-2);                    //设置游戏名称的显示位置
 printf("趣味俄罗斯方块");                                  //打印游戏名称

 gotoxy(FrameX,FrameY);
 printf(" ┏");                                             //打印框角
 gotoxy(FrameX+2*Frame_width-2,FrameY);
 printf("┓ ");
```

```
    gotoxy(FrameX,FrameY+Frame_height);
    printf(" └");
    a[FrameX][FrameY+Frame_height]=2;                        //记住该处已有图案
    gotoxy(FrameX+2*Frame_width-2,FrameY+Frame_height);
    printf("┘ ");
    a[FrameX+2*Frame_width-2][FrameY+Frame_height]=2;

    for(i=2;i<2*Frame_width-2;i+=2)
    {
        gotoxy(FrameX+i,FrameY);
        printf("—");                                         //打印上横框
    }
    for(i=2;i<2*Frame_width-2;i+=2)
    {
        gotoxy(FrameX+i,FrameY+Frame_height);
        printf("—");                                         //打印下横框
        a[FrameX+i][FrameY+Frame_height]=2;                  //标记下横框为游戏边框，防止方块出界
    }
    for(i=1;i<Frame_height;i++)
    {
        gotoxy(FrameX,FrameY+i);
        printf(" | ");                                       //打印左竖框
        a[FrameX][FrameY+i]=2;                               //标记左竖框为游戏边框，防止方块出界
    }
    for(i=1;i<Frame_height;i++)
    {
        gotoxy(FrameX+2*Frame_width-2,FrameY+i);
        printf(" | ");                                       //打印右竖框
        a[FrameX+2*Frame_width-2][FrameY+i]=2;               //标记右竖框为游戏边框，防止方块出界
    }
    printf("\n\n");
}
```

在程序中，对左边框、右边框、下横框和下横框两边的两个框角都设置为游戏边框，俄罗斯方块不能穿过。运行程序，显示效果如图 8-8 所示。

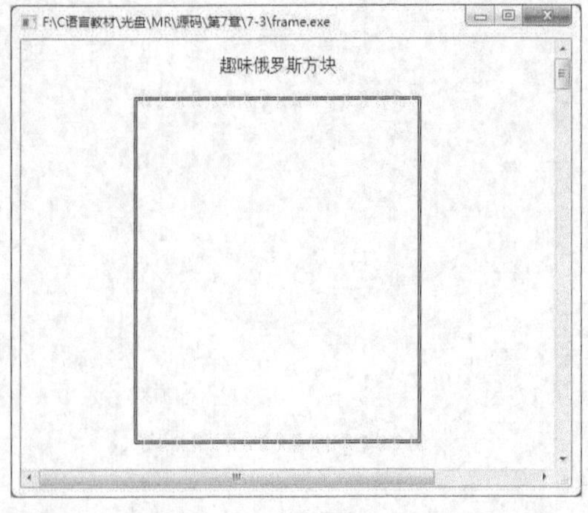

图 8-8 使用 for 循环趣味俄罗斯方块的游戏边框

8.3 字符数组

数组中的元素类型为字符型时称为字符数组。字符数组中的每一个元素可以存放一个字符。字符数组的定义和使用方法与其他基本类型的数组基本相似。

8.3.1 字符数组的定义和引用

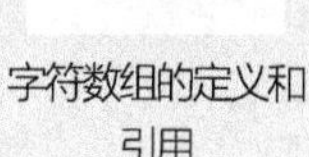

字符数组的定义和引用

1. 字符数组的定义

字符数组的定义与其他数据类型的数组定义类似，一般形式如下：

```
char 数组标识符[常量表达式]
```

因为要定义的是字符型数据，所以在数组标识符前所用的类型是 char，后面括号中表示的是数组元素的数量。

例如定义字符数组 cArray：

```
char cArray[5];
```

其中，cArray 表示数组的标识符，5 表示数组中包含 5 个字符型的变量元素。

2. 字符数组的引用

字符数组的引用与其他类型数据引用一样，也是使用下标的形式。例如引用上面定义的数组 cArray 中的元素：

```
cArray[0]='H';
cArray[1]='e';
cArray[2]='l';
cArray[3]='l';
cArray[4]='o';
```

上面的代码依次引用数组中的元素为其赋值。

8.3.2 字符数组初始化

字符数组初始化

在对字符数组进行初始化操作时有以下 3 种方法。

（1）逐个字符赋给数组中各元素。

这是最容易理解的初始化字符数组的方式。例如初始化一个字符数组：

```
char cArray[5]={'H','e','l','l','o'};
```

定义包含 5 个元素的字符数组，在初始化的大括号中，每一个字符对应赋值一个数组元素。

【例 8-8】 使用字符数组输出一个字符串。

在本实例中，定义一个字符数组，通过初始化操作保存一个字符串，然后通过循环引用每一个数组元素进行输出操作。

```
#include<stdio.h>

int main()
{
 char cArray[5]={'H','e','l','l','o'};          /*初始化字符数组*/
 int i;                                          /*循环控制变量*/
 for(i=0;i<5;i++)                                /*进行循环*/
 {
        printf("%c",cArray[i]);                  /*输出字符数组元素*/
```

```
        }
        printf("\n");                                    /*输出换行*/
        return 0;
}
```

在初始化字符数组时要注意，每一个元素的字符都是使用一对单引号“' '”表示的。在循环中，因为输出的类型是字符型，所以在 printf 函数中使用的是“%c”。通过循环变量 i，cArray[i]是对数组中每一个元素的引用。

运行程序，显示效果如图 8-9 所示。

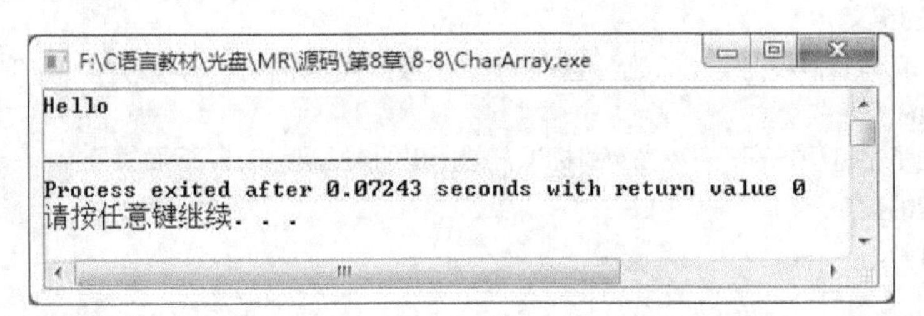

图 8-9 使用字符数组输出一个字符串

（2）如果在定义字符数组时进行初始化，可以省略数组长度。

如果初值个数与预定的数组长度相同，在定义时可以省略数组长度，系统会自动根据初值个数来确定数组长度。例如上面初始化字符数组的代码可以写成：

```
char cArray[]={'H','e','l','l','o'};
```

可见，代码中定义的 cArray[]中没有给出数组的大小，但是根据初值的个数可以确定数组的长度为 5。

（3）利用字符串给字符数组赋初值。

通常用一个字符数组来存放一个字符串。例如用字符串的方式对数组作初始化赋值如下：

```
char cArray[]={"Hello"};
```

或者将“{}”去掉，写成：

```
char cArray[]="Hello";
```

【例 8-9】 使用二维字符数组输出一个钻石形状。

在本实例中定义一个二维数组，并且利用数组的初始化赋值设置钻石形状。

```
#include<stdio.h>

int main()
{
 int iRow,iColumn;                                       /*用来控制循环的变量*/
 char cDiamond[][5]={{' ',' ','*'},                      /*初始化二维字符数组*/
                     {' ','*',' ','*'},
                     {'*',' ',' ',' ','*'},
                     {' ','*',' ','*'},
                     {' ',' ','*'} };
 for(iRow=0;iRow<5;iRow++)                               /*利用循环输出数组*/
 {
        for(iColumn=0;iColumn<5;iColumn++)
        {
               printf("%c",cDiamond[iRow][iColumn]);     /*输出数组元素*/
        }
        printf("\n");                                    /*进行换行*/
```

```
    }
    return 0;
}
```

为了方便读者观察字符数组的初始化，这里将其进行对齐。在初始化时，虽然没有给出一行中具体的元素个数，但是通过初始化赋值可以确定其大小为 5，最后通过双重循环将所有数组元素输出显示。

运行程序，显示效果如图 8-10 所示。

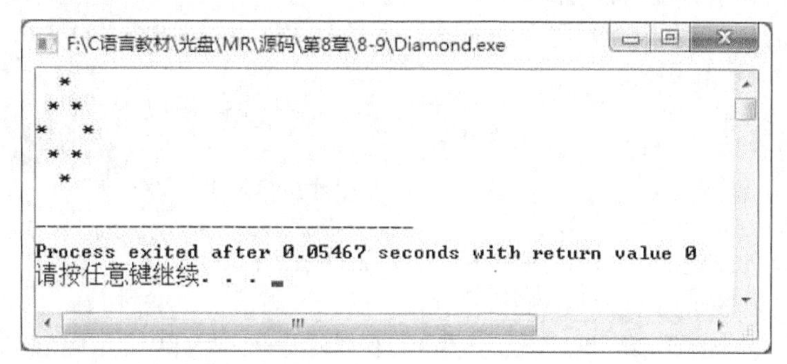

图 8-10　输出一个钻石形状

8.3.3　字符数组的结束标志

字符数组的结束标志

在 C 语言中，使用字符数组保存字符串，也就是使用一个一维数组保存字符串中的每一个字符，此时系统会自动为其添加“\0”作为结束符。

例如在初始化一个字符数组时：

```
char cArray[]="Hello";
```

字符串总是以“\0”作为串的结束符，因此当把一个字符串存入一个数组时，也就是把结束符“\0”存入数组，并以此作为该字符串是否结束的标志。

有了“\0”标志后，字符数组的长度就显得不那么重要了。当然在定义字符数组时应估计实际字符串长度，保证数组长度始终大于字符串实际长度。如果在一个字符数组中先后存放多个不同长度的字符串，则应使数组长度大于最长的字符串的长度。

用字符串方式赋值比用字符逐个赋值要多占一个字节，多占的这个字节用于存放字符串结束标志“\0”。上面的字符数组 cArray 在内存中的实际存放情况如图 8-11 所示。

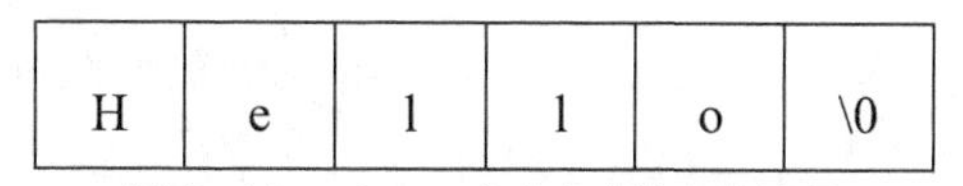

图 8-11　cArray 在内存中的存放情况

“\0”是由 C 编译系统自动加上的。因此上面的赋值语句等价于：

```
char cArray[]={'H','e','l','l','o','\0'};
```

字符数组并不要求最后一个字符为“\0”，甚至可以不包含“\0”。例如下面的写法也是合法的：

```
char cArray[5]={'H','e','l','l','o'};
```

是否加“\0”，完全根据需要决定。但是由于系统对字符串常量自动加一个“\0”，因此，为了使处理方法一致，且便于测定字符串的实际长度以及在程序中作相应的处理，在字符数组中也常常人为地加上一个“\0”。

例如：

```
char cArray[6]={'H','e','l','l','o','\0'};
```

8.3.4 字符数组的输入和输出

字符数组的输入和输出

字符数组的输入和输出有两种方法。

（1）使用格式符“%c”进行输入和输出。

使用格式符“%c”实现字符数组中字符的逐个输入与输出。例如循环输出字符数组中的元素：

```
for(i=0;i<5;i++)                          /*进行循环*/
{
 printf("%c",cArray[i]);                  /*输出字符数组元素*/
}
```

其中变量为循环的控制变量，并且在循环中作为数组的下标进行循环输出。

（2）使用格式符“%s”进行输入或输出。

使用格式符“%s”将整个字符串依次输入或输出。例如输出一个字符串：

```
char cArray[]="GoodDay!";                 /*初始化字符数组*/
printf("%s",cArray);                      /*输出字符串*/
```

其中使用格式符“%s”将字符串进行输出。此时需注意以下 4 种情况。

- 输出字符不包括结束符“\0”。
- 用“%s”格式输出字符串时，printf 函数中的输出项是字符数组名 cArray，而不是数组中的元素名 cArray[0]等。
- 如果数组长度大于字符串实际长度，则也只输出到“\0”为止。
- 如果一个字符数组中包含多个“\0”结束字符，则在遇到第一个“\0”时输出就结束。

【例 8-10】 使用两种方式输出字符串。

在本实例中为定义的字符数组进行初始化操作，在输出字符数组中保存的数据时，可以逐个将数组中的元素进行输出，或者直接将字符串进行输出。

```
#include<stdio.h>
int main()
{
 int iIndex;                              /*循环控制变量*/
 char cArray[12]="MingRi KeJi";           /*定义字符数组用于保存字符串*/

 for(iIndex=0;iIndex<12;iIndex++)
 {
       printf("%c",cArray[iIndex]);       /*逐个输出字符数组中的字符*/
 }
 printf("\n%s\n",cArray);                 /*直接将字符串输出*/
 return 0;
}
```

在代码中，对数组中元素逐个输出时使用的是循环的方式，而直接输出字符串是利用 printf 函数中的格式符“%s”进行输出。要注意直接输出字符串时不能使用格式符“%c”。

运行程序，显示效果如图 8-12 所示。

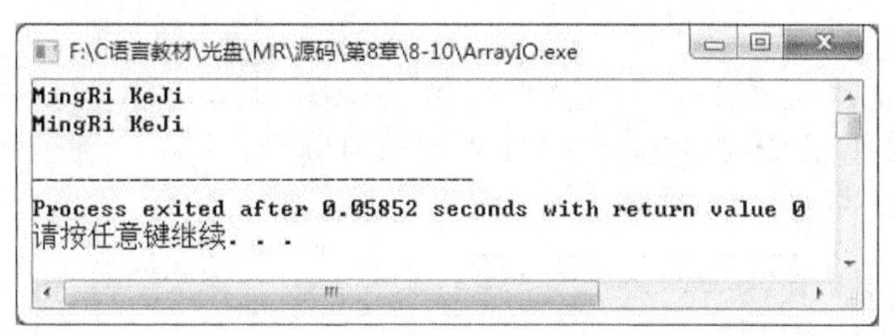

图8-12 使用两种方式输出字符串

8.3.5 字符数组应用

【例8-11】计算字符串中单词的个数。

字符数组应用

在本实例中输入一行字符，然后统计其中有多少个单词，要求每个单词之间用空格分隔开，且最后的字符不能为空格。

```
#include<stdio.h>

int main()
{
 char cString[100];                                        /*定义保存字符串的数组*/
 int iIndex, iWord=1;                                      /*iWord表示单词的个数*/
 char cBlank;                                              /*表示空格*/
 gets(cString);                                            /*输入字符串*/

 if(cString[0]=='\0')                                      /*判断字符串为空的情况*/
 {
        printf("There is no char!\n");
 }
 else if(cString[0]==' ')                                  /*判断第一个字符为空格的情况*/
 {
        printf("First char just is a blank!\n");
 }
 else
 {
        for(iIndex=0;cString[iIndex]!='\0';iIndex++)       /*循环判断每一个字符*/
        {
               cBlank=cString[iIndex];                     /*得到数组中的字符元素*/
               if(cBlank==' ')                             /*判断是不是空格*/
               {
                      iWord++;                             /*如果是则加1*/
               }
        }
        printf("%d\n",iWord);
 }
 return 0;
}
```

按照要求使用gets函数将输入的字符串保存在cString字符数组中。首先对输入的字符进行判断，数组中的第一个输入字符如果是结束符或空格，那么进行消息提示，如果不是则说明输入的字符串是正常的，这样就在 else 语句中进行处理。

使用 for 循环判断每一个数组中的字符是否为结束符，如果是，则循环结束；如果不是，则在循环语句中判断是否为空格，遇到一个空格则对单词计数变量 iWord 进行自加操作。

运行程序，显示效果如图 8-13 所示。

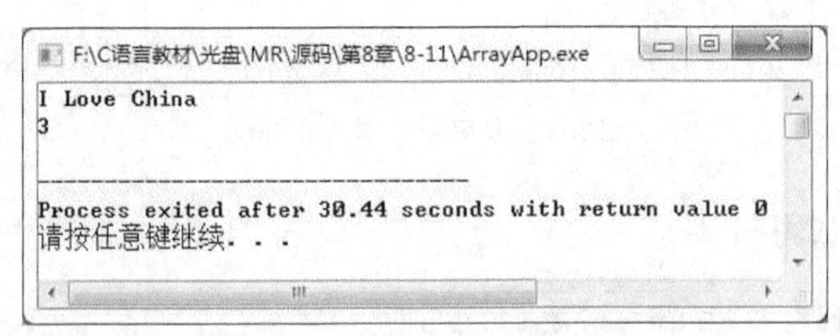

图 8-13 计算字符串中单词的个数

8.4 多维数组

多维数组的声明和二维数组相同，只是下标更多，一般形式如下：

```
数据类型 数组名[常量表达式1][常量表达式2]...[常量表达式n];
```

例如声明多维数组：

```
int iArray1[3][4][5];
int iArray2[4][5][7][8];
```

多维数组

在上面的代码中分别定义了一个三维数组 iArray1 和一个四维数组 iArray2。由于数组元素的位置都可以通过偏移量计算，因此对于三维数组 a[m][n][p]来说，元素 a[i][j][k]所在的地址是从 a[0][0][0]算起到（i*n*p+j*p+k）个单位的位置。

8.5 数组的排序算法

通过学习前面的内容，读者已经了解到了数组的理论知识。虽然数组是一组有序数据的集合，但是这里的有序指的是数组元素在数组中所处的位置，而不是根据数组元素的数值大小进行排列的。那么如何才能将数组元素按照数值的大小进行排列呢？可以通过一些排序算法来实现，本节将带领读者了解一下数组的排序算法。

8.5.1 选择法排序

选择法排序指每次选择所要排序的数组中的最大值（由大到小排序，由小到大排序则选择最小值）的数组元素，将这个数组元素的值与最前面没有进行排序的数组元素的值互换。

选择法排序

下面以数字 9、6、15、4、2 为例进行排序，每次交换的顺序如表 8-1 所示。

可以发现，在第一次排序过程中将第一个数字和最小的数字进行了位置互换；而第二次排序过程中，将第二个数字和剩下的数字中最小的数字进行了位置互换；依此类推，每次都将下一个数字和剩余的数字中最小的数字进行位置互换，直到将一组数字按从小到大排序。

下面通过实例来看一下如何通过程序使用选择法实现数组元素从小到大的排序。

表 8-1　选择法排序

数组元素 排序过程	元素【0】	元素【1】	元素【2】	元素【3】	元素【4】
起始值	9	6	15	4	2
第 1 次	2	6	15	4	9
第 2 次	2	4	15	6	9
第 3 次	2	4	6	15	9
第 4 次	2	4	6	9	15
排序结果	2	4	6	9	15

【例 8-12】 选择法排序。

在本实例中，声明了一个整型数组和两个整型变量，其中整型数组用于存储用户输入的数字，而整型变量用于存储数值最小的数组元素的数值和该元素的位置，然后通过双层循环进行选择法排序，最后将排序好的数组进行输出。

```
#include <stdio.h>
int main()
{
 int i,j;
 int a[10];
 int iTemp;
 int iPos;
 printf("为数组元素赋值：\n");
 /*从键盘为数组元素赋值*/
 for(i=0;i<10;i++)
 {
        printf("a[%d]=",i);
        scanf("%d", &a[i]);
 }

 /*从小到大排序*/
 for(i=0;i<9;i++)                           /*设置外层循环为下标0～8的元素*/
 {
        iTemp = a[i];                       /*设置当前元素为最小值*/
        iPos = i;                           /*记录元素位置*/
        for(j=i+1;j<10;j++)                 /*内层循环i+1到9*/
        {
               if(a[j]<iTemp)               /*如果当前元素比最小值还小*/
               {
                      iTemp = a[j];         /*重新设置最小值*/
                      iPos = j;             /*记录元素位置*/
               }
        }
        /*交换两个元素值*/
        a[iPos] = a[i];
        a[i] = iTemp;
 }

 /*输出数组*/
 for(i=0;i<10;i++)
```

```
    {
        printf("%d\t",a[i]);                    /*输出制表位*/
        if(i == 4)                              /*如果是第5个元素*/
            printf("\n");                       /*输出换行*/
    }

    return 0;                                   /*程序结束*/
}
```

（1）声明一个整型数组，并通过键盘为数组元素赋值。

（2）设置一个嵌套循环，第一层循环为前 9 个数组元素，并在每次循环时将对应当前次数的数组元素设置为最小值（如果当前是第 3 次循环，那么将数组中第 3 个元素（也就是下标为 2 的元素）设置为当前的最小值）；在第二层循环中，循环比较该元素之后的各个数组元素，并将每次比较结果中较小的数设置为最小值，在第二层循环结束时，将最小值与开始时设置为最小值的数组元素进行互换。当所有循环都完成以后，就将数组元素按照从小到大的顺序重新排列了。

（3）循环输出数组中的元素，并在输出 5 个元素以后进行换行，在下一行输出后面的 5 个元素。

运行程序，显示效果如图 8-14 所示。

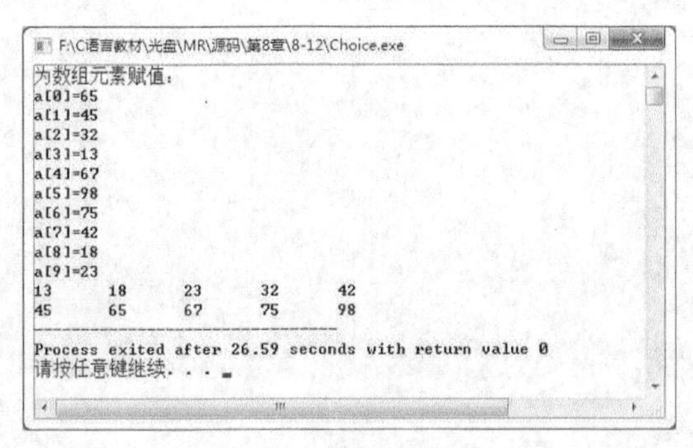

图 8-14　选择法排序

8.5.2　冒泡法排序

冒泡法排序

冒泡法排序指的是在排序时，每次比较数组中相邻的两个数组元素的值，将较小的数（从小到大排列）排在较大的数前面。

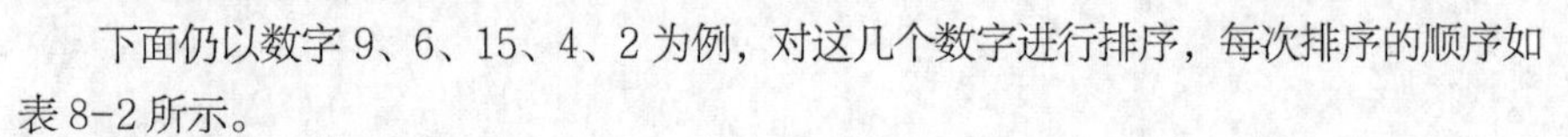

下面仍以数字 9、6、15、4、2 为例，对这几个数字进行排序，每次排序的顺序如表 8-2 所示。

表 8-2　冒泡法排序

数组元素 / 排序过程	元素【0】	元素【1】	元素【2】	元素【3】	元素【4】
起始值	9	6	15	4	2
第 1 次	2	9	6	15	4
第 2 次	2	4	9	6	15
第 3 次	2	4	6	9	15
第 4 次	2	4	6	9	15
排序结果	2	4	6	9	15

可以发现，在第一次排序过程中将最小的数字移动到第一的位置，并将其他数字依次向后移动；而第二次排序过程中，从第二个数字开始的剩余数字中选择最小的数字并将其移动到第二的位置，剩余数字依次向后移动；依此类推，每次都将剩余数字中的最小数字移动到当前剩余数字的最前方，直到将一组数字按从小到大排序为止。

下面通过实例来看一下如何通过程序使用冒泡法排序实现数组元素从小到大的排序。

【例 8-13】 冒泡法排序。

在本实例中，声明了一个整型数组和一个整型变量，其中整型数组用于存储用户输入的数字，而整型变量则作为两个元素交换时的中间变量，然后通过双层循环进行冒泡法排序，最后将排序好的数组进行输出。

```
#include<stdio.h>
int main()
{
 int i,j;
 int a[10];
 int iTemp;
 printf("为数组元素赋值：\n");
 /*通过键盘为数组元素赋值*/
 for(i=0;i<10;i++)
 {
        printf("a[%d]=",i);
        scanf("%d", &a[i]);
 }

 /*从小到大排序*/
 for(i=1;i<10;i++)                      /*外层循环元素下标为1～9*/
 {
        for(j=9;j>=i;j--)               /*内层循环元素下标为i～9*/
        {
               if(a[j]<a[j-1])          /*如果前一个数比后一个数大*/
               {
                      /*交换两个数组元素的值*/
                      iTemp = a[j-1];
                      a[j-1] = a[j];
                      a[j] = iTemp;
               }
        }
 }

 /*输出数组*/
 for(i=0;i<10;i++)
 {
        printf("%d\t",a[i]);            /*输出制表位*/
        if(i == 4)                      /*如果是第5个元素*/
               printf("\n");            /*输出换行*/
 }

 return 0;                              /*程序结束*/
}
```

（1）声明一个整型数组，并通过键盘为数组元素赋值。

（2）设置一个嵌套循环，第一层循环为后 9 个数组元素。在第二层循环中，从最后一个数组元素开始向前循环，直到前面第一个没有进行排序的数组元素。循环比较这些数组元素，如果在比较中后一个数组元素的值小于前一个数组元素的值，则将两个数组元素的值进行互换。当所有循环都完成以后，就将数组元素按照从小到大的顺序重新排列了。

（3）循环输出数组中的元素，并在输出 5 个元素以后进行换行，在下一行输出后面的 5 个元素。

运行程序，显示效果如图 8-15 所示。

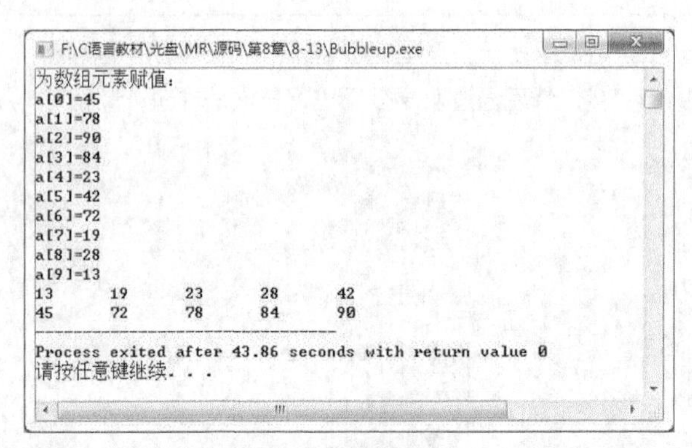

图 8-15　冒泡法排序

8.5.3　交换法排序

交换法排序

交换法排序是将每一位数与其后的所有数一一比较，如果发现符合条件的数据则交换数据。首先，用第一个数依次与其后的所有数进行比较，如果存在比其值大（小）的数，则交换这两个数，继续向后比较其他数直至最后一个数。然后再使用第二个数与其后面的数进行比较，如果存在比其值大（小）的数，则交换这两个数。继续向后比较其他数直至最后一个数，直至最后一个数比较完成。

下面以数字 9、6、15、4、2 为例进行交换法排序，每次排序的顺序如表 8-3 所示。

表 8-3　交换法排序

数组元素／排序过程	元素【0】	元素【1】	元素【2】	元素【3】	元素【4】
起始值	9	6	15	4	2
第 1 次	2	9	15	6	4
第 2 次	2	4	15	9	6
第 3 次	2	4	6	15	9
第 4 次	2	4	6	9	15
排序结果	2	4	6	9	15

可以发现，在第一次排序过程中将第一个数与后边的数依次进行比较。首先比较 9 和 6，9 大于 6，交换两个数的位置，然后数字 6 成为第一个数字；用 6 和第 3 个数字 15 进行比较，6 小于 15，保持原来的位置；然后用 6 和 4 进行比较，6 大于 4，交换两个数字的位置；再用当前数字 4 与最后的数字 2 进行比较，4 大于 2，则交换两个数字的位置，从而得到表 8.3 中第一次的排序结果。然后使用相同的方法，从当前第二个数字 9 开始，继续和后面的数字进行比较，如果遇到比当前数字小的数字则交换位置，依此类推，直到将一组数字按从小到大排序为止。

下面通过实例来看一下如何在程序中通过交换法实现数组元素从小到大的排序。

【例 8-14】 实现学生信息管理系统中的学生成绩排名功能。

本书最后一章的课程设计“学生信息管理系统”中，在主功能菜单界面中输入数字“6”，将所有学生的信息按照学生的总成绩从高到低进行排序。本实例使用交换排序法实现此项目的排序功能。

```
#include<stdio.h>
#include<stdlib.h>
#include<conio.h>

void main()
{
 int score[10];
        int i=0,j=0,iTemp;
        printf("输入10名学生的成绩：\n");

 for(i=0;i<10;i++)                              /*通过键盘为数组元素赋值*/
 {
        printf("score[%d]=",i);
        scanf("%d", &score[i]);
 }

        for(i=0;i<9;i++)                        /*双重循环实现成绩比较并交换*/
        {
               for(j=i+1;j<10;j++)
               {
                      if(score[i]<score[j])
                      {
                      iTemp=score[i];
                      score[i]=score[j];
                      score[j]=iTemp;
                      }
               }
        }
    /*输出数组*/
 for(i=0;i<10;i++)
 {
        printf("%d\t",score[i]);                /*输出制表位*/
        if(i == 4)                              /*如果是第5个元素*/
        {
               printf("\n");                    /*输出换行*/
        }
 }
}
```

（1）声明一个整型数组，并通过键盘为数组元素赋值。

（2）设置一个嵌套循环，第一层循环为前 9 个数组元素，然后在第二层循环中，使用第一个数组元素分别与后面的数组元素依次进行比较，如果后面的数组元素值小于当前数组元素值，则交换两个元素值，然后使用交换后的第一个数组元素继续与后面的数组元素进行比较，直到本次循环结束。将最小的数组元素值交换到第一个数组元素的位置，然后从第二个数组元素开始，继续与后面的数组元素进行比较，依此类推，直到循环结束，就将数组元素按照从小到大的顺序重新排列了。

（3）循环输出数组中的元素，并在输出 5 个元素以后进行换行，在下一行输出后面的 5 个元素。

运行程序，显示效果如图 8-16 所示。

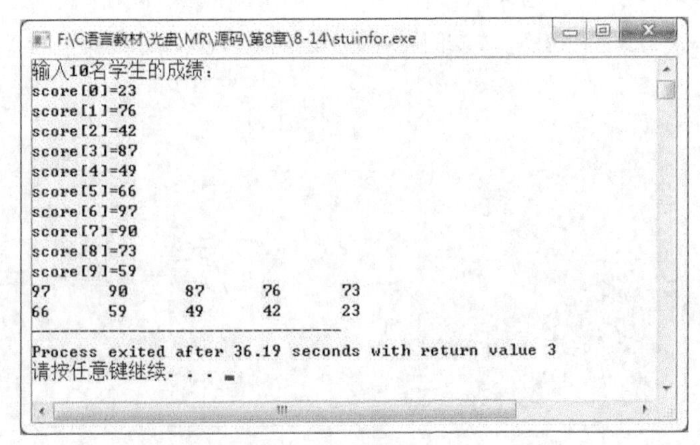

图 8-16　交换法排序

8.5.4　插入法排序

插入法排序较为复杂，其基本工作原理是抽出一个数据，在前面的数据中寻找相应的位置插入，然后继续下一个数据，直到完成排序。

下面以数字 9、6、15、4、2 为例进行插入法排序，每次排序的顺序如表 8-4 所示。

表 8-4　插入法排序

数组元素 / 排序过程	元素【0】	元素【1】	元素【2】	元素【3】	元素【4】
起始值	9	6	15	4	2
第 1 次	9				
第 2 次	6	9			
第 3 次	6	9	15		
第 4 次	4	6	9	15	
排序结果	2	4	6	9	15

可以发现，在第一次排序过程中将第一个数取出来，并放置在第一个位置；然后取出第二个数，并将第二个数与第一个数进行比较，如果第二个数小于第一个数，则将第二个数排在第一个数之前，否则将第二个数排在第一个数之后；然后取出下一个数，先与排在后面的数字进行比较，如果当前数字比较大则排在最后，如果当前数字比较小，还要与之前的数字进行比较，如果当前数字比前面的数字小，则将当前数字排在比它小的数字和比它大的数字之间，如果没有比当前数字小的数字，则将当前数字排在最前方；依此类推，不断取出未进行排序的数字与排序好的数字进行比较，并插入到相应的位置，直到将一组数字按从小到大排序为止。

下面通过实例来看一下如何通过程序使用插入法实现数组元素从小到大的排序。

【例 8-15】 插入法排序。

在本实例中，声明了一个整型数组和两个整型变量，其中整型数组用于存储用户输入的数字，而两个整型变量分别作为两个元素交换时的中间变量和记录数组元素位置，然后通过双层循环进行交换法排序，最后将排

（1）选择法排序

选择法排序在排序过程中共需进行 n(n-1)/2 次比较，互相交换 n-1 次。选择法排序简单、容易实现，适用于数量较小的排序。

（2）冒泡法排序

最好的情况是正序，因此只要比较一次即可；最坏的情况是逆序，需要比较 n^2 次。冒泡法排序是稳定的排序方法，当待排序列有序时，效果比较好。

排序算法的比较

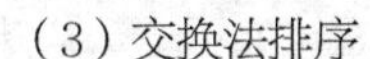

（3）交换法排序

交换法排序和冒泡法排序类似，正序时最快，逆序时最慢，排列有序数据时效果最好。

（4）插入法排序

此算法需要经过 n-1 次插入过程，如果数据恰好应该插入到序列的最后端，则不需要移动数据，可节省时间，因此若原始数据基本有序，此算法具有较快的运算速度。

（5）折半法排序

折半法排序对于较大的 n 时，是速度最快的排序算法；但当 n 很小时，此方法往往比其他排序算法还要慢。折半法排序是不稳定的，对应有相同关键字的记录，排序后的结果可能会颠倒次序。

插入法、冒泡法、交换法排序的速度较慢，但参加排序的序列局部或整体有序时，这种排序能达到较快的速度；在这种情况下，折半法排序反而会显得速度慢了。当 n 较小时，对稳定性不作要求时宜用选择法排序，对稳定性有要求时宜用插入法或冒泡法排序。

8.6 字符串处理函数

在编写程序时，经常需要对字符和字符串进行操作，如转换字符的大小写、求字符串长度等，这些都可以使用字符函数和字符串函数来解决。C 语言标准函数库专门为其提供了一系列处理函数。在编写程序的过程中合理有效地使用这些字符串函数可以提高编程效率，同时也可以提高程序性能。本节将对字符串处理函数进行介绍。

8.6.1 字符串复制

字符串复制

在字符串操作中，字符串复制是比较常用的操作之一。在字符串处理函数中包含 strcpy 函数，该函数可用于复制特定长度的字符串到另一个字符串中。其语法格式如下：

```
strcpy(目的字符数组名，源字符数组名)
```

功能：把源字符数组中的字符串复制到目的字符数组中。字符串结束标志“\0”也一同复制。

（1）要求目的字符数组有足够的长度，否则不能全部装入所复制的字符串。

（2）“目的字符数组名”必须写成数组名形式；而“源字符数组名”可以是字符数组名，也可以是一个字符串常量，这时相当于把一个字符串赋予一个字符数组。

（3）不能用赋值语句将一个字符串常量或字符数组直接赋给一个字符数组。

下面通过实例来介绍一下 strcpy 函数的使用。

【例 8-17】 字符串复制。

本实例中，在 main 函数体中定义了两个字符数组，分别用于存储源字符数组和目的字符数组，然后获取用户为两个字符数组赋值的字符串，并分别输出两个字符数组，调用 strcpy 函数将源字符数组中的字符串赋值给目的字符数组，最后输出目的字符数组。

```
#include<stdio.h>
#include<string.h>

int main()
{
 char str1[30],str2[30];
 printf("输入目的字符串:\n");
 gets(str1);                                        /*输入目的字符串*/
 printf("输入源字符串:\n");
 gets(str2);                                        /*输入源字符串*/

 printf("输出目的字符串:\n");
 puts(str1);                                        /*输出目的字符串*/
 printf("输出源字符串:\n");
 puts(str2);                                        /*输出源字符串*/
 strcpy(str1,str2);                                 /*调用strcpy函数实现字符串复制*/
 printf("调用strcpy函数进行字符串复制:\n");
 printf("复制字符串之后的目的字符串:\n");
 puts(str1);                                        /*输出复制后的目的字符串*/

 return 0;                                          /*程序结束*/
}
```

运行程序，字符串复制效果如图 8-19 所示。

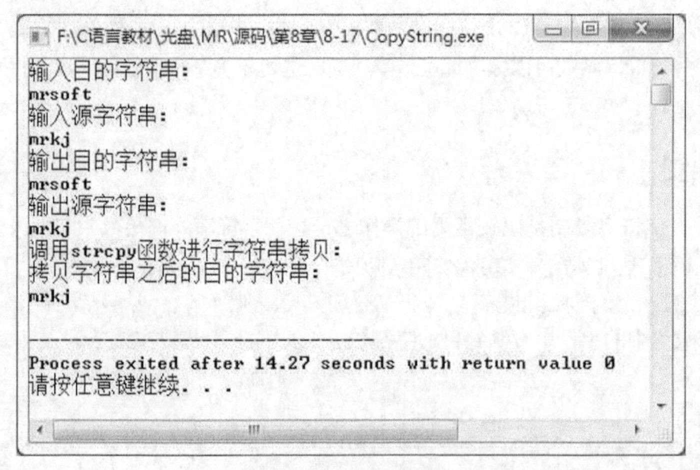

图 8-19　字符串复制

8.6.2　字符串连接

字符串连接就是将一个字符串连接到另一个字符串的末尾，使其组合成一个新的字符串。在字符串处理函数中，strcat 函数就具有字符串连接的功能。其语法格式如下：

```
strcat(目的字符数组名,源字符数组名)
```

字符串连接

功能：把源字符数组中的字符串连接到目的字符数组中字符串的后面，并删去目的字符数组中原有的串结束标志“\0”。

8.6.5 获得字符串长度

获得字符串长度

在使用字符串时，有时需要动态获得字符串的长度，通过循环来判断字符串结束标志“\0”。虽然也能获得字符串的长度，但是实现起来相对繁琐，这时可以使用 strlen 函数来计算字符串的长度。strlen 函数的语法格式如下：

```
strlen(字符数组名)
```

功能：计算字符串的实际长度（不含字符串结束标志“\0”），函数返回值为字符串的实际长度。

下面通过实例介绍一下 strlen 函数的使用。

【例 8-21】 获得字符串长度。

在本实例中的 main 函数体中定义了两个字符数组，用来存储用户输入的字符串，然后调用 strlen 函数计算字符串长度，调用 strcat 函数将两个字符串连接在一起，并再次调用 strlen 函数计算连接后的字符串长度。

```
#include<stdio.h>
#include<string.h>

int main()
{
 char text[50],connect[50];
 int num;

 printf("输入一个字符串:\n");
 scanf("%s", &text);                              /*获取输入的字符串*/
 num = strlen(text);                              /*计算字符串长度*/
 printf("字符串的长度为:%d\n",num);                 /*输出字符串长度*/
 printf("再输入一个字符串:\n");
 scanf("%s", &connect);                           /*获取输入的字符串*/
 num = strlen(connect);                           /*计算字符串长度*/
 printf("字符串的长度为:%d\n",num);                 /*输出字符串长度*/
 strcat(text,connect);                            /*连接字符串*/
 printf("将两个字符串进行连接:%s\n",text);           /*输出连接后的字符串*/
 num = strlen(text);                              /*计算连接后的字符串长度*/
 printf("连接后的字符串长度为:%d\n",num);            /*输出连接后的字符串*/

 return 0;                                        /*程序结束*/
}
```

运行程序，获取字符串长度的效果如图 8-23 所示。

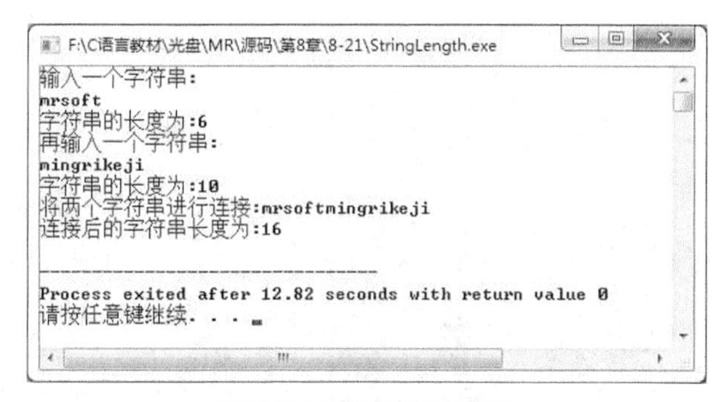

图 8-23 获取字符串长度

8.7 数组应用

记得一位将军曾说过：“没有实战的军人算不上真正的军人。”这句话是有一定道理的。从程序员的角度来说，只有理论而没有实际开发能力的程序员，不能够算是程序员。本节将通过 3 个数组实例运用前面所学知识来解决开发中的一些问题，以此来巩固所学的知识，做到“理论联系实战”。

8.7.1 反转输出字符串

字符串操作在应用程序中经常会使用，如连接两个字符串、查找字符串等。本节需要实现的功能是反转字符串。以字符串 mrsoft 为例，其反转的结果为 tfosrm。

在程序中定义两个字符数组，一个表示源字符串，另一个表示反转后的字符串。在源字符串中从第一个字符开始遍历，读取字符数据，在目标字符串中从最后一个字符（结束标记“\0”除外）倒序遍历字符串，依次将源字符串中的第一个字符数据写入目标字符串的最后一个字符中，将源字符串中的第二个字符数据写入目标字符串的倒数第二个字符中，依此类推，这样就实现了字符串的反转。图 8-24 描述了算法的实现过程。

反转输出字符串

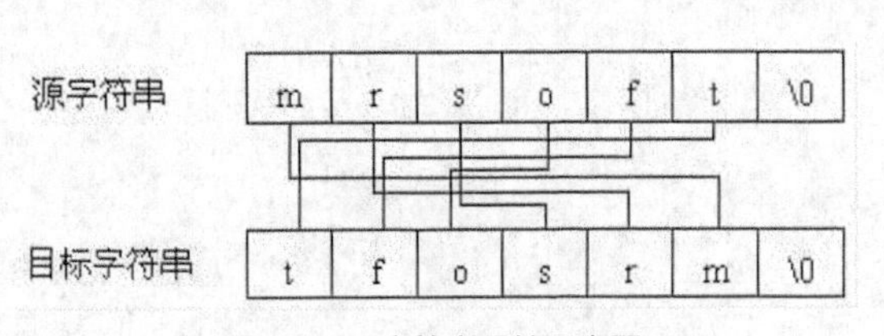

图 8-24　字符串反转示意图

下面介绍实例的设计过程。

【例 8-22】 反转输出字符串。

在本实例的 main 函数体中定义了两个字符数组，分别为源字符数组和目标字符数组，然后在循环遍历源字符数组的同时，将读取的字符从目标字符数组的末尾开始向前插入，最后分别输出源字符数组和目标字符数组。

```
#include<stdio.h>

int main()
{
 int i;
 char String[7]   = {"mrsoft"};
 char Reverse[7] = {0};
 int size;
 size = sizeof(String);                              /*计算源字符串长度*/

 /*循环读取字符*/
 for(i=0;i<6;i++)
 {
        Reverse[size-i-2] = String[i];               /*向目标字符串中插入字符*/
 }

 /*输出源字符串*/
```

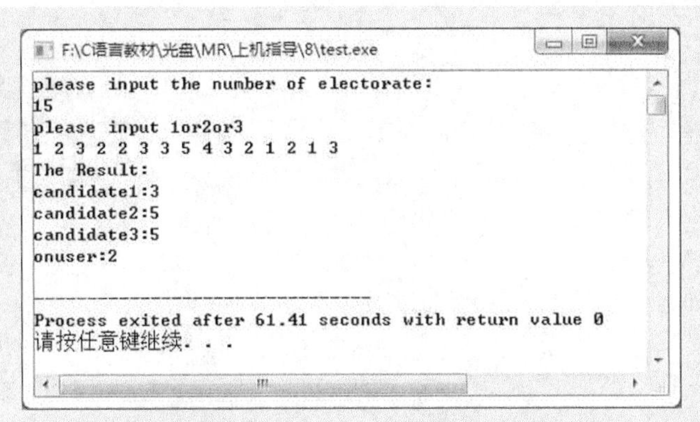

图 8-28　选票统计

编程思路：

本例是一个典型的一维数组应用， C 语言中规定，只能逐个引用数组中的元素，而不能一次引用整个数组。

本程序这点体现在对数组元素进行判断时只能通过 for 语句对数组中的元素一个一个地引用。

习 题

8-1　任意输入一个 3 行 3 列的二维数组，求对角元素之和。

8-2　不使用 C 语言标准函数库中的函数实现字符串的复制，即实现 strcpy 函数的功能。

8-3　使用字符数组和实型数组分别存储学生姓名和成绩，并通过对学生成绩的排序，按照名次输出字符数组中对应的学生姓名。

8-4　判断一个数是否存在数组中。

8-5　设计魔方阵（魔方阵就是由自然数组成方阵，方阵的每个元素都不相等，且每行和每列以及主副对角线上的各元素之和都相等）。

PART09

第9章

函数

本章要点：

- 了解函数的概念
- 掌握函数的定义方式
- 熟悉返回语句和函数参数的作用
- 掌握函数的调用
- 了解内部函数和外部函数的概念
- 区分局部变量和全局变量

■ 一个较大的程序一般应分为若干个程序模块，一个模块用来实现一个特定的功能。所有的高级语言中都有子程序，用来实现模块的功能。在C语言中，子程序的作用是由函数完成的。

■ 本章致力于使读者了解关于函数的概念，掌握函数的定义及其组成部分；熟悉函数的调用方式；了解内部函数和外部函数的作用范围，区分局部变量和全局变量的不同；最后能将函数应用于程序中，将程序分成模块。

9.1 函数概述

函数概述

构成C程序的基本单元是函数。函数中包含程序的可执行代码。

每个C程序的入口和出口都位于main函数之中。编写程序时，并不是将所有内容都放在主函数main中。为了方便规划、组织、编写和调试，一般的做法是将一个程序划分成若干个程序模块，每一个程序模块都完成一部分功能。这样，不同的程序模块可以由不同的人来完成，从而可以提高软件开发的效率。

也就是说，主函数可以调用其他函数，其他函数也可以相互调用。在main函数中调用其他函数，这些函数执行完毕之后又返回到main函数中。通常把这些被调用的函数称为下层函数。函数调用发生时，立即执行被调用的函数，而调用者则进入等待的状态，直到被调用函数执行完毕。函数可以有参数和返回值。

例如盖一栋楼房，在这项工程中，在工程师的指挥下，有工人搬运盖楼的材料，有建筑工人建造楼房，还有工人在楼房外粉刷涂料。编写程序与盖楼的道理是一样的，主函数就像工程师一样，其功能是控制每一步程序的执行，其中定义的其他函数就好比盖楼中的每一道步骤，分别去完成自己特殊的功能。

图9-1是某程序的函数调用示意图。

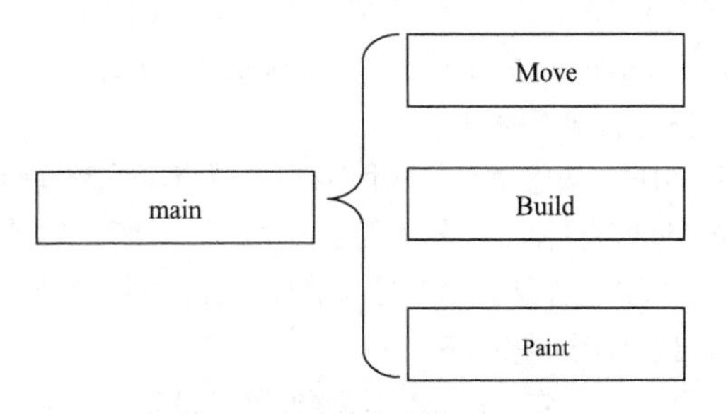

图9-1 某程序的函数调用示意图

【例9-1】在主函数中调用其他函数。

在本实例中，通过定义函数来完成某种特定的功能，为了表示函数完成的功能，在这里使用输出的信息进行表示。希望读者通过这个实例先对函数的概念有一个更为具体的认识。

```
#include<stdio.h>

void Move();                          /*声明搬运函数*/
void Build();                         /*声明建造函数*/
void Paint();                         /*声明粉刷函数*/

int main()
{
    Move();                           /*执行搬运函数*/
    Build();                          /*执行建造函数*/
    Paint();                          /*执行粉刷函数*/
    return 0;                         /*程序结束*/
}

/*//////////////////////////////////////////////////////////////////////////*/
/*                        执行搬运功能                                      */
```

```
/*///////////////////////////////////////////////////////////////////////*/
void Move()
{
    printf("This Function can move material\n");
}
/*///////////////////////////////////////////////////////////////////////*/
/*                          执行建造功能                                  */
/*///////////////////////////////////////////////////////////////////////*/
void Build()
{
    printf("This Function can build a building\n");
}
/*///////////////////////////////////////////////////////////////////////*/
/*                          执行粉刷功能                                  */
/*///////////////////////////////////////////////////////////////////////*/
void Paint()
{
    printf("This Function can paint cloth\n");
}
```

在查看程序的结果之前，先对程序进行分析和讲解。

- 首先，一个源文件由一个或者多个函数组成。一个源程序文件是一个编译单位，即以源程序为单位进行编译，而不是以函数为单位进行编译。
- 库函数由 C 系统提供，用户无需定义，在调用函数之前也不必在程序中作类型说明，只需在程序前包含有该函数原型的头文件即可在程序中直接调用。例如，在上面程序中用于在控制台显示信息的 printf 函数，之前应在程序开始部分包含 stdio.h 这个头文件，又如要使用其他字符串操作函数 strlen、strcmp 等时，也应在程序开始部分包含 string.h。
- 用户自定义函数，就是用户自己编写的用来实现特定功能的函数，例如上面程序中的 Move、Build 和 Paint 函数都是自定义函数。
- 在这个程序中，要使用 printf 函数首先要包含 stdio.h 头文件，然后声明 3 个自定义的函数。最后在主函数 main 中调用这 3 个函数，在主函数 main 外可以看到这 3 个函数的定义。

运行程序，显示效果如图 9-2 所示。

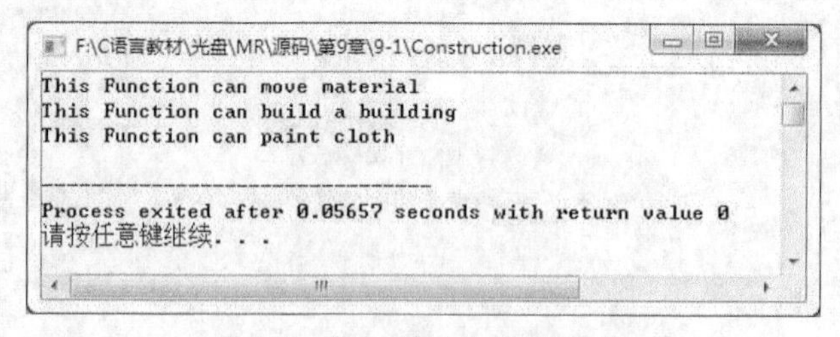

图 9-2　在主函数中调用其他函数

9.2　函数的定义

在程序中编写函数时，函数的定义是让编译器知道函数的功能。定义的函数包括函数头和函数体两部分。

1. 函数头

函数头分为以下 3 个部分。

- 返回值类型。返回值可以是某个C数据类型。
- 函数名。函数名也就是函数的标识符，函数名在程序中必须是唯一的。因为是标识符，所以函数名也要遵守标识符命名规则。
- 参数表。参数表可以没有变量也可以有多个变量，在进行函数调用时，实际参数将被复制到这些变量中。

2. 函数体

函数体包括局部变量的声明和函数的可执行代码。

前面最常提到的就是main函数，下面对其进行介绍。

所有的C程序都必须有一个main函数。该函数已经由系统声明过了，在程序中只需要定义即可。main函数的返回值为整型，并可以有两个参数。这两个参数一个是整数，一个是指向字符数组的指针。虽然在调用时有参数传递给main函数，但是在定义main函数时可以不带任何参数，在前面的所有实例中都可以看到main函数就没有带任何参数。除了main函数外，其他函数在定义和调用时，参数都必须是匹配的。

程序中从来不会调用main函数，系统的启动过程在开始运行程序时调用main函数。当main函数结束返回时，系统的结束过程将接收这个返回值。至于启动和结束的过程，程序员不必关心，编译器在编译和链接时会自动提供。不过根据习惯，当程序结束时，应该返回整数值。其他返回值的意义由程序的要求所决定，通常都表示程序非正常终止。

为了让读者习惯main函数的返回值，可以看到本书所有实例中的main函数都定义为如下形式：

```
int main()
{
	...                                     /*程序代码*/
	return 0;                               /*程序结束*/
}
```

9.2.1 函数定义的形式

函数定义的形式

C语言的库函数在编写程序时是可以直接调用的，如printf输出函数。而自定义函数则必须由用户对其进行定义，在其函数的定义中完成函数特定的功能，这样才能被其他函数调用。

- 一个函数的定义分为函数头和函数体两个部分。函数定义的语法格式如下：

```
返回值类型  函数名(参数列表)
{
	函数体(函数实现特定功能的过程);
}
```

- 定义一个函数的代码如下：

```
int AddTwoNumber(int iNum1,int iNum2)           /*函数头部分*/
{
	/*函数体部分，实现函数的功能*/
	int result;                                 /*定义整型变量*/
	result = iNum1+iNum2;                       /*进行加法操作*/
	return result;                              /*返回操作结果，结束*/
}
```

通过代码分析一下定义函数的过程。

1. 函数头

函数头用来标志一个函数代码的开始，这是一个函数的入口处。函数头分成返回值类型、函数名和参数列表3个部分。

在上面的代码中，函数头如图 9-3 所示。

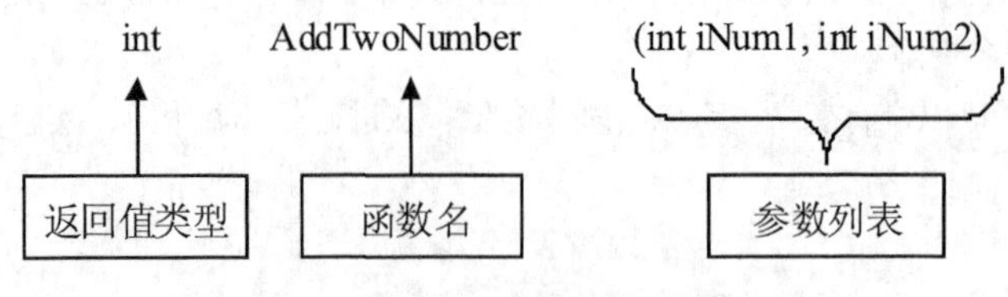

图 9-3　函数头组成

2. 函数体

函数体位于函数头的下方位置，由一对大括号括起来，大括号决定了函数体的范围。函数要实现的特定功能，都是在函数体部分通过代码语句完成的，最后通过 return 语句返回实现的结果。在上面的代码中，AddTwoNumber 函数的功能是实现两个整数的加法，因此定义一个整数用来保存加法的计算结果，之后利用传递进来的参数进行加法操作，并将结果保存在 result 变量中，最后函数要将所得到的结果进行返回。通过这些语句的操作，实现了函数的特定功能。

现在已经了解到定义一个函数应该使用怎样的语法格式，在定义函数时会有如下 2 种特殊的情况。

（1）无参函数

无参函数也就是没有参数的函数。无参函数的语法格式如下：

```
返回值类型 函数名()
{
    函数体
}
```

通过代码来看一下无参函数。例如，使用上面的语法定义一个无参函数如下：

```
void ShowTime()                                          /*函数头*/
{
    printf("It's time to show yourself!");               /*显示一条信息*/
}
```

（2）空函数

顾名思义，空函数就是没有任何内容的函数，也没有什么实际作用。空函数既然没有什么实际功能，那么为什么要存在呢？原因是空函数所处的位置是要放一个函数的，只是这个函数现在还未编好，用这个空函数先占一个位置，以后用一个编好的函数来取代它。

空函数的形式如下：

```
类型说明符 函数名()
{
}
```

例如定义一个空函数，留出一个位置以后再添加其中的功能：

```
void ShowTime()                                          /*函数头*/
{
}
```

9.2.2　定义与声明

定义与声明

在程序中编写函数时，要先对函数进行声明，再对函数进行定义。函数的声明是让编译器知道函数的名称、参数、返回值类型等信息。函数的定义是让编译器知道函数的功能。

函数声明的格式由函数返回值类型、函数名、参数列表和分号 4 部分组成，其形式如下：

```
返回值类型  函数名(参数列表);
```

此处要注意的是，在声明的最后要有分号“;”作为语句的结尾。例如，声明一个函数的代码如下：

```
Int ShowNumber(int iNumber);
```

为了使读者更容易区分函数的声明和定义，通过一个比喻来说明函数的声明和定义。在生活中经常能看到很多电器的宣传广告。通过宣传广告，可以了解到电器的名称和用处等。当顾客了解这个电器之后，就会到商店里看一看这个电器，经过服务人员的介绍，就会知道电器的具体功能和使用的方式。函数的声明就相当于电器商品的宣传广告，可帮助顾客了解电器。函数的定义就相当于服务人员具体介绍电器的功能和使用方式。

【例9-2】 定义获取屏幕光标位置和设置文字颜色函数。

“趣味俄罗斯方块”游戏中，界面的文字是彩色的，而且显示位置是通过设置坐标确定的。本实例中通过定义获取屏幕光标位置 gotoxy()函数和设置文字颜色 color()函数，来输出文字。

```
#include <stdio.h>
#include <conio.h>
#include <windows.h>

//函数声明
void gotoxy(int x, int y);
int color(int c);

HANDLE hOut;                                    //控制台句柄

/**
 * 获取屏幕光标位置
 */
void gotoxy(int x, int y)
{
        COORD pos;
        pos.X = x;                              //横坐标
        pos.Y = y;                              //纵坐标
        SetConsoleCursorPosition(GetStdHandle(STD_OUTPUT_HANDLE), pos);
}

/**
 * 文字颜色函数
 */
int color(int c)
{
        SetConsoleTextAttribute(GetStdHandle(STD_OUTPUT_HANDLE), c);        //更改文字颜色
        return 0;
}

int main()
{
```

```
        color(14);                              //设置文字颜色为黄色
        gotoxy(22,4);                           //设置文字显示位置的坐标为(22,4)
        printf("此文字设置成了黄色！");            //输出文字

        color(10);                              //设置文字颜色为绿色
        gotoxy(22,6);
        printf("此文字设置成了绿色！");

        color(13);                              //设置文字颜色为粉色
        gotoxy(22,8);
        printf("此文字设置成了粉色！\n\n\n\n");
}
```

（1）设置文字颜色

C 语言中，SetConsoleTextAttribute 是设置控制台窗口字体颜色和背景色的函数。它的函数原型为：

```
BOOL SetConsoleTextAttribute(HANDLE consolehwnd, WORD wAttributes);
consolehwnd = GetStdHandles(STD_OUTPUT_HANDLE);
```

GetStdHandle 是获得输入、输出或错误的屏幕缓冲区的句柄，它的参数值为下面几种类型中的一种，如表 9-1 所示。

表 9-1　GetStdHandle 的参数列表

参数值	含义
STD_INPUT_HANDLE	标准输入的句柄
STD_OUTPUT_HANDLE	标准输出的句柄
STD_ERROR_HANDLE	标准错误的句柄

wAttributes 是设置颜色的参数，对应颜色值如表 9-2 所示。

表 9-2　GetStdHandle 的参数列表

数值	颜色	数值	颜色
0	黑色	8	灰色
1	深蓝色	9	亮蓝色
2	深绿色	10	亮绿色
3	深蓝绿色	11	亮蓝绿色
4	深红色	12	红色
5	紫色	13	粉色
6	暗黄色	14	黄色
7	白色	15	亮白色

使用这种方式设置控制台的文字颜色，有两点局限性：

（1）仅限 Windows 系统使用。

（2）不能改变控制台的背景色，控制台的背景色只能是黑色。

（2）设置文字显示位置

C 语言中，使用 SetConsoleCursorPosition 来定位光标位置。COORD pos 是一个结构体变量，其中 x，y

3. 通过一个比喻来理解形式参数和实际参数

母亲拿来了一袋牛奶，将牛奶倒入一个空奶瓶中，然后喂宝宝喝牛奶。函数的作用就相当于宝宝用奶瓶喝牛奶这个动作，实参相当于母亲拿来的一袋牛奶，而空的奶瓶就相当于形参。牛奶放入奶瓶这个动作相当于将实参传递给形参，使用灌好牛奶的奶瓶就相当于函数使用参数进行操作的过程。

下面通过一个实例对形式参数和实际参数进行实际的讲解。

【例 9-5】 形式参数与实际参数的比喻实现。

实例中将上面的比喻进行了实际的模拟，希望读者可以一边实际动手操作，一边通过上面的比喻对形式参数和实际参数加深理解，更好地掌握知识点。

```
#include<stdio.h>

void DrinkMilk(char* cBottle);                    /*声明函数*/

int main()
{
    char cPoke[]="";                              /*定义字符数组变量*/
    printf("Mother wanna give the baby:");        /*输出信息提示*/
    scanf("%s",&cPoke);                           /*输入字符串*/
    DrinkMilk(cPoke);                             /*将实际参数传递给形式参数*/
    return 0;                                     /*程序结束*/
}

/*喝牛奶的动作*/
void DrinkMilk(char* cBottle)                     /*cBottle为形式参数*/
{
    printf("The Baby drink the %s\n",cBottle);    /*输出提示，进行喝牛奶动作*/
}
```

现在根据上面的实例，一边理解一边对本程序进行讲解。

（1）首先声明程序中要用到的函数 DrinkMilk，在声明函数时 cBottle 变量称为形式参数，这就相当于之前母亲为孩子准备好的一袋牛奶。

（2）在主函数 main 中，定义一个字符数组变量用来保存用户输入的字符。

（3）通过 printf 库函数显示信息，表示此时孩子饿了，妈妈应该喂孩子吃东西。

（4）使用 scanf 库函数在控制台上输入字符串，将其字符串保存在 cPoke 变量中。

（5）cPoke 获得数据之后，调用 DrinkMilk 函数，将 cPoke 变量作为 DrinkMilk 函数的参数传递。此时的 cPoke 变量就是实际参数，而传递的对象就是形式参数。这就相当于妈妈把牛奶袋打开后，将牛奶放入空奶瓶中。

（6）既然调用 DrinkMilk 函数，程序就会调转到 DrinkMilk 函数的定义处。函数定义的函数参数 cBottle 为形式参数，不过此时 cBottle 已经得到了 cPoke 变量传递给它的值。这样，在下面使用输出语句 printf 输出 cBottle 变量时，显示的数据就是 cPoke 变量保存的数据。此时就相当于使用灌满牛奶的奶瓶喂宝宝喝牛奶一样。

（7）DrinkMilk 函数执行完，回到主函数 main 中，return 语句返回 0，程序结束。此时，宝宝已经喝饱了，妈妈就可以安心地做其他事情。

运行程序，显示效果如图 9-9 所示。

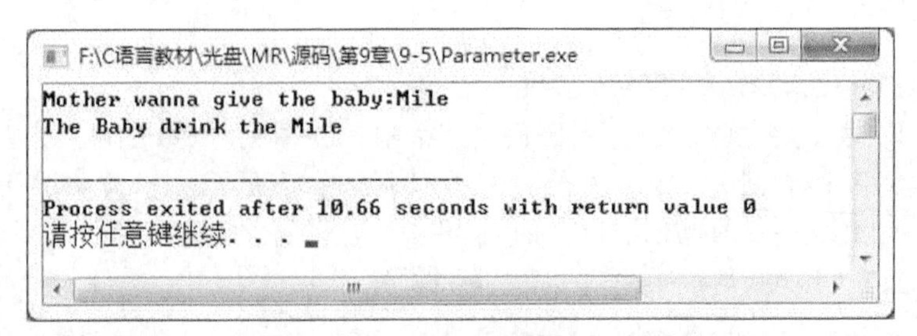

图 9-9　形式参数与实际参数的比喻程序

9.4.2　数组作函数参数

数组作函数参数

本节将讨论数组作为实参传递给函数的这种特殊情况。将数组作为函数参数进行传递，不同于标准的赋值调用的参数传递方法。

当数组作为函数的实参时，只传递数组的地址，而不是将整个数组赋值到函数中。当用数组名作为实参调用函数时，指向该数组的第一个元素的指针就被传递到函数中。

C 语言中没有任何下标的数组名，是一个指向该数组第一个元素的指针。例如定义一个具有 10 个元素的整型数组：

```
int Count[10];                    /*定义整型数组*/
```

其中没有下标的数组名 Count 与指向第一个元素的指针*Count 是相同的。

声明函数参数时必须具有相同的类型，根据这一点，下面将对使用数组作为函数参数的各种情况进行详细的讲解。

1. 数组元素作为函数参数

由于实参可以是表达式形式，数组元素可以是表达式的组成部分，因此数组元素可以作为函数的实参，与用变量作为函数实参一样，是单向传递。

【例 9-6】 数组元素作为函数参数。

在实例中定义一个数组，然后将赋值后的数组元素作为函数的实参进行传递，当函数的形参得到实参传递的数值后，将其进行显示输出。

```
#include<stdio.h>

void ShowMember(int iMember);                          /*声明函数*/

int main()
{
    int iCount[10];                                    /*定义一个整型的数组*/
    int i;                                             /*定义整型变量，用于循环*/

    for(i=0;i<10;i++)                                  /*进行赋值循环*/
    {
     iCount[i]=i;                                      /*为数组中的元素进行赋值操作*/
    }

    for(i=0;i<10;i++)                                  /*循环操作*/
```

```
void  Display(int* pPoint)                    /*定义函数，参数为可变长度数组*/
{
    int i;                                    /*定义整型变量*/
    for(i=0;i<10;i++)                         /*执行循环的语句*/
    {                                         /*在循环语句中执行输出操作*/
     printf("the member number is %d\n",pPoint[i]);
    }
}
/*//////////////////////////////////////////////////////////////////////////////*/
/*                       进行数组元素的赋值                                     */
/*//////////////////////////////////////////////////////////////////////////////*/
void  Evaluate(int* pPoint)                   /*定义函数，参数为可变长度数组*/
{
    int i;                                    /*定义整型变量*/
    for(i=0;i<10;i++)                         /*执行循环语句*/
    {                                         /*在循环语句中执行赋值操作*/
     pPoint[i]=i;
    }
}
```

（1）在程序的开始处声明函数时，将指针声明为函数参数。

（2）主函数 main 中，首先定义一个具有 10 个元素的数组。

（3）将数组名作为 Evaluate 函数的参数。在 Evaluate 函数的定义中，可以看到定义函数参数也为指针。在 Evaluate 函数体内，通过循环对数组进行赋值操作。可以看到虽然 pPoint 是指针，但也可以使用数组的形式进行表示。

（4）在主函数 main 中调用 Display 函数进行显示输出操作。

运行程序，显示效果如图 9-13 所示。

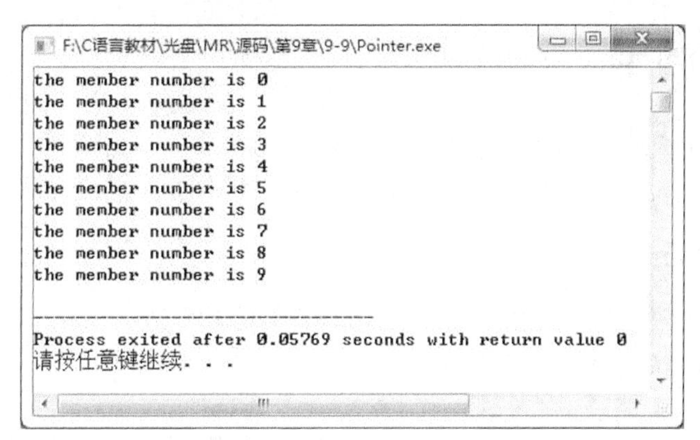

图 9-13　指针作为函数参数

9.4.3　main 函数的参数

main 函数的参数

在前面介绍函数定义的内容中，曾在讲解函数体时提到过主函数 main 的有关内容，下面在此基础上对 main 函数的参数进行介绍。

在运行程序时，有时需要将必要的参数传递给主函数。主函数 main 的形式参数如下：

```
main(int argc, char* argv[] )
```

两个特殊的内部形参 argc 和 argv 是用来接收命令行实参的，这是只有主函数 main 具有的参数。

- argc 参数保存命令行的参数个数，是整型变量。这个参数的值至少是 1，因为至少程序名就是第一个实参。
- argv 参数是一个指向字符指针数组的指针，这个数组中的每一个元素都指向命令行实参。所有命令行实参都是字符串，任何数字都必须由程序转变成为适当的格式。

【例 9-10】 main 函数的参数使用。

在本实例中，通过使用 main 函数的参数，将其程序的名称进行输入。

```
#include<stdio.h>

int main(int argc,char* argv[])
{
	printf("%s\n",argv[0]);				/*输出程序的位置*/
	return 0;					/*程序结束*/
}
```

运行程序，显示效果如图 9-14 所示。

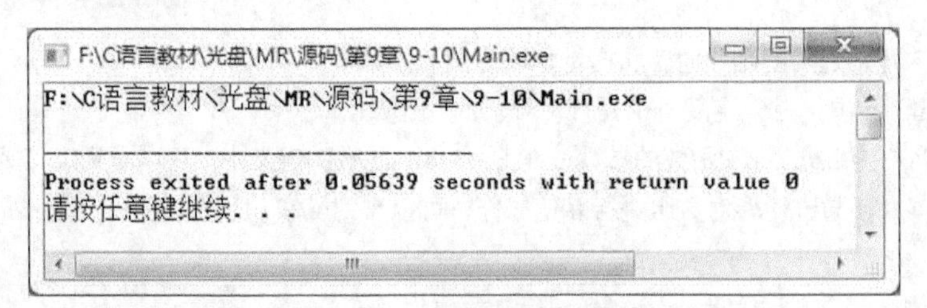

图 9-14 main 函数的参数使用

9.5 函数的调用

在生活中，为了能完成某项特殊的工作，需要使用特定功能的工具。首先要去制作这个工具，工具制作完成后，就要进行使用。函数就像要完成某项功能的工具，而使用函数的过程就是函数的调用。

9.5.1 函数的调用方式

函数的调用方式

一种工具不只有一种使用方式，函数的调用也是如此。函数的调用方式有 3 种，包括函数语句调用、函数表达式调用和函数参数调用。下面对这 3 种情况进行介绍。

1. 函数语句调用

把函数的调用作为一个语句就称为函数语句调用。函数语句调用是最常使用的调用函数的方式，如下所示：

```
Display();					/*显示一条消息*/
```

这个函数的功能就是在函数的内部显示一条消息，这时不要求函数带返回值，只要求完成一定的操作。

【例 9-11】 调用获取屏幕光标位置和设置文字颜色函数，来设置趣味俄罗斯方块的标题图。

“趣味俄罗斯方块”中，欢迎界面上有一组由俄罗斯方块组成的标题图，如图 9-15 所示。

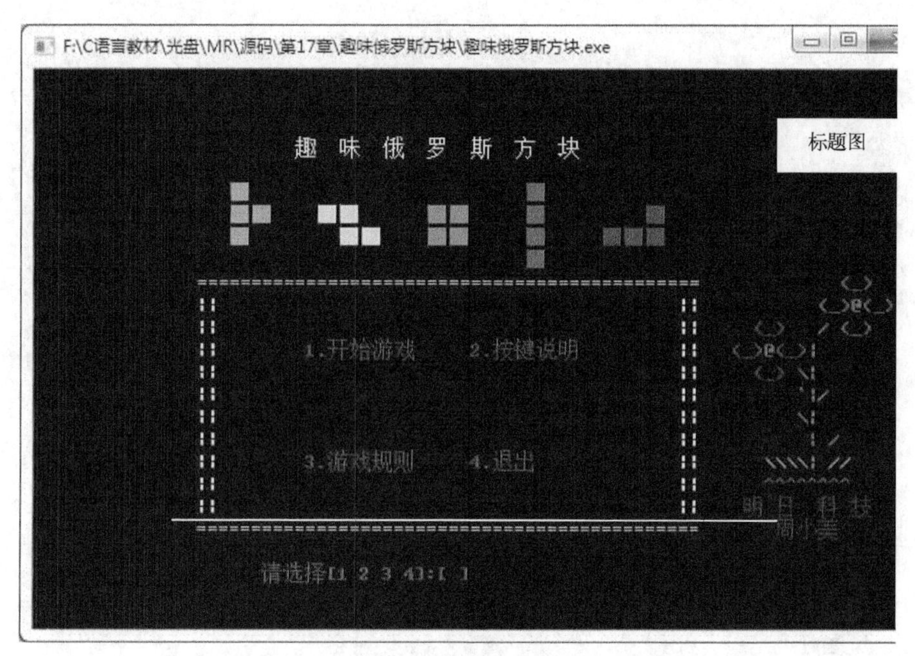

图 9-15　趣味俄罗斯方块欢迎界面上的标题图

在本实例中需要设计设置控制台的坐标位置函数 gotoxy()，和设置文字颜色函数 color()函数，并且调用这两个函数，输出标题图上的字符画。要求只画出标题图即可。

```
#include <stdio.h>
#include <conio.h>
#include <windows.h>
HANDLE hOut;                              //控制台句柄

/**
 * 获取屏幕光标位置
 */
void gotoxy(int x, int y)
{
        COORD pos;
        pos.X = x;                        //横坐标
        pos.Y = y;                        //纵坐标
        SetConsoleCursorPosition(GetStdHandle(STD_OUTPUT_HANDLE), pos);
}

/**
 * 文字颜色函数
 */
int color(int c)
{
        SetConsoleTextAttribute(GetStdHandle(STD_OUTPUT_HANDLE), c);            //更改文字颜色
        return 0;
}

int main()
{
```

```
    color(15);                                //亮白色
    gotoxy(24,3);
    printf("趣  味  俄  罗  斯  方  块\n");    //输出标题
    color(11);                                //亮蓝色
    gotoxy(18,5);
    printf("■");                              //■
    gotoxy(18,6);                             //■■
    printf("■■");                             //■
    gotoxy(18,7);
    printf("■");

    color(14);                                //黄色
    gotoxy(26,6);
    printf("■■");                             //■■
    gotoxy(28,7);                             //■■
    printf("■■");

    color(10);                                //绿色
    gotoxy(36,6);                             //■■
    printf("■■");                             //■■
    gotoxy(36,7);
    printf("■■");

    color(13);                                //粉色
    gotoxy(45,5);
    printf("■");                              //■
    gotoxy(45,6);                             //■
    printf("■");                              //■
    gotoxy(45,7);                             //■
    printf("■");
    gotoxy(45,8);
    printf("■");

    color(12);                                //亮红色
    gotoxy(56,6);
    printf("■");                              //■
    gotoxy(52,7);                             //■■■
    printf("■■■");
}
```

首先定义设置控制台文字颜色函数 color()，和设置控制台坐标位置函数 gotoxy()。在主函数 main()中调用 color()和 gotoxy()函数，设置输出小方块的颜色和显示位置。

小方块"■"属于特殊符号，可以在搜狗输入法上右键选择的“表情&符号”/ 特殊符号中找到。

运行程序，显示效果如图 9-16 所示。

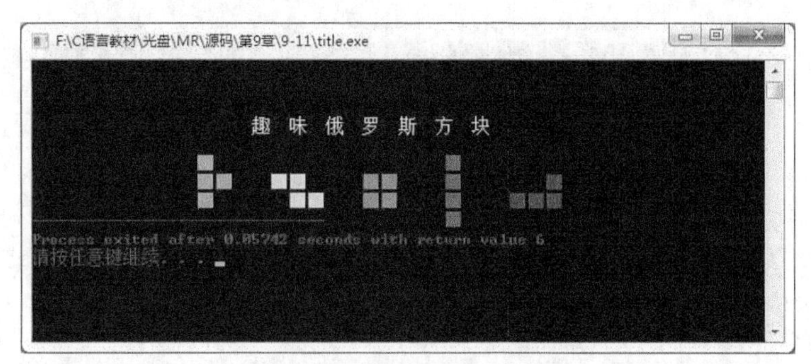

图 9-16　趣味俄罗斯方块的标题图

2. 函数表达式调用

函数出现在一个表达式中，这时要求函数必须带回一个确定的值，而这个值则作为参加表达式运算的一部分。如下述代码所示：

```
iResult=iNum3*AddTwoNum(3,5); /*函数在表达式中，这时AddTwoNum(3,5)位置应该为具体的值*/
```

可以看到，函数 AddTwoNum 在这条语句中的功能是使两个数相加。在表达式中，AddTwoNum 将相加的结果与 iNum3 变量执行乘法，将得到的结果赋值给 iResult 变量。

【例 9-12】 函数表达式调用。

在本实例中，定义一个函数，其功能是进行加法计算，并在表达式中调用该函数，使得函数的返回值参加运算得到新的结果。

```
#include<stdio.h>

/*声明函数，函数进行加法计算*/
int AddTwoNum(int iNum1, int iNum2);

int main()
{
    int iResult;                            /*定义变量用来存储计算结果*/
    int iNum3=10;                           /*定义变量，赋值为10*/
    iResult=iNum3*AddTwoNum(3,5);           /*在表达式中调用AddTwoNum函数*/
    printf("The result is : %d\n",iResult); /*将计算结果进行输出*/
    return 0;                               /*程序结束*/
}

int AddTwoNum(int iNum1, int iNum2)         /*定义函数*/
{
    int iTempResult;                        /*定义整型变量*/
    iTempResult=iNum1+iNum2;                /*进行加法计算，并将结果赋值给iTempResult*/
    return iTempResult;                     /*返回计算结果*/
}
```

（1）在程序代码中，先对要使用的函数进行声明操作。

（2）在主函数 main 中，首先定义整型变量用来保存计算结果。定义整型变量 iNum3，为其赋值为 10。

（3）在表达式中调用 AddTwoNum 函数来计算数值 3 和 5 的加法，并且将运算结果赋值给表达式中的元素。iNum3 变量乘以函数返回的值，最后将结果赋值给 iResult 变量。

（4）使用 printf 函数对所得到的结果进行输出显示。

运行程序，显示效果如图 9-17 所示。

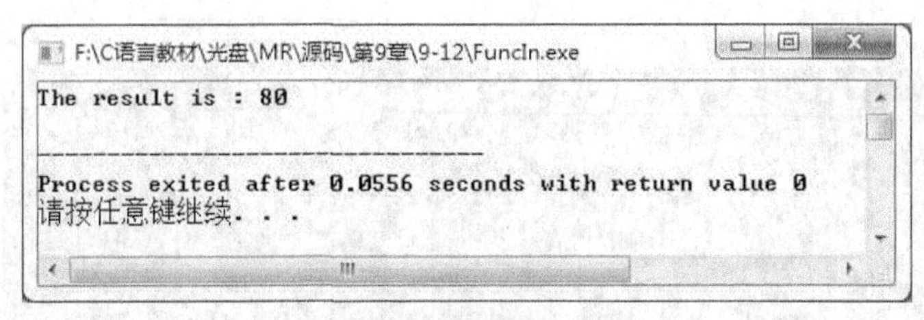

图 9-17　函数表达式调用

3. 函数参数调用

函数调用作为一个函数的实参，这样将函数返回值作为实参传递到函数中使用。

函数出现在一个表达式中，这时要求函数带回一个确定的值，这个值用作参加表达式的运算。如下代码所示：

```
iResult=AddTwoNum(10,AddTwoNum(3,5));            /*函数在参数中*/
```

在这条语句中，AddTwoNum 函数的功能还是进行两个数相加，然后将相加的结果作为函数的参数，继续进行计算。

【例 9-13】 函数参数调用。

本实例在前面程序的基础上进行修改，进行连续加法的操作。

```
#include<stdio.h>

/*声明函数，函数进行加法计算*/
int AddTwoNum(int iNum1, int iNum2);

int main()
{
    int iResult;                                    /*定义变量用来存储计算结果*/

    iResult=AddTwoNum(10,AddTwoNum(3,5));  /*在参数中调用AddTwoNum函数*/
    printf("The result is : %d\n",iResult);        /*将计算结果进行输出*/
    return 0;                                       /*程序结束*/
}

int AddTwoNum(int iNum1, int iNum2)                 /*定义函数*/
{
    int iTempResult;                                /*定义整型变量*/
    iTempResult=iNum1+iNum2;                        /*进行加法计算，并将结果赋值给iTempResult*/
    return iTempResult;                             /*返回计算结果*/
}
```

在程序中可以看到 AddTwoNum 函数作为函数的参数进行加法操作。

运行程序，显示效果如图 9-18 所示。

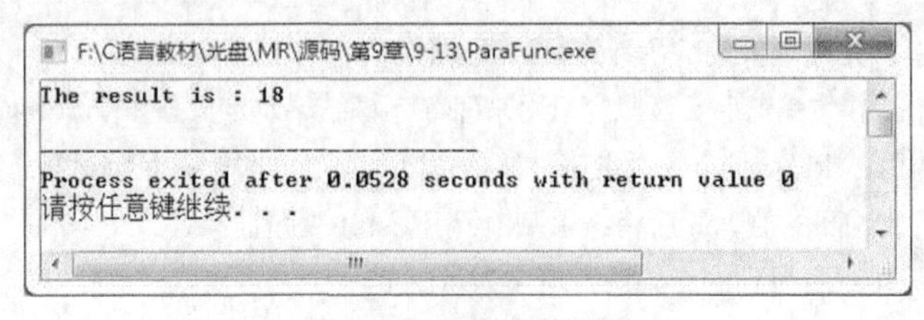

图 9-18　函数参数调用

9.5.2 嵌套调用

在 C 语言中，函数的定义都是互相平行、独立的，也就是说在定义函数时，一个函数体内不能包含定义的另一个函数，这一点和 Pascal 语言是不同的（Pascal 允许在定义一个函数时，在其函数体内包含另一个函数的定义，而这种形式称为嵌套定义）。例如，下面的代码是错误的：

```
int main()
{
	void Display()					/*错误！！！不能在函数内定义函数*/
	{
	 printf("I want to show the Nesting function");
	}
	return 0;
}
```

从上面的代码中可以看到，在主函数 main 中定义了一个 Display 函数，目的是输出一句提示。但 C 语言是不允许进行嵌套定义的，因此进行编译时就会出现如图 9-19 所示的错误提示。

```
error C2143: syntax error : missing ';' before '{'
```

图 9-19　错误提示

虽然 C 语言不允许进行嵌套定义，但是可以嵌套调用函数，也就是说，在一个函数体内可以调用另外一个函数。例如，使用下面代码进行函数的嵌套调用：

```
void ShowMessage()					/*定义函数*/
{
	printf("The ShowMessage function");
}

void Display()
{
	ShowMessage();					/*正确，在函数体内进行函数的嵌套调用*/
}
```

用一个比喻来理解，某公司的 CEO 决定该公司要完成一个方向的目标，但是要完成这个目标就需要将其讲给公司的经理们听，公司中的经理要做的就是将要做的内容再传递给下级的副经理们听，副经理再讲给下属的职员听，职员按照上级的指示进行工作，最终完成目标。其过程如图 9-20 所示。

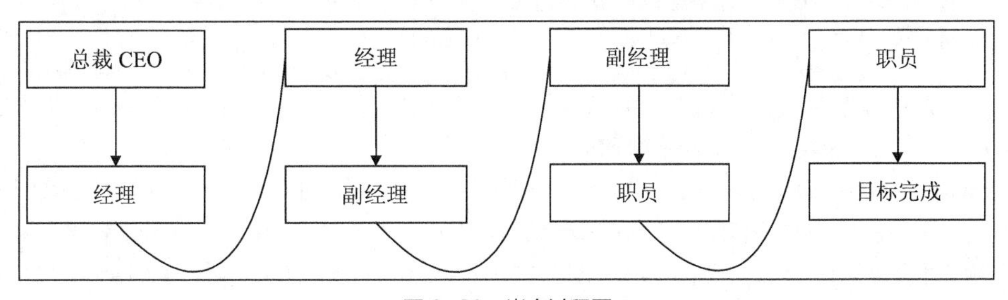

图 9-20　嵌套过程图

【例 9-14】 函数的嵌套调用。

在本实例中，利用嵌套函数模拟上述比喻中描述的过程，其中将每一个位置的人要做的事情封装成一个函数，通过调用函数完成最终目标。

```
#include<stdio.h>

void CEO();                                          /*声明函数*/
void Manager();
void AssistantManager();
void Clerk();

int main()
{
    CEO();                                           /*调用CEO的作用函数*/
    return 0;
}

void CEO()
{
    /*输出信息，表示调用CEO函数进行相应的操作*/
    printf("The CEO's working is telling Manager\n");
    Manager();                                       /*调用CEO的功能函数*/
}

void Manager()
{
    /*输出信息，表示调用Manager函数进行相应的操作*/
    printf("The Manager's working's work is telling AssistantManager\n");
    AssistantManager();                              /*调用CEO的作用函数*/
}

void AssistantManager()
{
    /*输出信息，表示调用AssistantManager函数进行相应的操作*/
    printf("The AssistantManager's work is telling Clerk\n");
    Clerk();                                         /*调用CEO的作用函数*/
}

void Clerk()
{
    /*输出信息，表示调用Clerk函数进行相应的操作*/
    printf("The Clerk's work is making it\n");
}
```

（1）首先在程序中声明将要使用的函数，其中的 CEO 代表公司总裁，Manager 代表经理，AssistantManager 代表副经理，Clerk 代表职员。

（2）main 函数的下面是有关函数的定义。先来看一下 CEO 函数，通过输出一条信息来表示这个函数的功能和作用。最后在函数体中嵌套调用了 Manager 函数。Manager 和 CEO 函数运行的步骤是相似的，只是最后又在其函数体内调用了 AssistantManager 函数。在 AssistantManager 函数中调用了 Clerk 函数。

（3）在主函数 main 中，调用了 CEO 函数，于是程序的整个流程按照步骤（2）进行，直到 return 0 语句返回，程序结束。

运行程序，显示效果如图 9-21 所示。

```
F:\C语言教材\光盘\MR\源码\第9章\9-14\Nesting.exe
The CEO's working is telling Manager
The Manager's working's work is telling AssistantManager
The AssistantManager's work is telling Clerk
The Clerk's work is making it

--------------------------------
Process exited after 0.08908 seconds with return value 0
请按任意键继续. . .
```

图 9-21　函数的嵌套调用

9.5.3　递归调用

递归调用

C 语言的函数都支持递归，也就是说，每个函数都可以直接或者间接地调用自己。所谓的间接调用，是指在递归函数调用的下层函数中再调用自己。递归关系如图 9-22 所示。

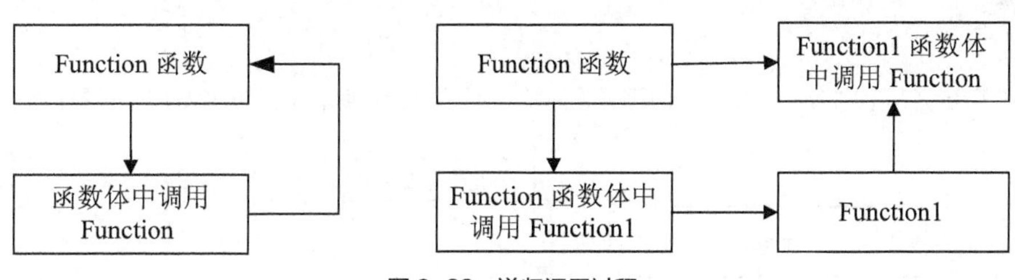

图 9-22　递归调用过程

递归之所以能实现，是因为函数的每个执行过程在栈中都有自己的形参和局部变量的副本，这些副本和该函数的其他执行过程不发生关系。

这种机制是现在大多数程序设计语言实现子程序结构的基础，也使得递归成为可能。假定某个调用函数调用了一个被调用函数，再假定被调用函数又反过来调用了调用函数，那么第二个调用就称为调用函数的递归，因为它发生在调用函数的当前执行过程运行完毕之前。而且，因为原先的调用函数、现在的被调用函数在栈中较低的位置有它独立的一组参数和自变量，原先的参数和变量将不受任何影响，所以递归能正常工作。

【例 9-15】 函数的递归调用。

本实例中，定义一个字符串数组，为其数组赋值为一系列的名称，通过递归函数的调用，最后实现逆序显示排列的名单。

```
#include<stdio.h>

void DisplayNames(char** cNameArray);                /*声明函数*/

char* cNames[]=                                      /*定义字符串数组*/
{
        "Aaron",                                     /*为字符串进行赋值*/
        "Jim",
        "Charles",
        "Sam",
        "Ken",
```

```
    "end"                                          /*设定结束标志*/
};

int main()
{
    DisplayNames(cNames);                          /*调用递归函数*/
    return 0;
}

void DisplayNames(char** cNameArray)
{
    if(*cNameArray=="end")                         /*判断结束标志*/
    {
     return ;                                      /*函数结束返回*/
}
     else
{
     DisplayNames(cNameArray+1);                   /*调用递归函数*/
     printf("%s\n",*cNameArray);                   /*输出字符串*/
}
}
```

图 9-23 所示为程序的流程，通过此图了解程序流程后再进行讲解，会使读者对程序有更清晰的认识。

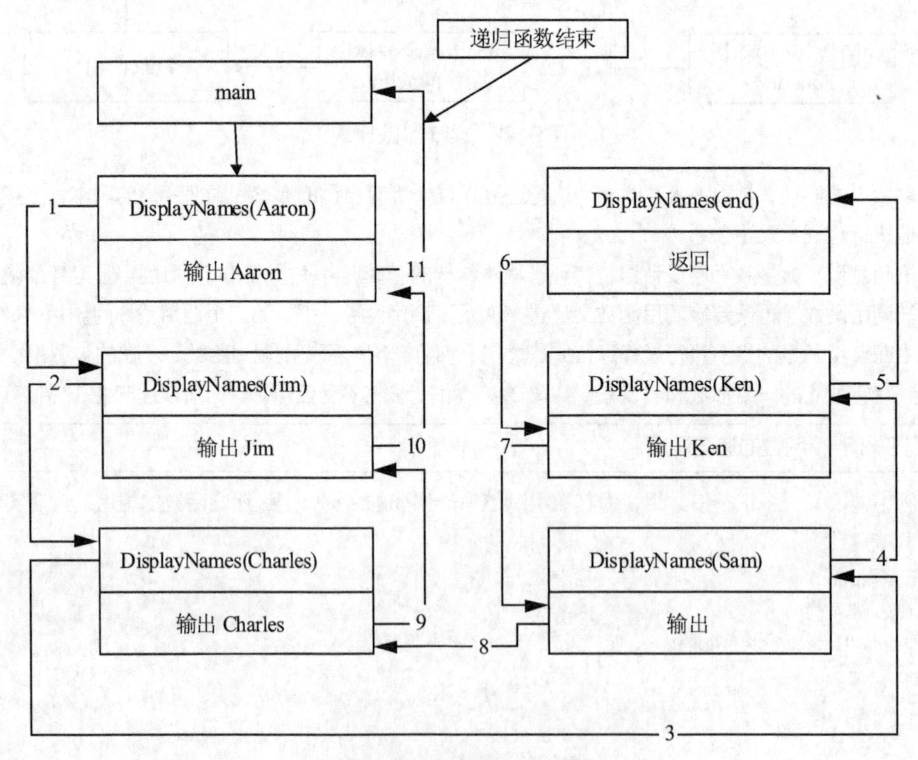

图 9-23　程序调用流程图

对程序进行如下分析。

（1）源文件中首先声明要用到的递归函数，递归函数的参数声明为指针的指针。

（2）定义一个全局字符串数组，并且为其进行赋值。其中的一个字符串数组元素 end 作为字符串数组的结尾标志。

（3）在主函数 main 中调用递归函数 DisplayNames。

（4）在源文件的下面是有关 DisplayNames 函数的定义。在 DisplayNames 的函数体中，通过一个 if 语句判断此时要输出的字符串是否是结束字符，如果是结束标志 end 字符，那么使用 return 语句进行返回。如果不满足要求，则执行下面的 else 语句，在语句块中先调用的是递归函数，在函数参数处可以看到传递的字符串数组元素发生改变，传递下一个数组元素。如果调用递归函数，则又开始判断传递进来的字符串是否是数组的结束标志。最后输出字符串数组的元素。

运行程序，显示效果如图 9-24 所示。

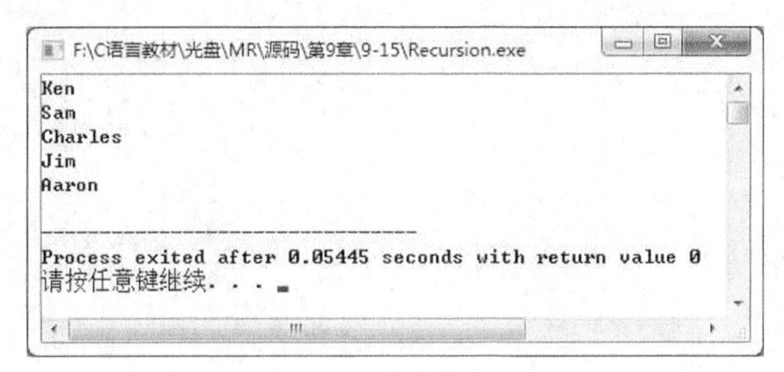

图 9-24　函数的递归调用

9.6　内部函数和外部函数

函数是 C 语言程序中的最小单位，往往把一个函数或多个函数保存为一个文件，这个文件称为源文件。定义一个函数，这个函数就会被另外的函数所调用。但当一个源程序由多个源文件组成时，可以指定函数不能被其他文件调用。这样，C 语言又把函数分为两类：一个是内部函数，另一个是外部函数。

9.6.1　内部函数

定义一个函数，如果希望这个函数只被所在的源文件使用，那么就称这样的函数为内部函数。内部函数又称为静态函数。使用内部函数，可以使函数只局限在函数所在的源文件中，如果在不同的源文件中有同名的内部函数，则这些同名的函数是互不干扰的。

在定义内部函数时，要在函数返回值和函数名前面加上关键字 static 进行修饰：

```
static  返回值类型  函数名(参数列表)
```

例如定义一个功能是进行加法运算且返回值是 int 型的内部函数，代码如下：

```
static int Add(int iNum1,int iNum2)
```

在函数的返回值类型 int 前加上关键字 static，就将原来的函数修饰成内部函数。

使用内部函数的好处是，不同的开发者可以分别编写不同的函数，而不必担心所使用的函数是否会与其他源文件中的函数同名，因为内部函数只可以在所在的源文件中进行使用，所以即使不同的源文件中有相同的函数名也没有关系。

下面通过实例来介绍一下 strcpy 函数的使用。

【例 9-16】 内部函数的使用。

在本实例中使用内部函数，通过一个函数对字符串进行赋值，再通过一个函数对字符串进行输出显示。

```
#include<stdio.h>

static char* GetString(char* pString)                /*定义赋值函数*/
{
    return pString;                                  /*返回字符*/
}

static void ShowString(char* pString)                /*定义输出函数*/
{
    printf("%s\n",pString);                          /*显示字符串*/
}

int main()
{
    char* pMyString;                                 /*定义字符串变量*/

    pMyString=GetString("Hello!");                   /*调用函数为字符串赋值*/
    ShowString(pMyString);                           /*显示字符串*/

    return 0;
}
```

在程序中，使用 static 关键字对函数进行修饰，使其只能在其源文件中进行调用。

运行程序，字符串复制效果如图 9-25 所示。

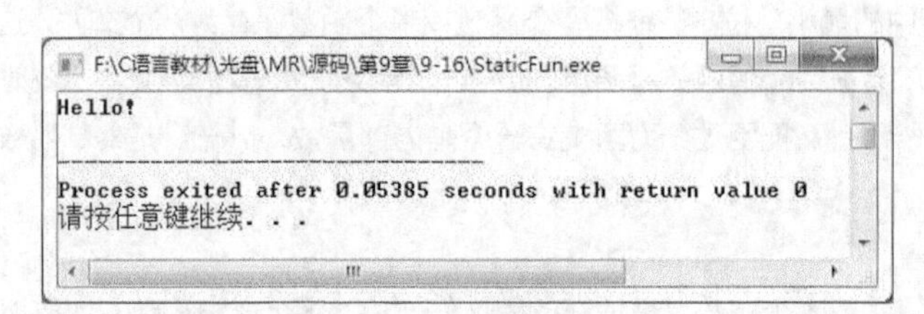

图 9-25　内部函数的使用

9.6.2 外部函数

外部函数

与内部函数相反的就是外部函数，外部函数是可以被其他源文件调用的函数。定义外部函数使用关键字 extern 进行修饰。在使用一个外部函数时，要先用 extern 声明所用的函数是外部函数。

例如函数头可以写成下面的形式：

```
extern int Add(int iNum1,int iNum2);
```

这样，Add 函数就可以被其他源文件调用进行加法运算。

注意：在 C 语言中定义函数时，如果不指明函数是内部函数还是外部函数，那么默认将函数指定为外部函数，也就是说，定义外部函数时可以省略关键字 extern。书中的多数实例所使用的函数都为外部函数。

【例9-17】外部函数的使用。

在本实例中，使用外部函数完成和实例9-16中使用内部函数时相同的功能，只是所用的函数不包含在同一个源文件中。

```
/*////////////////////////////////////////////////////////////////////////*/
/*                          ExternFun.c                                   */
/*////////////////////////////////////////////////////////////////////////*/
#include<stdio.h>

extern char* GetString(char* pString);                      /*声明外部函数*/
extern void ShowString(char* pString);                      /*声明外部函数*/

int main()
{
      char* pMyString;                                      /*定义字符串变量*/
      pMyString=GetString("Hello!");                        /*调用函数为字符串赋值*/
      ShowString(pMyString);                                /*显示字符串*/

      return 0;
}

/*////////////////////////////////////////////////////////////////////////*/
/*                          ExternFun1.c                                  */
/*////////////////////////////////////////////////////////////////////////*/
extern char* GetString(char* pString)
{
      return pString;                                       /*返回字符*/
}

/*////////////////////////////////////////////////////////////////////////*/
/*                          ExternFun2.c                                  */
/*////////////////////////////////////////////////////////////////////////*/
extern void ShowString(char* pString)
{
      printf("%s\n",pString);                               /*显示字符串*/
}
```

从上面的程序中，可以看到代码和实例9-16几乎是相同的，但是由于使用extern关键字使得函数为外部函数，因此可以将函数放入其他源文件中。

（1）主函数main在源文件ExternFun.c中。首先声明两个函数，其中使用extern关键字说明函数为外部函数。然后在main函数体中调用这两个函数，GetString函数对pMyString变量进行赋值，而ShowString函数用来输出变量。

（2）在ExternFun1.c源文件中对GetString函数进行定义，通过对传入的参数执行返回操作，完成对变量的赋值功能。

（3）在ExternFun2.c源文件中对ShowString函数进行定义，在函数体中使用printf函数对传递进来的参数进行显示。

运行程序，字符串连接效果如图9-26所示。

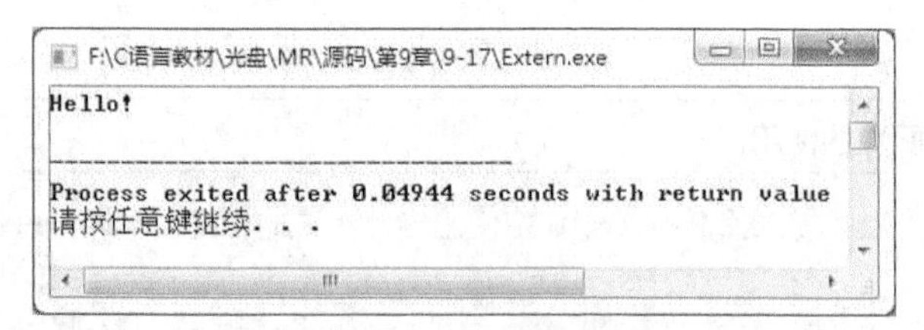

图 9-26　外部函数的使用

9.7　局部变量和全局变量

在讲解有关局部变量和全局变量的知识之前，先来了解一些有关作用域方面的内容。作用域的作用就是决定程序中的哪些语句是可用的，换句话说，就是在程序中的可见性。作用域包括局部作用域和全局作用域，那么局部变量具有局部作用域，而全局变量具有全局作用域。接下来具体看一下有关局部变量和全局变量的内容。

9.7.1　局部变量

局部变量

在一个函数的内部定义的变量是局部变量。上述实例中绝大多数的变量都只是局部变量，这些变量声明在函数内部，无法被其他函数所使用。函数的形式参数也属于局部变量，作用范围仅限于函数内部的所有语句块。

在语句块内声明的变量仅在该语句块内部起作用，当然也包括嵌套在其中的子语句块。

图 9-27 表示的是不同情况下局部变量的作用域范围。

```
int Function1(int iA)
{
        ...                          } iA 的作用域范围
}

float Function2(int iB)
{
        float fB1,fB2;               } iB、fB1 和 fB2
        ...                            的作用域范围
}

int main()
{
        int iC;
        float fC1,fC2;               } iC、fC1 和 fC2
        ...                            的作用域范围
        return 0;
}

int main()
{
        int iD;
        for(iD=1;iD<10;iD++)
        {
                char cD;             } cD 的作用     } iD 的作用
                ...                    域范围          域范围
        }
        return 0;
}
```

图 9-27　局部变量的作用范围

【例 9-18】 局部变量的作用域。

本实例在不同的位置定义一些变量，并为其赋值来表示变量的所在位置，最后输出显示其变量值，通过输出的信息来观察局部变量的作用范围。

```
#include<stdio.h>

int main()
{
	int iNumber1=1;							/*iNumber1的作用域在整个main函数中*/
	if(iNumber1>0)
	{
		int iNumber2=2;						/*iNumber2的作用域在if语句块中*/
		if(iNumber2>0)
		{
			int iNumber3=3;					/*iNumber3的作用域在if语句块中*/
											/*将3个都在此作用域的函数进行输出*/
			printf("All three number are in scope here %d   %d   %d\n",
				iNumber1,iNumber2,iNumber3);
		}
	}
	return 0;
}
```

在程序中有 3 个作用域范围，主函数 main 是其中最大的作用域范围，因为定义变量 iNumber1 在 main 函数中，所以 iNumber1 的范围是在整个 main 函数体中。而 iNumber2 定义在第一个 if 语句块中，因此它的使用范围就是在第一个 if 语句块内。变量 iNumber3 在最内部的嵌套层，因此使用范围只在最里面的 if 语句块中。

从上面的描述中可以看到，一个局部变量的作用范围可以由包含变量的一对大括号所限定，这样就可以更好地观察出局部变量的作用域。

运行程序，显示效果如图 9-28 所示。

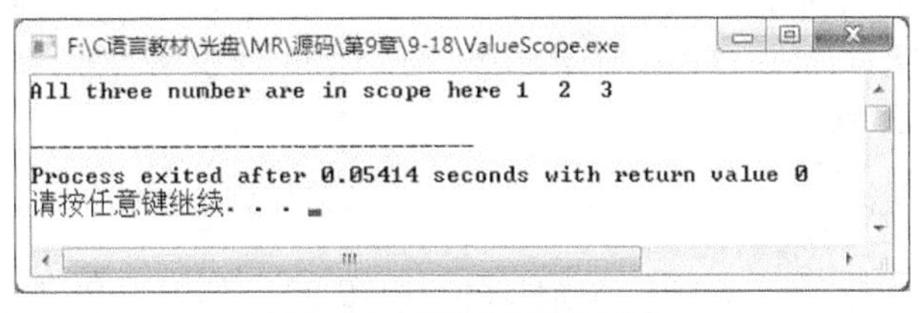

图 9-28　局部变量的作用域

在 C 语言中位于不同作用域的变量可以使用相同的标识符，也就是可以为变量起相同的名称。此时读者朋友们有没有想到这样一种情况，如果内层作用域中定义的变量和已经声明的某个外层作用域中的变量有相同的名称，在内层中使用这个变量名，那么此时这个变量名表示的是外层变量还是内层变量呢？答案是：内层作用域中的变量将屏蔽外层作用域中的那个变量，直到结束内层作用域为止。这就是局部变量的屏蔽作用。

【例 9-19】 局部变量的屏蔽作用。

在本实例中，不同的语句块中定义了 3 个相同名称的变量，通过输出变量值来演示有关局部变量的屏蔽作用效果。

```
#include<stdio.h>
```

```
int main()                                  /*主函数main*/
{
    int iNumber1=1;                         /*在第一个iNumber1定义位置*/
    printf("%d\n",iNumber1);                /*输出变量值*/

    if(iNumber1>0)
    {
     int iNumber1=2;                        /*在第二个iNumber1定义位置*/
     printf("%d\n",iNumber1);               /*输出变量值*/

     if(iNumber1>0)
     {
          int iNumber1=3;                   /*在第3个iNumber1定义位置*/
          printf("%d\n",iNumber1);          /*输出变量值*/
     }

     printf("%d\n",iNumber1);               /*输出变量值*/
    }

    printf("%d\n",iNumber1);                /*输出变量值*/
    return 0;
}
```

通过运行程序对得到的显示结果进行分析如下。

（1）在主函数 main 中，定义了第一个整型变量 iNumber，将其赋值为 1，赋值之后使用 printf 函数进行输出变量 iNumber。在程序的运行结果中可以看到，此时 iNumber 的值为 1。

（2）使用 if 语句进行判断，这里使用 if 语句的目的在于划分出一段语句块。因为位于不同作用域的变量可以使用相同的标识符，所以在 if 语句块中也定义一个 iNumber 变量，并将其赋值为 2。再次使用 printf 函数输出变量 iNumber 的操作，观察一下程序的运行结果，发现第二个输出的值为 2。此时值为 2 的变量在此作用域中就将值为 1 的变量屏蔽掉。

（3）在 if 语句中再次进行嵌套，其嵌套语句中定义相同标识符的 iNumber 变量，为了进行区分，将其赋值为 3。调用 printf 函数输出变量 iNumber，从程序运行的结果可以看出显示结果为 3。由此看出值为 3 的变量将值为 2 与 1 的两个变量都进行了屏蔽。

（4）在最深层嵌套的 if 语句结束之后，使用 printf 函数进行输出，发现此时显示的值为 2。由此说明此时已经不在值为 3 的变量作用域范围，而在值为 2 的作用域范围。

（5）当 if 语句结束之后，输出变量值，此时显示的变量值为 1，说明离开了值为 2 的作用域范围，不再对值为 1 的变量产生变量的屏蔽作用。

运行程序，显示效果如图 9-29 所示。

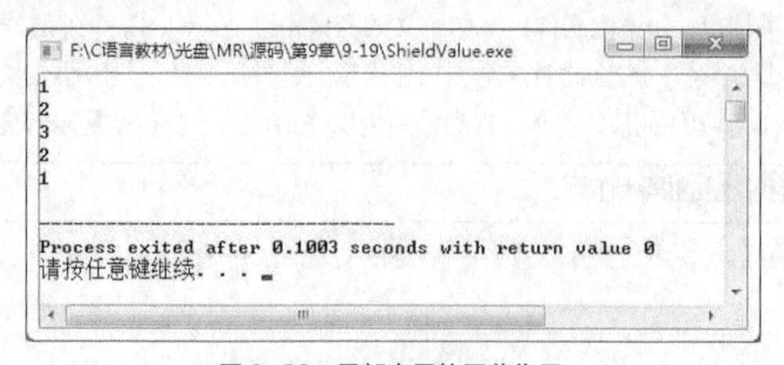

图 9-29　局部变量的屏蔽作用

9.7.2 全局变量

全局变量

程序的编译单位是源文件，通过上文的介绍可以了解到在函数中定义的变量称为局部变量。如果一个变量在所有函数的外部声明，这个变量就是全局变量。顾名思义，全局变量是可以在程序中的任何位置进行访问的变量。

全局变量不属于某个函数，而属于整个源文件。但是如果外部文件要进行使用，则要用 extern 关键字进行引用修饰。

定义全局变量的作用是增加函数间数据联系的渠道。由于同一个文件中的所有函数都能引用全局变量的值，因此如果在一个函数中改变了全局变量的值，就能影响到其他函数，相当于各个函数间有直接传递通道。

例如，有一家全国连锁商店机构，商店所使用的价格是全国统一的。全国各地有很多这样的连锁商店，当进行价格调整时，应该确保每一家连锁商店的价格是相同的。全局变量就像其中所要设定的价格，而函数就像每一家连锁店，当全局变量进行修改时，那么函数中使用的该变量都被更改。

为了使读者更为清楚地掌握其概念，使用下面的实例模拟上面的比喻进行理解和分析。

【例 9-20】 使用全局变量模拟价格调整。

在本程序中，使用全局变量模拟连锁店全国价格调整，使用函数表示连锁店，并在函数中输出一条消息，表示连锁店中的价格。

```
#include<stdio.h>

int iGlobalPrice=100;                          /*设定商店的初始价格*/

void Store1Price();                            /*声明函数，代表第一个连锁店*/
void Store2Price();                            /*代表第二个连锁店*/
void Store3Price();                            /*代表第3个连锁店*/
void ChangePrice();                            /*更改连锁店的统一价格*/

int main()
{
     /*先显示价格改变之前所有连锁店的价格*/
     printf("the chain store's original price is : %d\n",iGlobalPrice);
     Store1Price();                            /*显示1号连锁店的价格*/
     Store2Price();                            /*显示2号连锁店的价格*/
     Store3Price();                            /*显示3号连锁店的价格*/
     /*调用函数，改变连锁店的价格*/
     ChangePrice();
     /*显示提示，显示修改后的价格*/
     printf("the chain store's   present price is : %d\n",iGlobalPrice);
     Store1Price();                            /*显示1号连锁店的当前价格*/
     Store2Price();                            /*显示2号连锁店的当前价格*/
     Store3Price();                            /*显示3号连锁店的当前价格*/
     return 0;
}
/*定义1号连锁店的价格函数*/
```

```
void Store1Price()
{
	printf("store1's price is : %d\n",iGlobalPrice);
}
/*定义2号连锁店的价格函数*/
void Store2Price()
{
	printf("store2's price is : %d\n",iGlobalPrice);
}
/*定义3号连锁店的价格函数*/
void Store3Price()
{
	printf("store3's price is : %d\n",iGlobalPrice);
}
/*定义更改连锁店价格函数*/
void ChangePrice()
{
	printf("What price do you want to change?   the price is: ");
	scanf("%d",&iGlobalPrice);
}
```

（1）在程序中，定义了一个全局变量 iGlobalPrice 来表示所有连锁店的价格，为了可以形成对比，初始化值为 100。定义的一种函数代表连锁店的价格，例如 Store1Price 代表 1 号连锁店；定义的另一种函数用来改变全局变量的值，也就代表了对所有连锁店进行调价。

（2）主函数 main 中，首先是将连锁店的先前价格进行显示，之后通过一条信息提示更改 iGlobal 变量。当全局变量被修改后，将所有连锁店当前的价格再进行输出和对比。

（3）通过这个程序的运行结果可以看出，全局变量增加了函数间数据联系的渠道，当修改一个全局变量时，所有函数中的该变量都会改变。

运行程序，显示效果如图 9-30 所示。

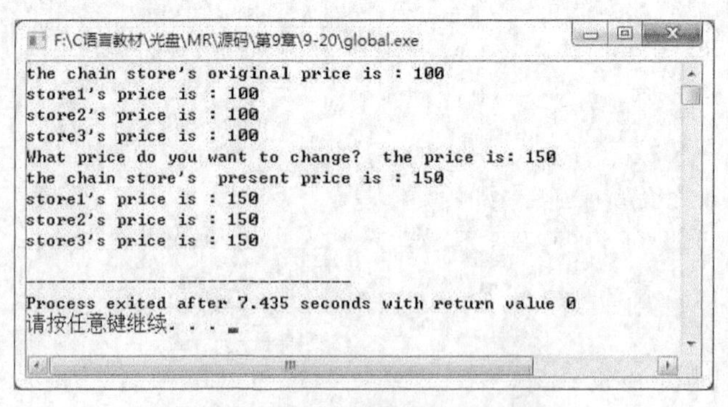

图 9-30　使用全局变量模拟价格调整

9.8　函数应用

为了使用户快速编写程序，编译系统都会提供一些库函数。不同的编译系统所提供的库函数可能不完全相同，其中可能函数名称相同但是实现的功能不同，也有可能实现统一功能但是函数的名称却不同。ANSI C 标准建议提供的标准库函数包括了目前多数

C编译系统所提供的库函数，下面就介绍一部分常用的库函数。

在程序中经常会使用一些数学的运算或者公式，这里首先介绍有关数学的常用函数。

1. abs函数

该函数的功能是：求整数的绝对值。函数定义如下：

```
int abs(int i);
```

例如，求一个负数的绝对值的方法如下：

```
int iAbsoluteNumber;                    /*定义整数*/
int iNumber = -12;                      /*定义整数，为其赋值为-12*/
iAbsoluteNumber=abs(iNumber);           /*将iNumber的绝对值赋给iAbsoluteNumber变量*/
```

在使用数学函数时，要为程序添加头文件#include<math.h>。

2. labs函数

该函数的功能是：求长整数的绝对值。函数定义如下：

```
long labs(long n);
```

例如，求一个长整型的绝对值的方法如下：

```
long lResult;                           /*定义长整型*/
long lNumber = -1234567890L;            /*定义长整型，为其赋值为-1234567890*/
lResult= labs(lNumber);                 /*将lNumber的绝对值赋给iResult变量*/
```

3. fabs函数

该函数的功能是：返回浮点数的绝对值。函数定义如下：

```
double fabs(double x);
```

例如，求一个实型的绝对值的方法如下：

```
double fFloatResult;                    /*定义实型变量*/
double fNumber = -1234.0;               /*定义实型变量，为其赋值为-1234.0*/
fFloatResult= fabs(fNumber);            /*将fNumber的绝对值赋给fResult变量*/
```

【例9-21】 数学库函数使用。

在本实例中，将上述介绍的3个库函数放在一起，通过调用函数，观察函数的作用。

```
#include<stdio.h>
#include<math.h>                             /*包含头文件math.h*/
int main()
{
    int iAbsoluteNumber;                     /*定义整数*/
    int iNumber = -12;                       /*定义整数，为其赋值为-12*/
    long lResult;                            /*定义长整型*/
    long lNumber = -1234567890L;             /*定义长整型，为其赋值为-1234567890*/
    double fFloatResult;                     /*定义浮点型*/
    double fNumber = -123.1;                 /*定义浮点型，为其赋值为-1234.0*/

    iAbsoluteNumber=abs(iNumber);            /*将iNumber的绝对值赋给iAbsoluteNumber变量*/
    iResult= labs(lNumber);                  /*将lNumber的绝对值赋给iResult变量*/
    fFloatResult= fabs(fNumber);             /*将fNumber的绝对值赋给fFloatResult变量*/

    /*输出原来的数字，然后将得到的绝对值进行输出*/
    printf("the original number is: %d, the absolute is: %d\n",iNumber,iAbsoluteNumber);
```

```
        printf("the original number is: %ld, the absolute is: %ld\n",lNumber,lResult);
        printf("the original number is: %lf, the absolute is: %lf\n",fNumber,fFloatResult);

        return 0;
}
```

上述程序代码通过使用数学函数，求取已经赋值完成的变量，并将得到的数值存储在其他变量中，最后使用输出函数将原来的数值和求取后的数值都进行输出。

运行程序，显示效果如图 9-31 所示。

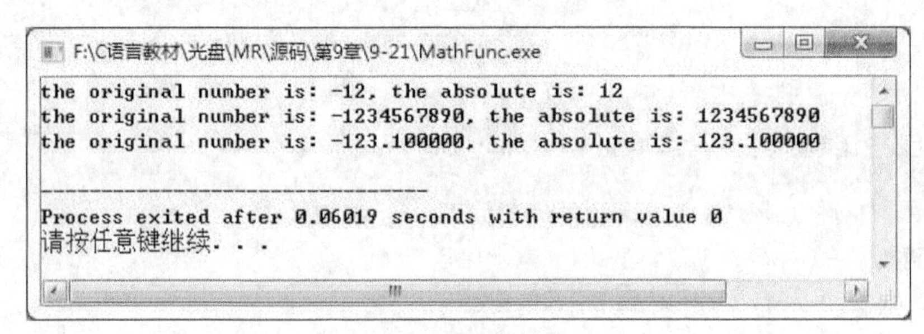

图 9-31　数学库函数使用

4. sin 函数

该函数的功能是：正弦函数。函数定义如下：

```
double sin(double x);
```

例如，求正弦值的方法如下：

```
double fResultSin;                          /*定义实型变量*/
double fXsin = 0.5;                         /*定义实型变量，并进行赋值*/
fResultSin = sin(fXsin);                    /*使用正弦函数*/
```

5. cos 函数

该函数的功能是：余弦函数。函数定义如下：

```
double cos(double x);
```

例如，求余弦值的方法如下：

```
double fResultCos;                          /*定义实型变量*/
double fXcos = 0.5;                         /*定义实型变量，为其赋值为0.5*/
fResultCos = cos(fXcos);                    /*调用余弦函数*/
```

6. tan 函数

该函数的功能是：正切函数。函数定义如下：

```
double tan(double x);
```

例如，求正切值的方法如下：

```
double fResultTan;                          /*定义实型变量*/
double fXtan = 0.5;                         /*定义实型变量，为其赋值为0.5*/
fResultTan = tan(fXtan);                    /*调用正切函数*/
```

【例 9-22】 使用三角函数。

在本程序中，利用库函数中的数学函数解决有关三角运算的问题。

```
#include<stdio.h>
#include<math.h>                            /*包含头文件math.h*/

int main()
```

（3）asctime（）函数

```
char *asctime(struct tm *p)
```

该函数的作用是返回指向一个字符串的指针。p 指针所指向的结构中的时间信息被转换成如下格式：

星期　月　日　小时：分：秒　年

该函数的原型在 time.h 中。

习题

9-1　定义一个标识符为 Max 函数，其函数功能是判断两个整数的大小，并将较大的整数显示出来。

9-2　有一个一维数组 Score，存放 10 个元素代表 10 个学生的成绩。要求设计函数，其中将数组名作为函数的参数，函数功能是求出这 10 个学生的平均成绩。

9-3　编写一个判断素数的函数，实现输入一个整数，使用判断素数的函数进行判断，然后输出是否是素数的信息。

9-4　有 5 个人坐在一起，问第五个人多少岁？他说比第 4 个人大 2 岁。问第 4 个人岁数，他说比第 3 个人大 2 岁。问第三个人，又说比第 2 人大两岁。问第 2 个人，说比第 1 个人大两岁。最后问第 1 个人，他说是 10 岁。编写程序当输入第几个人时求出其对应年龄。

9-5　A、B、C、D、E 五个人在某天夜里合伙去捕鱼，到第二天凌晨时都疲惫不堪，于是各自找地方睡觉。第二天，A 第一个醒来，他将鱼分成五份，把多余的一条鱼扔掉，拿走自己的一份。B 第二个醒来，也将鱼分为五份，把多余的一条扔掉，拿走自己的一份，C、D、E 依次醒来，也按同样的方法拿鱼。问他们合伙至少捕了多少条鱼？

PART10

第10章

指针

本章要点：

- 掌握指针的相关概念
- 掌握指针与数组之间的关系
- 掌握指向指针的指针
- 掌握如何使用指针变量作函数参数
- 了解main函数的参数

■ 指针是 C 语言的一个重要组成部分，是C 语言的核心、精髓所在，用好指针可以在C 语言编程中起到事半功倍的效果。一方面，可以提高程序的编译效率和执行速度以及实现动态的存储分配；另一方面，使用指针可使程序更灵活，便于表示各种数据结构，编写高质量的程序。

10.1 指针相关概念

10.1.1 地址与指针

系统的内存就好比是带有编号的小房间，如果想使用内存就需要得到房间编号。图10-1定义了一个整型变量i，整型变量需要4个字节，所以编译器为变量i分配的编号为1000～1003。

什么是地址？地址就是内存区中对每个字节的编号，图10-1所示的1000、1001、1002和1003就是地址，为了进一步说明来看图10-2。

图10-2所示的1000、1004等就是内存单元的地址，而0、1就是内存单元的内容，换种说法就是基本整型变量i在内存中的地址从1000开始。因为基本整型占4个字节，所以变量j在内存中的起始地址为1004，变量i的内容是0。

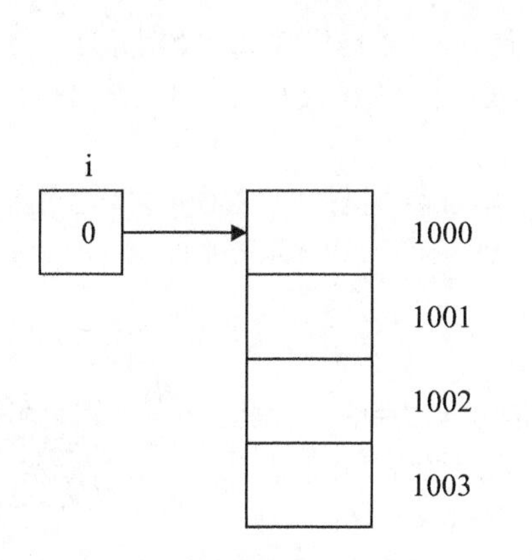

图10-1 变量在内存中的存储

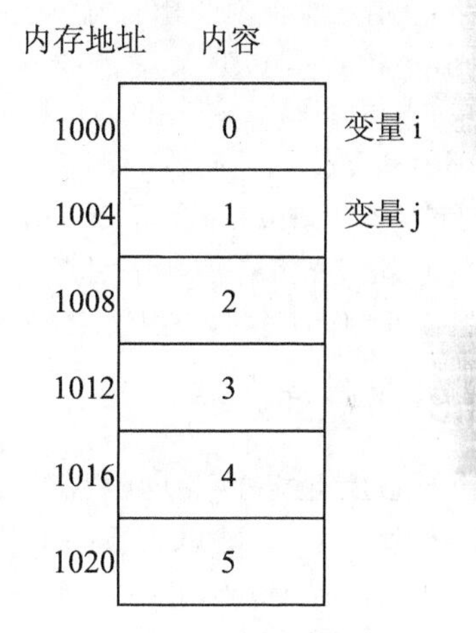

图10-2 变量存放

那么指针又是什么呢？这里仅将指针看作是内存中的一个地址，多数情况下，这个地址是内存中另一个变量的位置，如图10-3所示。

在程序中定义了一个变量，在进行编译时就会给该变量在内存中分配一个地址，通过访问这个地址可以找到所需的变量，这个变量的地址称为该变量的“指针”。图10-3所示的地址1000是变量i的指针。

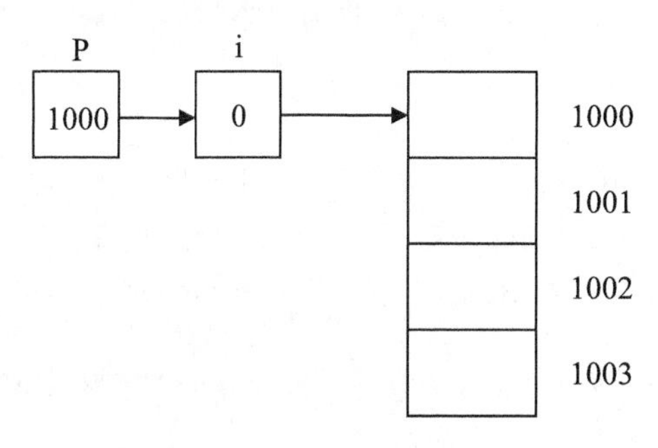

图10-3 指针

10.1.2 变量与指针

变量与指针

变量的地址是变量和指针二者之间连接的纽带，如果一个变量包含了另一个变量的地址，则可以理解成第一个变量指向第二个变量。所谓“指向”就是通过地址来体现的。因为指针变量是指向一个变量的地址，所以将一个变量的地址值赋给这个指针变量后，这个指针变量就“指向”了该变量。例如，将变量 i 的地址存放到指针变量 p 中，p 就指向 i，其关系如图 10-4 所示。

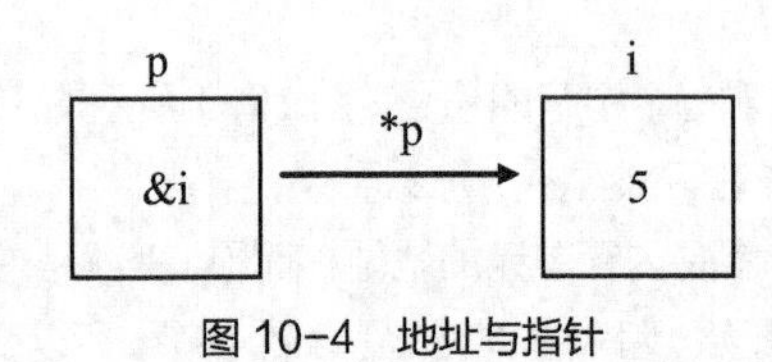

图 10-4　地址与指针

在程序代码中是通过变量名对内存单元进行存取操作的，但是代码经过编译后已经将变量名转换为该变量在内存中的存放地址，对变量值的存取都是通过地址进行的。如对图 10-2 所示的变量 i 和变量 j 进行如下操作：

```
i+j;
```

其含义是：根据变量名与地址的对应关系，找到变量 i 的地址 1000，然后从 1000 开始读取 4 个字节数据放到 CPU 寄存器中，再找到变量 j 的地址 1004，从 1004 开始读取 4 个字节的数据放到 CPU 的另一个寄存器中，通过 CPU 的加法中断计算出结果。

在低级语言的汇编语言中都是直接通过地址来访问内存单元的，在高级语言中一般使用变量名访问内存单元，但 C 语言作为高级语言提供了通过地址来访问内存单元的方式。

10.1.3 指针变量

指针变量

由于通过地址能访问指定的内存存储单元，可以说地址“指向”该内存单元。地址可以形象地称为指针，意思是通过指针能找到内存单元。一个变量的地址称为该变量的指针。如果有一个变量专门用来存放另一个变量的地址，它就是指针变量。在 C 语言中有专门用来存放内存单元地址的变量类型，即指针类型。下面将针对如何定义一个指针变量，如何为一个指针变量赋值及如何引用指针变量这 3 方面内容加以介绍。

1. 指针变量的一般形式

如果有一个变量专门用来存放另一变量的地址，则它称为指针变量。图 10-4 所示的 p 就是一个指针变量。如果一个变量包含指针（指针等同于一个变量的地址），则必须对它进行说明。定义指针变量的一般形式如下：

```
类型说明 * 变量名
```

其中，“*”表示该变量是一个指针变量，变量名即为定义的指针变量名，类型说明表示本指针变量所指向的变量的数据类型。

2. 指针变量的赋值

指针变量同普通变量一样，使用之前不仅需要定义，而且必须赋予具体的值。未经赋值的指针变量不能使用。给指针变量所赋的值与给其他变量所赋的值不同，给指针变量的赋值只能赋予地址，而不能赋予任何其他数据，否则将引起错误。C 语言中提供了地址运算符&来表示变量的地址。其一般形式为：

```
& 变量名;
```

如&a 表示变量 a 的地址，&b 表示变量 b 的地址。给一个指针变量赋值可以有以下两种方法。

（1）定义指针变量的同时就进行赋值，例如：

```
int a;
```

```
int *p=&a;
```

（2）先定义指针变量之后再赋值，例如：

```
int a;
int *p;
p=&a;
```

注意这两种赋值语句的区别，如果在定义完指针变量之后再赋值注意不要加“*”。

【例 10-1】 从键盘中输入两个数，利用指针的方法将这两个数输出。

```
#include<stdio.h>
main()
{
    int a, b;
    int *ipointer1,  *ipointer2;                /*声明两个指针变量*/
    scanf("%d,%d", &a, &b);                     /*输入两个数*/
    ipointer1 = &a;
    ipointer2 = &b;                             /*将地址赋给指针变量*/
    printf("The number is:%d,%d\n", *ipointer1, *ipointer2);
}
```

运行程序，显示效果如图 10-5 所示。

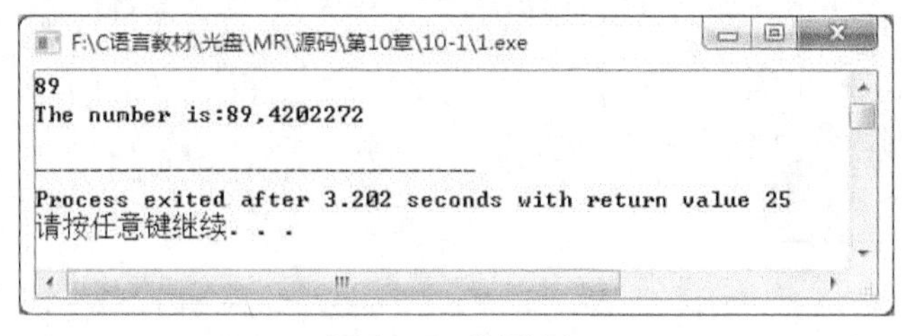

图 10-5　数据输出

通过实例 10-1 可以发现程序中采用的赋值方式是上述第二种方法，即先定义再赋值。

这里强调一点，即不允许把一个数赋予指针变量，例如：

```
int *p;
p=1002;
```

这样写是错误的。

3. 指针变量的引用

引用指针变量是对变量进行间接访问的一种形式。对指针变量的引用形式如下：

```
*指针变量
```

其含义是引用指针变量所指向的值。

【例 10-2】 利用指针变量实现数据的输入和输出。

```
#include<stdio.h>
main()
{
    int *p,q;
    printf("please input:\n");
```

```
    scanf("%d",&q);                          /*输入一个整型数据*/
    p = &q;
    printf("the number is:\n");
    printf("%d\n",*p);                       /*输出变量的值*/
}
```

运行程序，显示效果如图 10-6 所示。

```
F:\C语言教材\光盘\MR\源码\第10章\10-2\2.exe
please input:
86
the number is:
86

--------------------------------
Process exited after 9.925 seconds with return value 3
请按任意键继续. . .
```

图 10-6　指针变量应用

可将上述程序修改成如下形式：

```
#include<stdio.h>
main()
{
    int *p,q;
    p=&q;
    printf("please input:\n");
    scanf("%d",p);
    printf("the number is:\n");
    printf("%d\n",q);                                 /*输出变量的地址*/
}
```

运行结果完全相同。

4. “&”和“*”运算符

在前面介绍指针变量的过程中用到了“&”和“*”两个运算符，运算符&是一个返回操作数地址的单目运算符，叫作取地址运算符，例如：

```
p=&i;
```

就是将变量 i 的内存地址赋给 p，这个地址是该变量在计算机内部的存储位置。

运算符“*”是单目运算符，叫做指针运算符，作用是返回指定的地址内的变量的值。如前面提到过 p 中装有变量 i 的内存地址，则：

```
q=*p;
```

就是将变量 i 的值赋给 q，假如变量 i 的值是 5，则 q 的值也是 5。

5. “&*”和“*&”的区别

如果有如下语句：

```
int a;
p=&a;
```

下面通过以上两条语句来分析“&”” 和“*&”的区别，“&”和“*”的运算符优先级别相同，按自右而左的方向结合。因此“&*p”先进行“*”运算，“*p”相当于变量 a；再进行“&”运算，“&*p”就相当于取变量 a 的地址。“*&a”先进行“&”运算，“&a”就是取变量 a 的地址，然后执行“*”运算，“*&a”就相当于取变量 a 所在地址的值，实际就是变量 a。下面通过两个实例来具体介绍。

【例 10-3】“&*”的应用。

```
#include<stdio.h>
main()
{
    long i;
    long *p;
    printf("please input the number:\n");
    scanf("%ld",&i);
    p=&i;
    printf("the result1 is: %ld\n",&*p);                /*输出变量i的地址*/
    printf("the result2 is: %ld\n",&i);                 /*输出变量I的地址*/
}
```

运行程序，显示效果如图 10-7 所示。

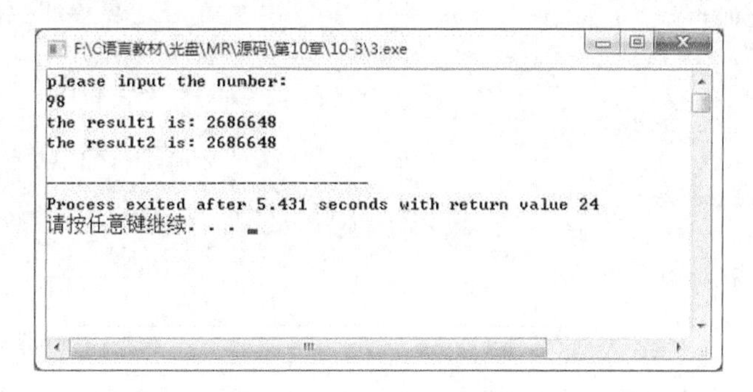

图 10-7　“&*”的应用

【例 10-4】“*&”的应用。

```
#include<stdio.h>
main()
{
    long i;
    long *p;
    printf("please input the number:\n");
    scanf("%ld",&i);
    p=&i;
    printf("the result1 is: %ld\n",*&i);            /*输出变量i的值*/
    printf("the result2 is: %ld\n",i);              /*输入变量i的值*/
    printf("the result3 is: %ld\n",*p);             /*使用指针形式输出i的值*/
}
```

运行程序，显示效果如图 10-8 所示。

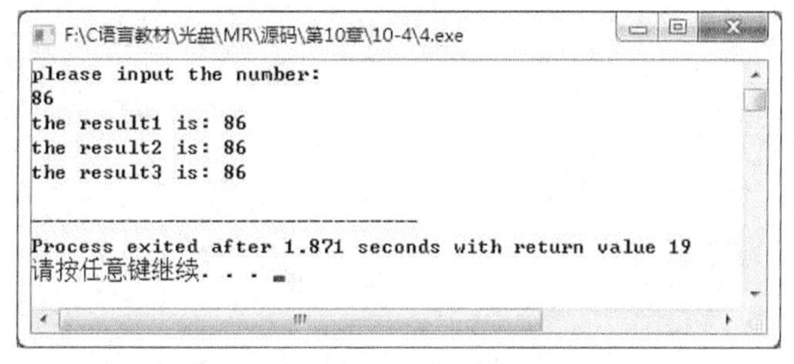

图 10-8　“*&”的应用

10.1.4 指针自加自减运算

指针自加自减运算

指针的自加自减运算不同于普通变量的自加自减运算，也就是说并非简单地加 1 减 1，这里通过下面的实例进行具体分析。

【例 10-5】 整型变量地址输出。

```
#include<stdio.h>
main()
{
    int i;
    int *p;
    printf("please input the number:\n");
    scanf("%d",&i);
    p=&i;                                    /*将变量i的地址赋给指针变量*/
    printf("the result1 is: %d\n",p);
    p++;                                     /*地址加1，这里的1并不代表一个字节*/
    printf("the result2 is: %d\n",p);
}
```

运行程序，显示效果如图 10-9 所示。

```
F:\C语言教材\光盘\MR\源码\第10章\10-5\5.exe
please input the number:
36
the result1 is: 2686648
the result2 is: 2686652

--------------------------------
Process exited after 2.313 seconds with return value 24
请按任意键继续. . .
```

图 10-9 整型变量地址输出

若将实例 10-5 改成：

```
#include<stdio.h>
main()
{
    short i;
    short *p;
    printf("please input the number:\n");
    scanf("%d",&i);
    p=&i;                                    /*将变量i的地址赋给指针变量*/
    printf("the result1 is: %d\n",p);
    p++;                                     /*地址加1，这里的1并不代表一个字节*/
    printf("the result2 is: %d\n",p);
}
```

运行程序，显示效果如图 10-10 所示。

```
        for(i=0;i<5;i++)
            printf("%5d",*p++);
        printf("\n");
        printf("array b is:\n");
        for(i=0;i<5;i++)
            printf("%5d",*q++);
        printf("\n");
}
```

比较上面两个程序会发现，如果在给数组元素赋值时使用了如下语句：

```
printf("please input array a:\n");
for(i=0;i<5;i++)
        scanf("%d",p++);
printf("please input array b:\n");
for(i=0;i<5;i++)
        scanf("%d",q++);
```

而且在输出数组元素时需要使用指针变量，则需加上如下语句；

```
p=a;
q=b;
```

这两个语句的作用是将指针变量 p 和 q 重新指向数组 a 和数组 b 在内存中的起始位置。若没有该语句，而直接使用*p++的方法进行输出，则此时将会产生错误。

10.2.2 二维数组与指针

二维数组与指针

定义一个 3 行 5 列的二维数组，其在内存中的存储形式如图 10-15 所示。

从图 10-15 中可以看到几种表示二维数组中元素地址的方法，下面逐一进行介绍。

- &a[0][0]既可以看作数组 0 行 0 列的首地址，也可以看作二维数组的首地址。&a[m][n]就是第 m 行 n 列元素的地址。
- a[0]+n 表示第 0 行第 n 个元素的地址。

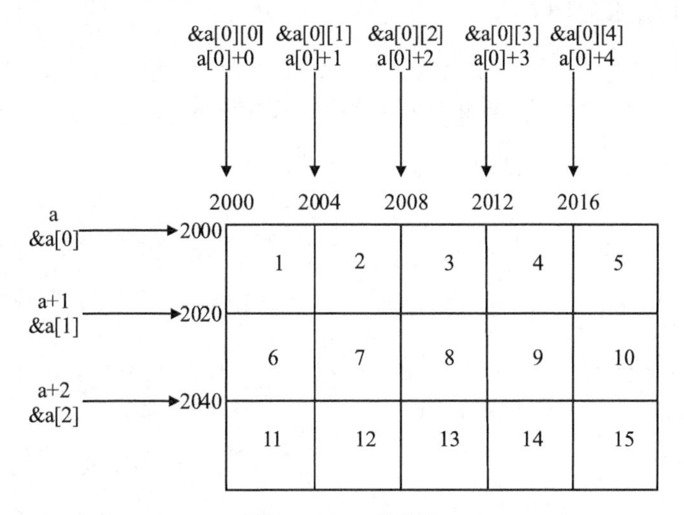

图 10-15 二维数组

【例 10-7】 利用指针对二维数组进行输入和输出。

```
#include<stdio.h>
```

```
main()
{
        int a[3][5],i,j;
        printf("please input:\n");
        for(i=0;i<3;i++)                                    /*控制二维数组的行数*/
        {
            for(j=0;j<5;j++)                                /*控制二维数组的列数*/
            {
                    scanf("%d",a[i]+j);                     /*给二维数组元素赋初值*/
            }
        }
        printf("the array is:\n");
        for(i=0;i<3;i++)
        {
            for(j=0;j<5;j++)
            {
                    printf("%5d",*(a[i]+j));                /*输出数组中元素*/
            }
            printf("\n");
        }
}
```

运行程序，显示效果如图 10-16 所示。

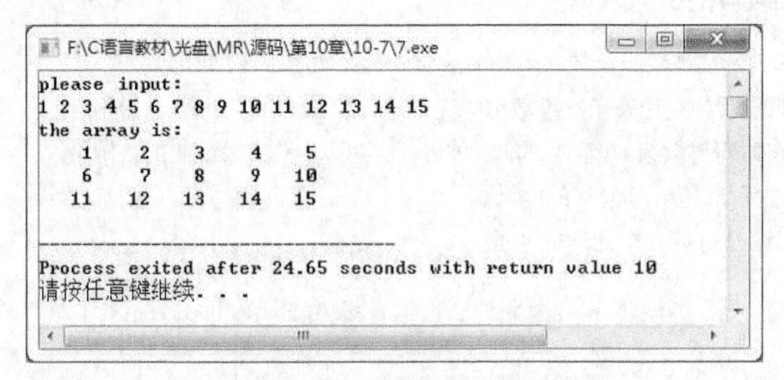

图 10-16　二维数组的输入和输出

在运行结果仍相同的前提下还可将程序改写成如下形式：

```
#include<stdio.h>
main()
{
        int a[3][5],i,j,*p;
        p=a[0];
        printf("please input:\n");
        for(i=0;i<3;i++)                                /*控制二维数组的行数*/
        {
            for(j=0;j<5;j++)                            /*控制二维数组的列数*/
            {
                    scanf("%d",p++);                    /*为二维数组中的元素赋值*/
            }
        }
        p=a[0];                                         /*p为第一个元素的地址*/
        printf("the array is:\n");
```

```
        for(i=0;i<3;i++)
        {
            for(j=0;j<5;j++)
            {
                printf("%5d",*p++);                /*输出二维数组中的元素*/
            }
            printf("\n");
        }
}
```

- &a[0]是第 0 行的首地址，当然&a[n]就是第 *n* 行的首地址。

【例 10-8】 将一个 3 行 5 列的二维数组的第 3 行元素输出。

```
#include<stdio.h>
main()
{
    int a[3][5],i,j,(*p)[5];
    p=&a[0];
    printf("please input:\n");
    for(i=0;i<3;i++)                              /*控制二维数组的行数*/
     for(j=0;j<5;j++)                             /*控制二维数组的列数*/
        scanf("%d",(*(p+i))+j);                   /*为二维数组中的元素赋值*/
     p=&a[2];                                     /*p为第一个元素的地址*/
     printf("the third line is:\n");
        for(j=0;j<5;j++)
            printf("%5d",*((*p)+j));              /*输出二维数组中的元素*/
        printf("\n");
}
```

运行程序，显示效果如图 10-17 所示。

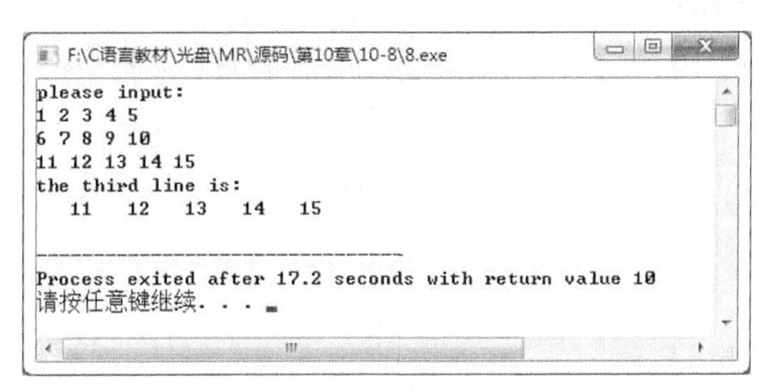

图 10-17 输出第 3 行元素

- a+n 表示第 *n* 行的首地址。

【例 10-9】 将一个 3 行 5 列的二维数组的第二行元素输出。

```
#include<stdio.h>
main()
{
    int a[3][5],i,j;
    printf("please input:\n");
    for(i=0;i<3;i++)                              /*控制二维数组的行数*/
```

```
        for(j=0;j<5;j++)                              /*控制二维数组的列数*/
            scanf("%d",*(a+i)+j);                     /*为二维数组中的元素赋值*/
            /*p为第一个元素的地址*/
        printf("the second line is:\n");
        for(j=0;j<5;j++)
                printf("%5d",*(*(a+1)+j));            /*输出二维数组中的元素*/
            printf("\n");
}
```

运行程序，显示效果如图 10-18 所示。

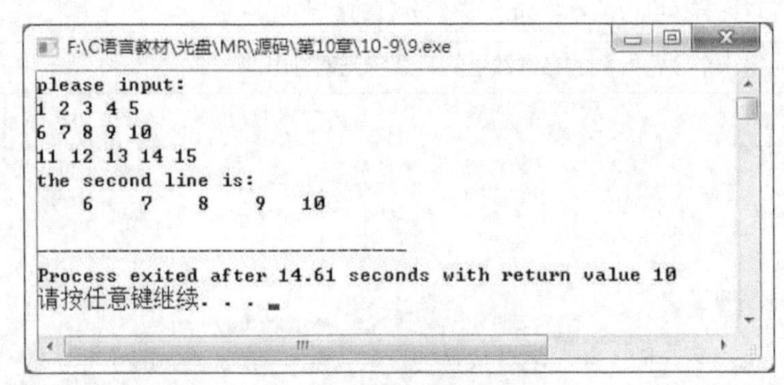

图 10-18 输出第二行元素

前面讲过了如何利用指针来引用一维数组，这里在一维数组的基础上介绍如何通过指针来引用一个二维数组中的元素。

- *(*(a+n)+m)表示第 *n* 行第 *m* 列元素。
- *(a[n]+m)表示第 *n* 行第 *m* 列元素。

10.2.3 字符串与指针

访问一个字符串可以通过两种方式，第一种方式就是前面讲过的使用字符数组来存放一个字符串，从而实现对字符串的操作；另一种方式就是下面将要介绍的使用字符指针指向一个字符串，此时可不定义数组。

【例 10-10】 字符型指针应用。

```
#include<stdio.h>
main()
{
        char *string="hello mingri";
        printf("%s",string);                          /*输出字符串*/
}
```

运行程序，显示效果如图 10-19 所示。

实例 10-10 中定义了字符型指针变量 string，用字符串常量“hello mingri”为其赋初值，注意这里并不是把“hello mingri”中的所有字符存放到 string 中，只是把该字符串中的第一个字符的地址赋给指针变量 string，如图 10-20 所示。

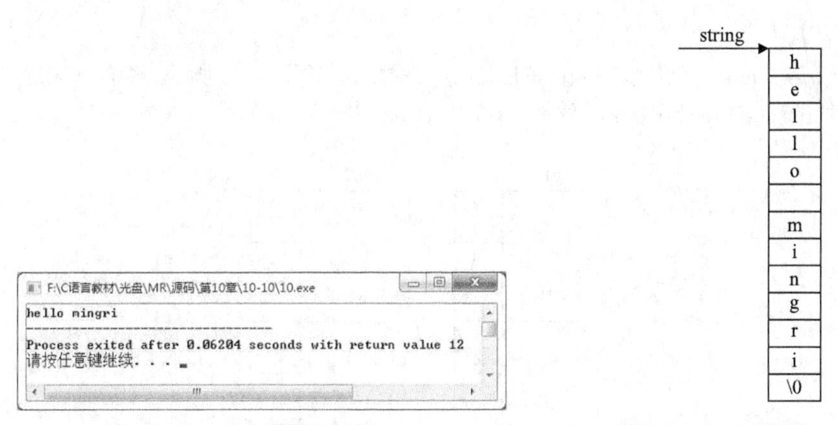

图 10-19　字符型指针应用　　　　图 10-20　字符指针

语句：

```
char *string="hello mingri";
```

等价于下面两条语句：

```
char *string;
string="hello mingri";
```

【例 10-11】 输入两个字符串 a 和 b，将字符串 a 和 b 连接起来。

```
#include<stdio.h>
main()
{
    char str1[ ]="you are beautiful",str2[30],*p1,*p2;
    p1=str1;
    p2=str2;
    while(*p1!='\0')
    {
      *p2=*p1;
      p1++;                                  /*指针移动*/
      p2++;
    }
    *p2='\0';                                /*在字符串的末尾加结束符*/
    printf("Now the string2 is:\n");
    puts(str1);                              /*输出字符串*/
}
```

程序运行结果如图 10-21 所示。

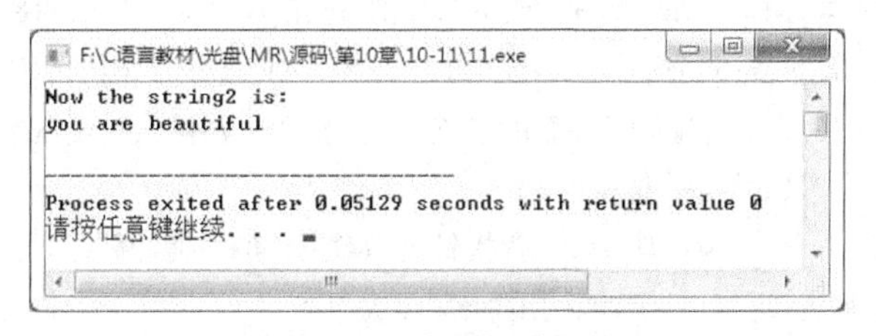

图 10-21　输出第二行元素

【例 10-11】定义了两个指向字符型数据的指针变量。首先让 p1 和 p2 分别指向字符串 a 和字符串 b 的第一个字符的地址。将 p1 所指向的内容赋给 p2 所指向的元素，然后 p1 和 p2 分别加 1，指向下一个元素，直到

*p1 的值为“\0”为止。

这里有一点需要注意，就是 p1 和 p2 的值是同步变化的，如图 10-22 所示。若 p1 处在 p11 的位置，p2 就处在 p21 的位置；若 p1 处在 p12 的位置，p2 就处在 p22 的位置。

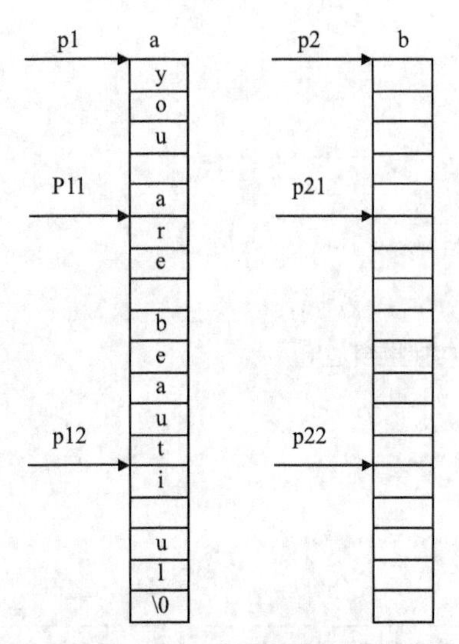

图 10-22　输出第二行元素

10.2.4　字符串数组

前面讲过了字符数组，这里提到的字符串数组有别于字符数组。字符数组是一个一维数组，而字符串数组是以字符串作为数组元素的数组，可以将其看成一个二维字符数组。下面定义一个简单的字符串数组：

```
char country[5][20]=
{
      "China",
      "Japan",
      "Russia",
      "Germany",
      "Switzerland"
}
```

字符型数组变量 country 被定义为含有 5 个字符串的数组，每个字符串的长度要小于 20（这里要考虑字符串最后的“\0”）。

通过观察上面定义的字符串数组可以发现像"China"和"Japan"这样的字符串的长度仅为 5，加上字符串结束符也仅为 6，而内存中却要给它们分别分配一个 20 字节的空间，这样就会造成资源浪费。为了解决这个问题，可以使用指针数组，使每个指针指向所需要的字符常量，这种方法虽然需要在数组中保存字符指针，而且也占用空间，但要远少于字符串数组需要的空间。

那么什么是指针数组？一个数组，其元素均为指针类型数据，称为指针数组。也就是说，指针数组中的每一个元素都相当于一个指针变量。一维指针数组的定义形式如下：

```
类型名 数组名[数组长度]
```

【例 10-12】 输出 12 个月。

```
#include<stdio.h>
```

```
main()
{
    int i;
    char *month[]=
    {
            "January",
            "February",
            "March",
            "April",
            "May",
            "June",
            "July",
            "August",
            "September",
            "October",
            "November",
            "December"
    };                                          /*给指针数组中的元素赋初值*/
    for(i=0;i<12;i++)
        printf("%s\n",month[i]);                /*输出指针数组中的各元素*/
}
```

程序运行结果如图 10-23 所示。

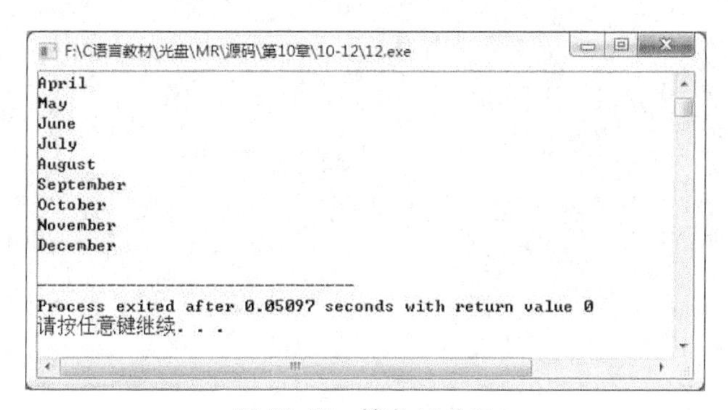

图 10-23　输出 12 个月

10.3　指向指针的指针

一个指针变量可以指向整型变量、实型变量、字符类型变量，当然也可以指向指针类型变量。当这种指针变量用于指向指针类型变量时，则称之为指向指针的指针变量。这种双重指针如图 10-24 所示。

整型变量 i 的地址是&i，将其值传递给指针变量 p1，则 p1 指向 i；同时，将 p1 的地址&p1 传递给 p2，则 p2 指向 p1。这里的 p2 就是前面讲到的指向指针变量的指针变量，即指针的指针。指向指针的指针变量定义如下：

```
类型标识符 **指针变量名;
```

例如：

```
int **p;
```

其含义为定义一个指针变量 p，它指向另一个指针变量，该指针变量又指向一个基本整型变量。由于指针运算符*是自右至左结合，所以上述定义相当于：

```
int *(*p);
```

既然知道了如何定义指向指针的指针，那么可以将图 10-24 用图 10-25 更形象地表示出来。

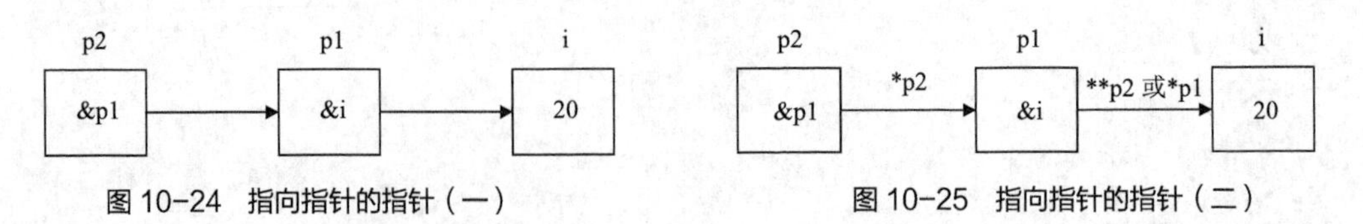

图 10-24　指向指针的指针（一）　　图 10-25　指向指针的指针（二）

下面看一下指向指针变量的指针变量在程序中是如何应用的。

【例 10-13】 使用指向指针的指针输出 12 个月。

```
#include<stdio.h>
main()
{
	int i;
	char **p;
	char *month[]=
	{
			"January",
			"February",
			"March",
			"April",
			"May",
			"June",
			"July",
			"August",
			"September",
			"October",
			"November",
			"December"
	};						/*给指针数组中的元素赋初值*/
	for(i=0;i<12;i++)
	{
	    p=month+i;
	    printf("%s\n",*p);				/*输出指针数组中的各元素*/
	}
}
```

运行程序，显示效果如图 10-26 所示。

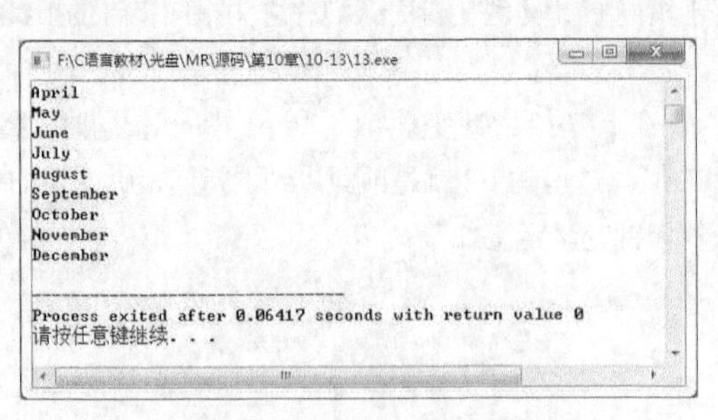

图 10-26　输出 12 个月

函数，当执行 swap(pt1,pt2)时，pt1 也指向了变量 a，pt2 指向了变量 b。这一过程如图 10-31 所示。

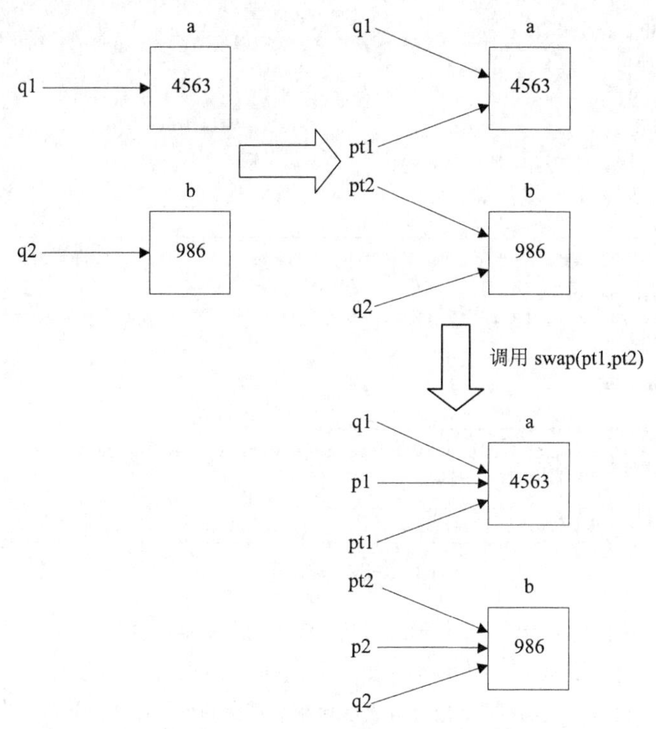

图 10-31　嵌套调用时指针的指向情况

C 语言中实参变量和形参变量之间的数据传递是单向的“值传递”方式。指针变量作函数参数也是如此，调用函数不可能改变实参指针变量的值，但可以改变实参指针变量所指变量的值。

前面介绍了指向数组的指针变量的定义和使用，这里介绍如何使指向数组的指针变量作函数参数。

形式参数和实际参数均为指针变量。

【例 10-17】 任意输入 10 个数据，先将这 10 个数据中是奇数的数据输出，再求这 10 个数据中所有奇数之和。

```
#include<stdio.h>
void SUM(int *p,int n)                          /*自定义函数SUM查找数组中的奇数*/
{
    int i,sum=0;
    printf("the odd:\n");
    for(i=0;i<n;i++)
      if(*(p+i)%2!=0)                           /*判断数组中的元素是否为奇数*/
      {
            printf("%5d",*(p+i));
            sum=sum+*(p+i);
      }
      printf("\n");
      printf("sum:%d\n",sum);
}
main()
{
```

```
    int *pointer,a[10],i;
    pointer=a;                                    /*指针指向数组首地址*/
    printf("please input:\n");
    for(i=0;i<10;i++)
     scanf("%d",&a[i]);
    SUM(pointer,10);                              /*调用SUM函数*/
}
```

运行程序，显示效果如图 10-32 所示。

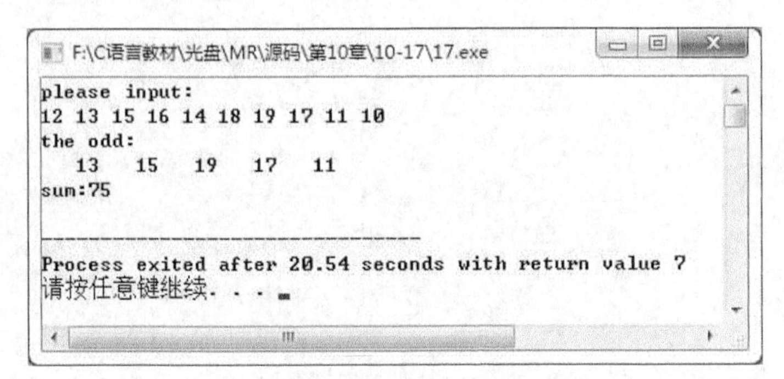

图 10-32　输出奇数

在自定义函数 SUM 中使用了指针变量作形式参数，在主函数中实际参数 pointer 是一个指向一维数组 a 的指针，虚实结合，被调用函数 SUM 中的形式参数 p 得到 pointer 的值，指向了内存中存放的一维数组。

冒泡排序是 C 语言中比较经典的例子，也是读者应该牢牢掌握的一种算法，下面具体分析如何使用指针变量作为函数参数来实现冒泡排序。

【例 10-18】 使用指针实现冒泡排序。

冒泡排序的基本思想：如果要对 n 个数进行冒泡排序，则要进行 n-1 轮比较，在第一轮比较中要进行 n-1 次两两比较，在第 j 轮比较中要进行 n-j 次两两比较。

```
#include<stdio.h>
void order(int *p,int n)
{
    int i,t,j;
    for(i=0;i<n-1;i++)
        for(j=0;j<n-1-i;j++)
            if(*(p+j)>*(p+j+1))                  /*判断相邻两个元素的大小*/
            {
                t=*(p+j);
                *(p+j)=*(p+j+1);
                *(p+j+1)=t;                      /*借助中间变量t进行值互换*/
            }
            printf("排序后的数组:");
            for(i=0;i<n;i++)
            {
                if(i%5==0)                       /*以每行5个元素的形式输出*/
                    printf("\n");
                printf("%5d",*(p+i));            /*输出数组中排序后的元素*/
            }
            printf("\n");
```

```
void main()
{
        int iWidth,iLength,iResult;
        printf("请输入长方形的长:\n");
        scanf("%d",&iLength);
        printf("请输入长方形的宽:\n");
        scanf("%d",&iWidth);
        iResult=per(iWidth,iLength);
        printf("长方形的周长是:");
        printf("%d\n",iResult);
}

int per(int a,int b)
{
        return (a+b)*2;
}
```

运行程序，显示效果如图 10-36 所示。

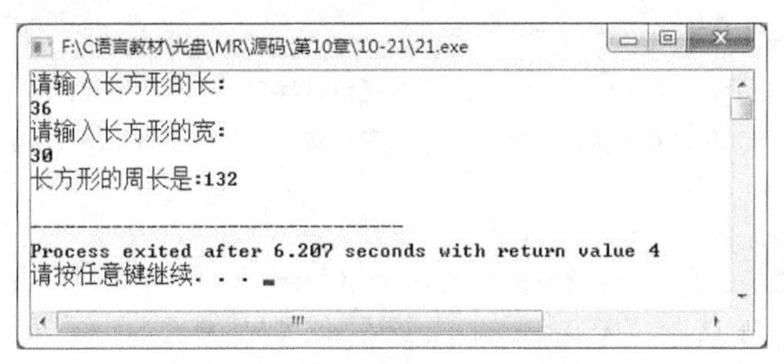

图 10-36　求长方形周长

【例 10-21】中用前面讲过的方式自定义了一个 per 函数，用来求长方形的面积。下面就来看一下在【例 10-21】的基础上如何使用返回值为指针的函数。

```
#include<stdio.h>
int *per(int a,int b);
int Perimeter;
void main()
{
        int iWidth,iLength;
        int *iResult;
        printf("请输入长方形的长:\n");
        scanf("%d",&iLength);
        printf("请输入长方形的宽:\n");
        scanf("%d",&iWidth);
        iResult=per(iWidth,iLength);
        printf("长方形的周长是:");
        printf("%d\n",*iResult);
}

int *per(int a,int b)
{
        int *p;
        p=&Perimeter;
```

```
        Perimeter=(a+b)*2;
        return p;
}
```

程序中自定义了一个返回指针值的函数：

```
int * per(int x,int y)
```

将指向存放着所求长方形周长的变量的指针变量返回。注意这个程序本身并不需要写成这种形式，因为对这种问题这样编写程序并不简便，这么写只是起到讲解的作用。

10.6 指针数组作 main 函数的参数

指针数组作 main 函数的参数

在前面讲过的程序中，几乎都会出现 main 函数。main 函数称为主函数，是所有程序运行的入口。main 函数是由系统调用的，当处于操作命令状态下，输入 main 所在的文件名，系统即调用 main 函数，在前面的内容中，对 main 函数始终作为主调函数进行处理，即允许 main 调用其他函数并传递参数。

main 函数的第一行一般形式如下：

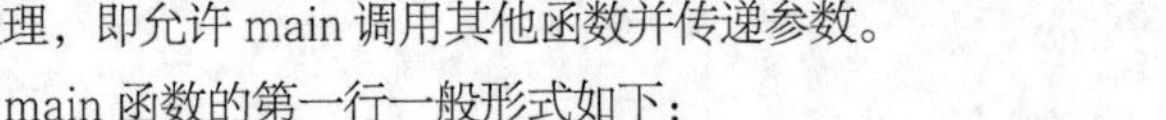

```
main()
```

可以发现 main 函数是没有参数的，那么 main 函数能否有参数呢？实际上 main 函数可以是无参函数，也可以是有参的函数。对于有参的形式来说，就需要向其传递参数。下面先看一下 main 函数的带参的形式：

```
main(int argc,char *argv[])
```

从函数参数的形式上看，包含一个整型和一个指针数组。当一个 C 的源程序经过编译、链接后，会生成扩展名为.exe 的可执行文件，这是可以在操作系统下直接运行的文件。对于 main 函数来说，其实际参数和命令是一起给出的，也就是在一个命令行中包括命令名和需要传给 main 函数的参数。命令行的一般形式为：

```
命令名    参数1    参数2 … 参数n
```

例如：

```
d:\debug\1 hello hi yeah
```

命令行中的命令就是可执行文件的文件名，如语句中的 d:\debug\1，命令名和其后所跟参数之间需用空格分隔。命令行与 main 函数的参数存在如下面介绍的关系。

设命令行为：

```
file1 happy bright glad
```

其中，file1 为文件名，也就是一个由 file1.c 经编译、链接后生成的可执行文件 file1.exe，其后各跟 3 个参数。以上命令行与 main 函数中的形式参数关系如下：

它的参数 argc 记录了命令行中命令与参数的个数（file1、happy、bright、glad），共 4 个，指针数组的大小由参数的值决定，即 char *argv[4]，该指针数组的取值情况如图 10-37 所示。

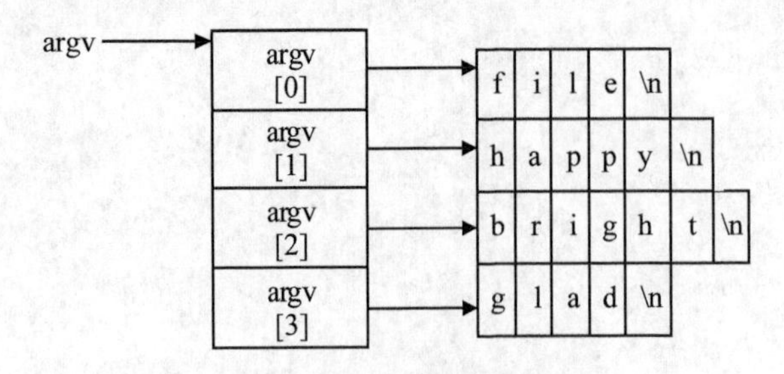

图 10-37 指针数组取值

```
        int iPrice;                              /*价格*/
        char cArea[20];                          /*产地*/
};
```

上面的代码使用关键字 struct 声明一个名为 Product 的结构类型，在结构体中定义的变量是 Product 结构的成员，这些变量表示产品名称、形状、颜色、功能、价格和产地，可以根据结构成员中不同的作用选择与其相对应的类型。

11.1.2 结构体变量的定义

结构体变量的定义

11.1.1 节介绍了如何使用 struct 关键字来构造一个新的类型结构以满足程序的设计要求。要使用构造出来的类型才是构造新类型的目的。

声明一个结构体表示的是创建一种新的类型名，要用新的类型名再定义变量。定义的方式有 3 种。

（1）声明结构体类型，再定义变量。

11.1.1 节中声明的 Product 结构体类型就是先声明结构体类型，然后用 struct Product 定义结构体变量，例如：

```
struct Product product1;
struct Product product2;
```

struct Product 是结构体类型名，而 product1 和 product2 是结构体变量名。既然使用 Product 类型定义变量，那么这两个变量就具有相同的结构。

定义一个基本类型的变量与定义结构体类型变量的不同之处在于：定义结构体变量不仅要求指定变量为结构体类型，而且要求指定为某一特定的结构体类型，如 struct Product；而定义基本类型的变量时（如整型变量），只需要指定 int 型即可。

定义结构体变量后，系统就会为其分配内存单元。例如，product1 和 product2 在内存中各占 84 字节（10+20+10+20+4+20）。

（2）在声明结构类型时，同时定义变量。

这种定义变量的一般形式为：

```
struct 结构体名
{
        成员列表;
}变量名列表 ;
```

可以看到，在一般形式中将定义的变量的名称放在声明结构体的末尾处。但是需要注意的是，变量的名称要放在最后的分号前面。

定义的变量不是只能有一个，可以定义多个变量。

例如使用 struct Product 结构体类型名：

```
struct Product
{
        char cName[10];                          /*产品名称*/
        char cShape[20];                         /*形状*/
```

```
    char cColor[10];                    /*颜色*/
    int iPrice;                         /*价格*/
    char cArea[20];                     /*产地*/
}product1,product2;                     /*定义结构体变量*/
```

这种定义变量的方式与第一种方式相同，即定义了两个 struct Product 类型的变量 product1 和 product2。

（3）直接定义结构体类型变量。

其一般形式为：

```
struct
{
成员列表
}变量名列表;
```

可以看出这种方式没有给出结构体名称，如定义变量 product1 和 product2：

```
struct
{
    char cName[10];                     /*产品名称*/
    char cShape[20];                    /*形状*/
    char cColor[10];                    /*颜色*/
    int iPrice;                         /*价格*/
    char cArea[20];                     /*产地*/
}product1,product2;                     /*定义结构体变量*/
```

以上就是有关定义结构变量的 3 种方法。有关结构体的类型说明如下。

- 类型与变量是不同的。例如只能对变量进行赋值操作，而不能对一个类型进行操作。这就像使用 int 型定义变量 iInt，可以为 iInt 进行赋值，但是不能为 int 进行赋值。在编译时，对类型是不分配空间的，只对变量分配空间。
- 其中结构体的成员也可以是结构体类型的变量，例如：

```
struct date                             /*时间结构*/
{
    int year;                           /*年*/
    int month;                          /*月*/
    int day;                            /*日*/
};

struct student                          /*学生信息结构*/
{
    int num;                            /*学号*/
    char name[30];                      /*姓名*/
    char sex;                           /*性别*/
    int age;                            /*年龄*/
    struct date birthday;               /*出生日期*/
}student1,student2;
```

以上代码声明了一个时间的结构体类型，其中包括年、月、日；还声明了一个学生信息的结构类型，并且定义两个结构体变量 student1 和 student2。在 struct student 结构体类型中，可以看到有一个成员是表示学生的出生日期，使用的是 struct date 结构体类型。

11.1.3 结构体变量的引用

定义结构体类型变量以后，可以引用这个变量。但要注意的是，不能直接将一个结构体变量作为一个整体进行输入和输出。例如，不能将 product1 和 product2 进行以下输出：

11.2.2 初始化结构体数组

初始化结构体数组

与初始化基本类型的数组相同，也可以为结构体数组进行初始化操作。初始化结构体数组的一般形式为：

```
struct 结构体名
{
    成员列表;
}数组名={初始值列表};
```

例如为学生信息结构体数组进行初始化操作：

```
struct Student                                   /*学生结构*/
{
    char cName[20];                              /*姓名*/
    int iNumber;                                 /*学号*/
    char cSex;                                   /*性别*/
    int iGrade;                                  /*年级*/
} student[5]={{"WangJiasheng",12062212,'M',3},
    {"YuLongjiao",12062213,'W',3},
    {"JiangXuehuan",12062214,'W',3},
    {"ZhangMeng",12062215,'W',3},
    {"HanLiang",12062216,'M',3}};                /*定义数组并设置初始值*/
```

为数组进行初始化时，最外层的大括号表示所列出的是数组中的元素。因为每一个元素都是结构类型，所以每一个元素也使用大括号，其中包含每一个结构体元素的成员数据。

在定义数组 student 时，也可以不指定数组中的元素个数，这时编译器会根据数组后面的初始化值列表中给出的元素个数，来确定数组中元素的个数。例如：

```
student[ ]={...};
```

定义结构体数组时，可以先声明结构体类型，再定义结构体数组。同样，为结构体数组进行初始化操作时也可以使用同样的方式，例如：

```
struct student[5]={{"WangJiasheng",12062212,'M',3},
    {"YuLongjiao",12062213,'W',3},
    {"JiangXuehuan",12062214,'W',3},
    {"ZhangMeng",12062215,'W',3},
    {"HanLiang",12062216,'M',3}}
```

【例 11-3】 初始化结构体数组，并输出学生信息。

在本实例中，结构体数组通过初始化的方式保存学生信息。输出查看学生的信息，因为所查看的学生信息是一样的，因此可以使用循环操作。

```
#include<stdio.h>
struct Student                                   /*学生结构*/
{
    char cName[20];                              /*姓名*/
    int  iNumber;                                /*学号*/
    char cSex[20];                               /*性别*/
    int iGrade;                                  /*年级*/
} student[5]={
    {"王家生",12062212,"男",3},
    {"玉龙娇",12062213,"女",3},
    {"姜雪环",12062214,"女",3},
```

```
        {"张萌",12062215,"女",3},
        {"韩亮",12062216,"男",3}
        };                                      /*定义数组并设置初始值*/
int main()
{
    int i;                                      /*循环控制变量*/
    for(i=0;i<5;i++)                            /*使用for语句进行5次循环*/
    {
        printf("NO%d student:\n",i+1);          /*首先输出学生的名次*/
        /*使用变量i做下标，输出数组中的元素数据*/
        printf("Name: %s, Number: %d\n",student[i].cName,student[i].iNumber);
        printf("Sex: %s, Grade: %d\n",student[i].cSex,student[i].iGrade);
        printf("\n");                           /*空格行*/
    }
    return 0;
}
```

（1）将学生所需要的信息声明为 struct Student 结构体类型，同时定义结构体数组 student，并为其初始化数据。需要注意的是，所给出数据的类型要与结构体中的成员变量的类型相符合。

（2）定义的数组包含 5 个元素，输出时使用 for 语句进行循环输出操作。其中定义变量 i 为控制循环操作。因为数组的下标是从 0 开始的，所以为变量 i 赋值为 0。

（3）在 for 语句中，先显示每个学生的输出次序，其中因为 i 的初值为 0，所以要加上 1。之后将数组中的元素所表示的数据输出，这时变量 i 作为数组的下标，然后通过结构体成员的引用得到正确的数据，最后将其输出。

运行程序，显示效果如图 11-6 所示。

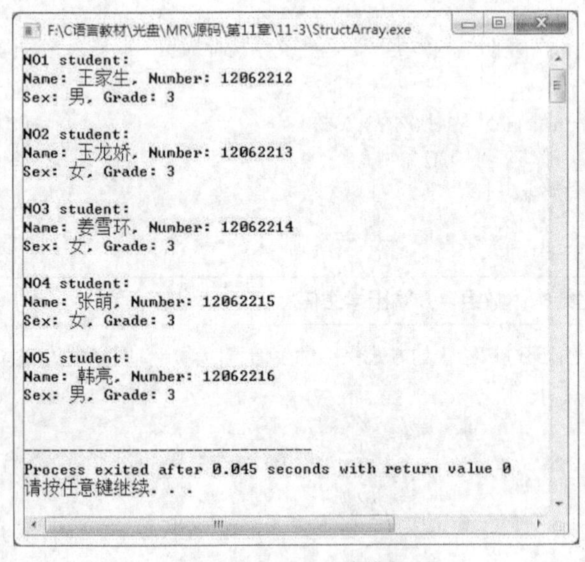

图 11-6　输出学生信息

11.3　结构体指针

一个指向变量的指针表示的是变量所占内存中的起始地址。如果一个指针指向结构体变量，那么该指针指

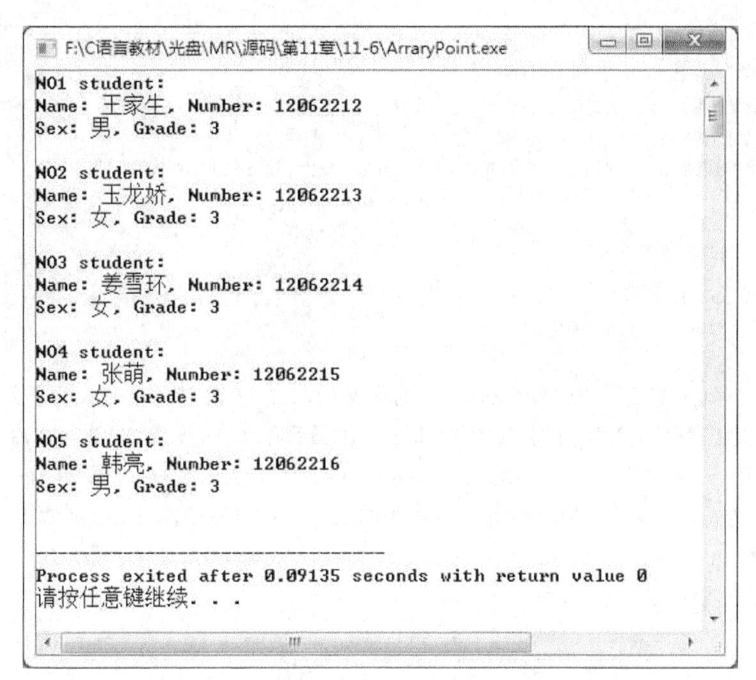

图 11-9　使用结构体指针变量指向结构体数组

11.3.3　结构体作为函数参数

函数是有参数的，可以将结构体变量的值作为一个函数的参数。使用结构体作为函数的参数有 3 种形式：使用结构体变量作为函数参数；使用指向结构体变量的指针作为函数参数；使用结构体变量的成员作为函数参数。

结构体作为函数参数

1. 使用结构体变量作为函数参数

使用结构体变量作为函数的实参时，采取的是“值传递”，会将结构体变量所占内存单元的内容全部顺序传递给形参，形参也必须是同类型的结构体变量。例如：

```
void Display(struct Student stu);
```

在形参的位置使用结构体变量，但是函数调用期间，形参也要占用内存单元。这种传递方式在空间和时间上开销都比较大。

另外，根据函数参数传值方式，如果在函数内部修改了变量中成员的值，则改变的值不会返回到主调函数中。

【例 11-7】 使用结构体变量作为函数参数。

在本实例中，声明一个简单的结构类型表示学生成绩，编写一个函数，使得该结构类型变量作为函数的参数。

```
#include<stdio.h>
struct Student                                    /*学生结构*/
{
    char cName[20];                               /*姓名*/
    float fScore[3];                              /*分数*/
}student={"苏玉群",98.5f,89.0,93.5f};             /*定义变量*/
void Display(struct Student stu)                  /*形参为结构体变量*/
{
    printf("********学生成绩********\n");         /*提示信息*/
    printf("姓名: %s\n",stu.cName);               /*引用结构成员*/
```

```
        printf("语文：%.2f\n",stu.fScore[0]);
        printf("数学：%.2f\n",stu.fScore[1]);
        printf("英语：%.2f\n",stu.fScore[2]);
        /*计算平均分数*/
        printf("平均成绩:%.2f\n",(stu.fScore[0]+stu.fScore[1]+stu.fScore[2])/3);
}
int main()
{
        Display(student);                                  /*调用函数，结构变量作为实参进行传递*/
        return 0;
}
```

（1）在程序中声明一个简单的结构体表示学生的分数信息，在这个结构体中定义一个字符数组表示名称，还定义了一个实型数组表示 3 个学科的分数。在声明结构的最后同时定义变量，并进行初始化。

（2）之后定义一个名为 Display 的函数，其中用结构体变量作为函数的形式参数。在函数体中，使用参数 stu 引用结构中的成员，输出学生的姓名和 3 个学科的成绩，并在最后通过表达式计算出平均成绩。

（3）在主函数 main 中，使用 student 结构体变量作为参数，调用 Display 函数。

运行程序，显示效果如图 11-10 所示。

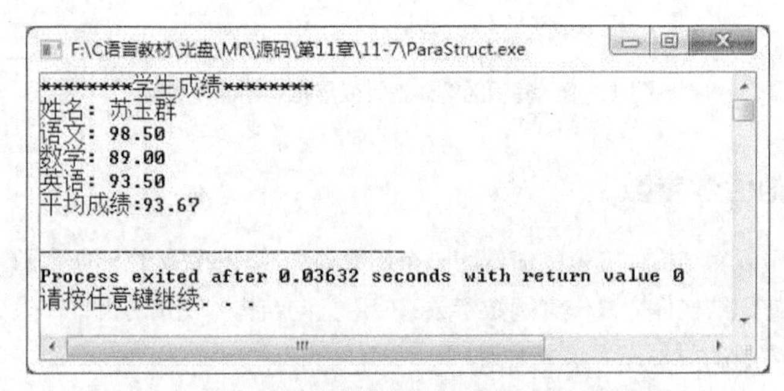

图 11-10　使用结构体指针变量指向结构体数组

2. 使用指向结构体变量的指针作为函数参数

在使用结构体变量作为函数的参数时，在传值的过程中空间和时间的开销比较大，那么有没有一种更好的传递方式呢？有！就是使用结构体变量的指针作为函数的参数进行传递。

在传递结构体变量的指针时，只是将结构体变量的首地址进行传递，并没有将变量的副本进行传递。例如声明一个传递结构体变量指针的函数如下：

```
void Display(struct Student* stu)
```

这样使用形参 stu 指针就可以引用结构体变量中的成员了。这里需要注意的是，因为传递的是变量的地址，如果在函数中改变成员中的数据，那么返回主调用函数时变量会发生改变。

【例 11-8】 使用结构体变量指针作为函数参数。

本实例对【例 11-7】做了一点小的改动，其中使用结构体变量的指针作为函数的参数，并且在函数中改动结构体成员的数据。通过前后两次的输出，比较二者的区别。

```
#include<stdio.h>
struct Student                                     /*学生结构*/
{
        char cName[20];                            /*姓名*/
        float fScore[3];                           /*分数*/
}student={"苏玉群",98.5f,89.0,93.5f};              /*定义变量*/
```

```
void Display(struct Student* stu)                          /*形参为结构体变量的指针*/
{
    printf("********学生成绩********\n");                  /*提示信息*/
    printf("姓名: %s\n",stu->cName);                        /*使用指针引用结构体变量中的成员*/
    printf("英语: %.2f\n",stu->fScore[2]);                  /*输出英语的分数*/
    stu->fScore[2]=90.0f;                                   /*更改成员变量的值*/
}
int main()
{
    struct Student* pStruct=&student;                       /*定义结构体变量指针*/
    Display(pStruct);                                       /*调用函数，结构体变量作为参数进行传递*/
    printf("更改后的英语成绩: %.2f\n",pStruct->fScore[2]);   /*输出成员的值*/
    return 0;
}
```

（1）在本实例中，函数的参数是结构体变量的指针，因此在函数体中要通过使用指向运算符“->”引用成员的数据。为了简化操作，只将英语成绩进行输出，并且最后更改成员的数据。

（2）在主函数 main 中，先定义结构体变量指针，并将结构体变量的地址传递给指针，将指针作为函数的参数进行传递。函数调用完后，再显示一次变量中的成员数据。通过输出结果可以看到，在函数中通过指针改变成员的值，在返回主调用函数中值发生变化。

程序中为了直观地看出函数传递的参数是结构体变量的指针，定义了一个指针变量指向结构体。实际上可以直接传递结构体变量的地址作为函数的参数，如“Display(&student);”。

程序运行结果如图 11-11 所示。

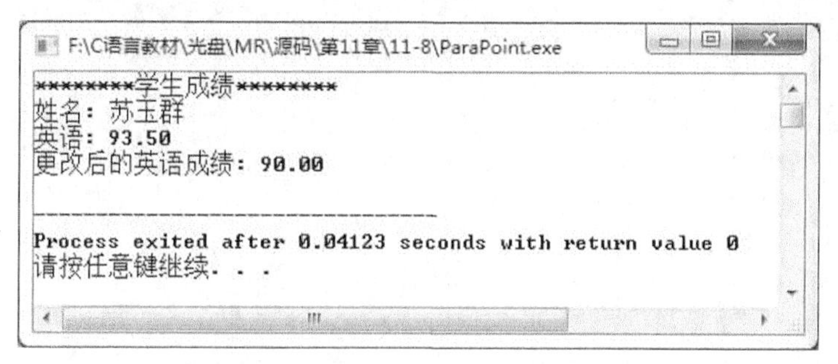

图 11-11　使用结构体变量指针作为函数参数

3. 使用结构体变量的成员作为函数参数

使用这种方式为函数传递参数与普通的变量作为实参是一样的，是传值方式传递。例如：

```
Display(student.fScore[0]);
```

传值时，实参要与形参的类型一致。

11.4 包含结构的结构

包含结构的结构

在介绍有关结构体变量的定义时，曾经介绍过结构体中的成员不仅可以是基本类型，也可以是结构体类型。

例如，定义一个学生信息结构体类型，其中的成员包括姓名、学号、性别、出生日期。其中，成员出生日期就属于一个结构体类型，因为出生日期包括年、月、日这3个成员。这样，学生信息这个结构体类型就是包含结构的结构。

【例11-9】包含结构的结构。

在本实例中，定义两个结构体类型，一个表示日期，一个表示学生的个人信息。其中，日期结构体是个人信息结构中的成员。通过使用个人信息结构类型表示学生的基本信息内容。

```
#include<stdio.h>
struct date                                          /*时间结构*/
{
    int year;                                        /*年*/
    int month;                                       /*月*/
    int day;                                         /*日*/
};
struct student                                       /*学生信息结构*/
{
    char name[30];                                   /*姓名*/
    int num;                                         /*学号*/
    char sex[20];                                    /*性别*/
    struct date birthday;                            /*出生日期*/
}student={"苏玉群",12061212,"女",{1986,12,6}};       /*为结构变量初始化*/
int main()
{
    printf("********学生成绩********\n");
    printf("姓名: %s\n",student.name);               /*输出结构成员*/
    printf("学号: %d\n",student.num);
    printf("性别: %s\n",student.sex);
    printf("出生日期: %d,%d,%d\n",student.birthday.year,
    student.birthday.month,student.birthday.day);    /*输出成员结构体数据*/
    return 0;
}
```

（1）程序中在为包含结构的结构 struct student 类型初始化时要注意，因为出生日期是结构体，所以要使用大括号将赋值的数据包含在内。

（2）在引用成员结构体变量的成员时，例如，student.birthday.year，student.birthday 表示引用 student 变量中的成员 birthday，因此 student.birthday.year 表示 student 变量中结构体变量 birthday 的成员 year 变量的值。

程序运行结果如图 11-12 所示。

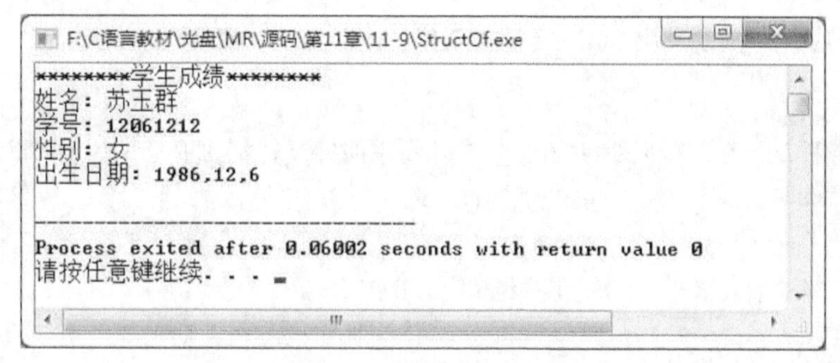

图 11-12　包含结构的结构

11.5　链表

数据是信息的载体，是描述客观事物属性的数、字符以及所有能输入到计算机中并被计算机程序识别和处理的集合。数据结构是指数据对象以及其中的相互关系和构造方法。在数据结构中有一种线性存储结构称为线性表，本节中将会根据前面所学的结构体的知识介绍有关线性表的链式存储结构，也称其为链表。

11.5.1　链表概述

链表是一种常见的数据结构。前面介绍过使用数组存放数据，但是使用数组时要先指定数组中包含元素的个数，即为数组的长度。但是如果向这个数组中加入的元素个数超过了数组的大小时，便不能将内容完全保存。例如，在定义一个班级的人数时，如果小班是 30 人，普通班级是 50 人，且定义班级人数时使用的是数组，那么要定义数组的个数为最大，也就是最少为 50 个元素，否则不满足最大时的情况。这种方式非常浪费空间。

这时就希望有一种存储方式，其存储元素的个数是不受限定的，当进行添加元素时存储的个数就会随之改变，这种存储方式就是链表。

图 11-13 所示为链表结构的示意图。

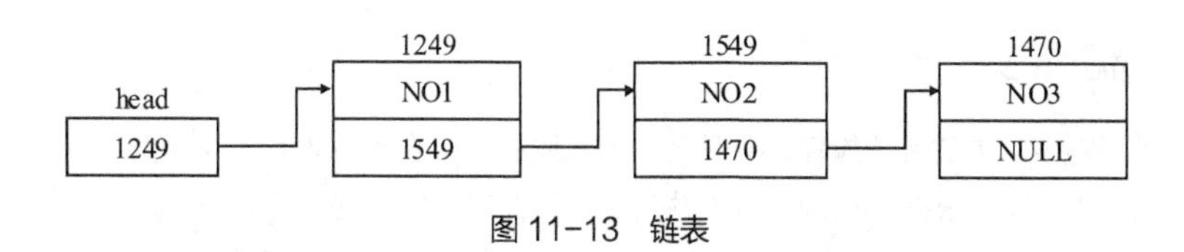

图 11-13　链表

在链表中有一个头指针变量，图中 head 表示的就是头指针，这个指针变量保存一个地址。从图 11-13 中的箭头可以看到，该地址为一个变量的地址，也就是说头指针指向一个变量，这个变量称为元素。在链表中每一个元素包括数据部分和指针部分。数据部分用来存放元素所包含的数据，而指针部分用来指向下一个元素。最后一个元素的指针指向 NULL，表示指向的地址为空。

从链表的示意图中可以看到，head 头节点指向第一个元素，第一个元素中的指针又指向第二个元素，第二个元素的指针又指向第 3 个元素的地址，第 3 个元素的指针就指向为空。

根据对链表的描述，可以想象到链表就像一个铁链，一环扣一环，然后通过头指针寻找链表中的元素。这就好比在一个幼儿园中，老师拉着第一个小朋友的手，第一个小朋友又拉着第二个小朋友的手，这样下去在幼儿园中的小朋友就连成了一条线。最后一个小朋友没有拉着任何人，他的手是空着的，他就好像是链表中的链尾，而老师就是头指针，通过老师就可以找到这个队伍中的任何一个小朋友。

在链表这种数据结构中，必须利用指针才能实现，因此链表中的节点应该包含一个指针变量来保存下一个节点的地址。

例如，设计一个链表表示一个班级，其中链表中的节点表示学生：

```
struct Student
{
	char cName[20];                     /*姓名*/
int iNumber;                            /*学号*/
	struct Student* pNext;              /*指向下一个节点的指针*/
};
```

可以看到学生的姓名和学号属于数据部分，而 pNext 就是指针部分，用来保存下一个节点的地址。

要向链表中添加一个节点时，操作的过程是怎样的呢？首先来看一组实例图，如图 11-14 所示。

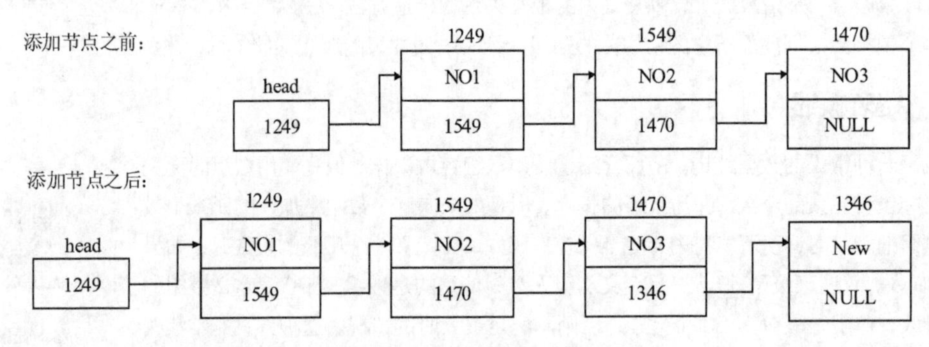

图 11-14　节点添加过程

当有新的节点要添加到链表中时，原来最后一个节点的指针将保存新添加的节点地址，而新节点的指针指向空（NULL），当添加完成后，新节点将成为链表中的最后一个节点。从添加节点的过程中就可以看出不用担心链表的长度会超出范围。至于具体的代码内容将会在下面的小节中进行讲述。

11.5.2　创建动态链表

创建动态链表

从本节开始讲解链表相关的具体操作，从对链表的概述中可以看出链表并不是一开始就设定好自身的大小，而是根据节点的多少而决定的，因此链表的创建过程是一个动态的创建过程。动态创建一个节点时，要为其分配内存，在介绍如何创建链表前先来了解一些有关动态创建会使用的函数。

1. malloc 函数

malloc 函数的原型如下：

```
void *malloc(unsigned int size);
```

该函数的功能是在内存中动态地分配一块 size 大小的内存空间。malloc 函数会返回一个指针，该指针指向分配的内存空间，如果出现错误则返回 NULL。

2. calloc 函数

calloc 函数的原型如下：

```
void * calloc(unsigned n, unsigned size);
```

该函数的功能是在内存中动态分配 *n* 个长度为 size 的连续内存空间数组。calloc 函数会返回一个指针，该指针指向动态分配的连续内存空间地址。当分配空间错误时，返回 NULL。

3. free 函数

free 函数的原型如下：

```
void free(void *ptr);
```

该函数的功能是使用由指针 ptr 指向的内存区，使部分内存区能被其他变量使用。ptr 是最近一次调用 calloc 或 malloc 函数时返回的值。free 函数无返回值。

动态分配的相关函数已经介绍完了，现在开始介绍如何建立动态的链表。

所谓建立动态链表就是指在程序运行过程中从无到有地建立起一个链表，即一个一个地分配节点的内存空间，然后输入节点中的数据并建立节点间的相连关系。

例如在链表概述中介绍过可以将一个班级里的学生作为链表中的节点，然后将所有学生的信息存放在链表结构中。

首先创建节点结构，表示每一个学生：

```
struct Student
{
    char cName[20];                                  /*姓名*/
    int iNumber;                                     /*学号*/
    struct Student* pNext;                           /*指向下一个节点的指针*/
};
```

然后定义一个 Create 函数，用来创建列表。该函数将会返回链表的头指针。

```
int iCount;                                          /*全局变量表示链表长度*/

struct Student* Create()
{
    struct Student* pHead=NULL;                      /*初始化链表头指针为空*/
    struct Student* pEnd,*pNew;
    iCount=0;                                        /*初始化链表长度*/
    pEnd=pNew=(struct Student*)malloc(sizeof(struct Student));
    printf("please first enter Name ,then Number\n");
    scanf("%s",&pNew->cName);
    scanf("%d",&pNew->iNumber);
    while(pNew->iNumber!=0)
    {
     iCount++;
     if(iCount==1)
     {
         pNew->pNext=pHead;                          /*使得指向为空*/
         pEnd=pNew;                                  /*跟踪新加入的节点*/
         pHead=pNew;                                 /*头指针指向首节点*/
     }
     else
     {
         pNew->pNext=NULL;                           /*新节点的指针为空*/
         pEnd->pNext=pNew;                           /*原来的尾节点指向新节点*/
         pEnd=pNew;                                  /*pEnd指向新节点*/
     }
     pNew=(struct Student*)malloc(sizeof(struct Student));     /*再次分配节点内存空间*/
```

```
            scanf("%s",&pNew->cName);
            scanf("%d",&pNew->iNumber);
        }
        free(pNew);                                          /*释放没有用到的空间*/
        return pHead;
}
```

Create 函数的功能是创建链表，在 Create 的外部可以看到一个整型的全局变量 iCount，这个变量的作用是表示链表中节点的数量。在 Create 函数中，首先定义需要用到的指针变量，pHead 用来表示头指针，pEnd 用来指向原来的尾节点，pNew 指向新创建的节点。

使用 malloc 函数分配内存，先用 pEnd 和 pNew 两个指针都指向第一个分配的内存，然后显示提示信息，先输出一个学生的姓名，再输入学生的学号。使用 while 语句进行判断，如果学号为 0，则不执行循环语句。

在 while 循环语句中，iCount++自加操作表示链表中节点的增加。然后要判断新加入的节点是否是第一次加入的节点，如果是第一次加入则执行 if 语句块中的代码，否则执行 else 语句块中的代码。

在 if 语句块中，因为第一次加入节点时其中没有节点，所以新节点即为首节点也为最后一个节点，并且要将新加入的节点的指针指向 NULL，即为 pHead 指向。else 语句实现的是链表中已经有节点存在时的操作。首先将新节点 pNew 的指针指向 NULL，然后将原来最后一个节点的指针指向新节点，最后将 pEnd 指针指向最后一个节点。

这样一个节点创建完之后，要再进行分配内存，然后向其中输入数据，通过 while 语句再次判断输入的数据是否符合节点的要求。当节点不符合要求时，执行下面的代码，调用 free 函数将不符合要求的节点空间进行释放。

这样一个链表就通过动态分配内存空间的方式创建完成了。

11.5.3 输出链表

输出链表

链表已经被创建出来，构建数据结构就是为了使用它，以将保存的信息进行输出显示。接下来介绍如何将链表中的数据显示输出。

```
void Print(struct Student* pHead)
{
        struct Student *pTemp;                              /*循环所用的临时指针*/
        int iIndex=1;                                       /*表示链表中节点的序号*/

        printf("----the List has %d members:----\n",iCount);  /*消息提示*/
        printf("\n");                                       /*换行*/
        pTemp=pHead;                                        /*指针得到首节点的地址*/

        while(pTemp!=NULL)
        {
         printf("the NO%d member is:\n",iIndex);
         printf("the name is: %s\n",pTemp->cName);          /*输出姓名*/
         printf("the number is: %d\n",pTemp->iNumber);      /*输出学号*/
         printf("\n");                                      /*输出换行*/
         pTemp=pTemp->pNext;                                /*移动临时指针到下一个节点*/
         iIndex++;                                          /*进行自加运算*/
        }
}
```

Print 函数用来将链表中的数据进行输出。在函数的参数中，pHead 表示一个链表的头节点。在函数中，定义一个临时的指针 pTemp 用来进行循环操作。定义一个整型变量表示链表中的节点序号。然后将临时指针变量 pTemp 保存首节点的地址。

使用 while 语句将所有节点中保存的数据都显示输出。其中每输出一个节点的内容后，就移动 pTemp 指针变量指向下一个节点的地址。当为最后一个节点时，所拥有的指针指向 NULL，此时循环结束。

【例 11-10】 创建链表并将数据输出。

根据上面介绍的有关链表的创建与输出操作，将这些代码整合到一起，编写一个包含学生信息的链表结构，并且将链表中的信息进行输出。

```
#include<stdio.h>
#include<stdlib.h>
struct Student
{
    char cName[20];                                  /*姓名*/
    int iNumber;                                     /*学号*/
    struct Student* pNext;                           /*指向下一个结点的指针*/
};
int iCount;                                          /*全局变量表示链表长度*/
struct Student* Create()
{
    struct Student* pHead=NULL;                      /*初始化链表，头指针为空*/
    struct Student* pEnd,*pNew;
    iCount=0;                                        /*初始化链表长度*/
    pEnd=pNew=(struct Student*)malloc(sizeof(struct Student));
    printf("请先输入学生的姓名，然后输入学生的学号\n");
    scanf("%s",&pNew->cName);
    scanf("%d",&pNew->iNumber);
    while(pNew->iNumber!=0)
    {
        iCount++;
        if(iCount==1)
        {
            pNew->pNext=pHead;                       /*使得指向为空*/
            pEnd=pNew;                               /*跟踪新加入的结点*/
            pHead=pNew;                              /*头指针指向首结点*/
        }
        else
        {
            pNew->pNext=NULL;                        /*新结点的指针为空*/
            pEnd->pNext=pNew;                        /*原来的结点指向新结点*/
            pEnd=pNew;                               /*pEnd指向新结点*/
        }
        pNew=(struct Student*)malloc(sizeof(struct Student));
                                                     /*再次分配结点内存空间*/
        scanf("%s",&pNew->cName);
        scanf("%d",&pNew->iNumber);
    }
    free(pNew);                                      /*释放没有用到的空间*/
    return pHead;
}
void Print(struct Student* pHead)
```

```
{
        struct Student *pTemp;                               /*循环所用的临时指针*/
        int iIndex=1;                                        /*表示链表中结点的序号*/
        printf("*****本名单中有%d个学生:*****\n",iCount);    /*消息提示*/
        printf("\n");                                        /*换行*/
        pTemp=pHead;                                         /*指针得到首结点的地址*/
        while(pTemp!=NULL)
        {
         printf("第%d个学生是:\n",iIndex);
         printf("姓名: %s\n",pTemp->cName);                  /*输出姓名*/
         printf("学号: %d\n",pTemp->iNumber);                /*输出学号*/
         printf("\n");                                       /*输出换行*/
         pTemp=pTemp->pNext;                                 /*移动临时指针到下一个结点*/
         iIndex++;                                           /*进行自加运算*/
        }
}
int main()
{
        struct Student* pHead;                               /*定义头结点*/
        pHead=Create();                                      /*创建结点*/
        Print(pHead);                                        /*输出链表*/
        return 0;                                            /*程序结束*/
}
```

在 main 函数中，先定义一个头节点指针 pHead，然后调用 Create 函数创建链表，并将链表的头节点返回给 pHead 指针变量。利用得到的头节点 pHead 作为 Print 函数的参数。

运行程序，显示效果如图 11-15 所示。

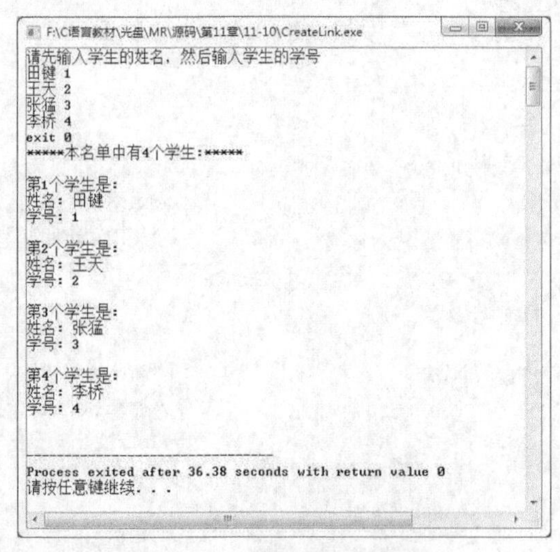

图 11-15　创建链表并将数据输出

11.6　链表相关操作

本节将对链表的功能进行完善，使其具有插入、删除节点的功能。这些操作都是在 11.5 节中所声明的结构和链表的基础上添加的。

11.6.1 链表的插入操作

链表的插入操作可以在链表的头节点位置进行，也可以在某个节点的位置进行，或者可以像创建结构时在链表的后面添加节点。这 3 种插入操作的思路都是一样的。下面主要介绍第一种插入方式，在链表的头节点位置插入节点，如图 11-16 所示。

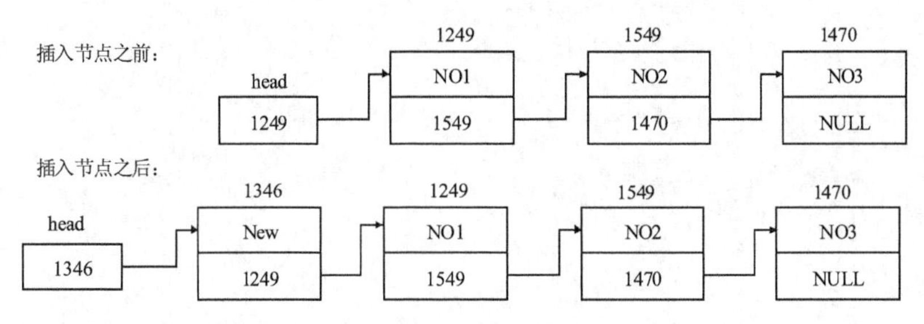

图 11-16　插入节点操作

插入节点的过程就如手拉手的小朋友连成一条线，这时又来了一个小朋友，他要站在老师和一个小朋友的中间，那么老师就要放开原来的小朋友，拉住新加入的小朋友，这个新加入的小朋友就拉住原来的那个小朋友。这样，这条连成的线还是连在一起。

设计一个函数用来向链表中添加节点：

```
struct Student* Insert(struct Student* pHead)
{
	struct Student* pNew;                                  /*指向新分配的空间*/
	printf("----Insert member at first----\n");            /*提示信息*/
	/*分配内存空间，并返回指向该内存空间的指针*/
	pNew=(struct Student*)malloc(sizeof(struct Student));

	scanf("%s",&pNew->cName);
	scanf("%d",&pNew->iNumber);

	pNew->pNext=pHead;                                     /*新节点指针指向原来的首节点*/
	pHead=pNew;                                            /*头指针指向新节点*/
	iCount++;                                              /*增加链表节点数量*/
	return pHead;                                          /*返回头指针*/
}
```

在代码中，为要插入的新节点分配内存，然后向新节点中输入数据，这样一个节点就创建完成了。接下来就是将这个节点插入到链表中。首先将新节点的指针指向原来的首节点，保存首节点的地址。然后将头指针指向新节点，这样就完成了节点的连接操作，最后增加链表的节点数量。

修改 main 函数的代码，加入添加节点操作：

```
int main()
{
	struct Student* pHead;                                 /*定义头节点*/
	pHead=Create();                                        /*创建节点*/
	pHead=Insert(pHead);                                   /*插入节点*/
	Print(pHead);                                          /*输出链表*/
	return 0;                                              /*程序结束*/
}
```

使用 Insert 函数返回新的头指针，运行程序，显示效果如图 11-17 所示。

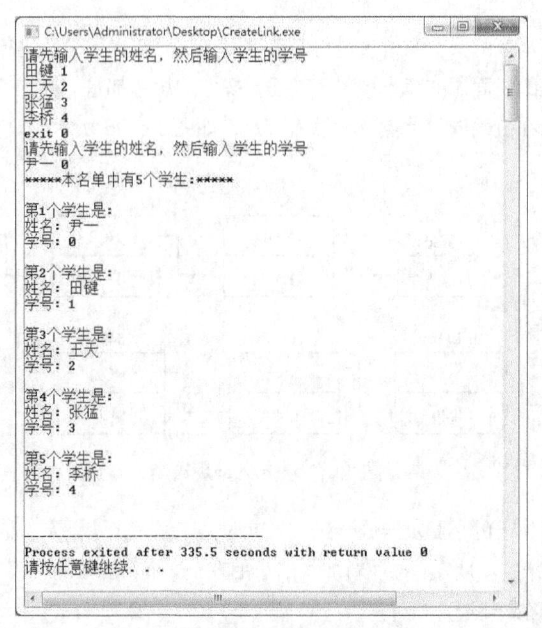

图 11-17　链表插入操作

11.6.2　链表的删除操作

之前的操作都是向链表中添加节点，当希望删除链表中的节点时，应该怎么办呢？还是通过前文中小朋友手拉手的比喻进行理解。例如，队伍中的一个小朋友想离开队伍了，并且这个队伍不会断开的方法是只需他两边的小朋友将手拉起来就可以了。

例如在一个链表中删除其中的一点，如图 11-18 所示。

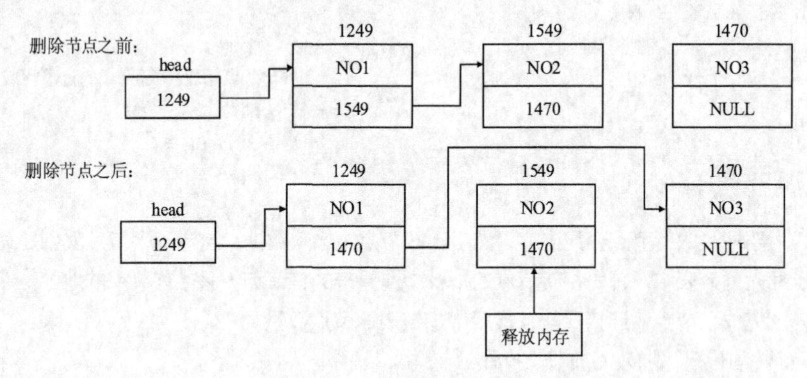

图 11-18　删除节点操作

通过图 11-18 可以发现，要删除一个节点，首先要找到这个节点的位置，例如图中的 NO2 节点。然后将 NO1 节点的指针指向 NO3 节点，最后将 NO2 节点的内存空间释放掉，这样就完成了节点的删除操作。

根据这种思想编写删除链表节点操作的函数：

```
/*pHead表示头结点，iIndex表示要删除的结点下标*/
void Delete(struct Student* pHead,int iIndex)
{
```

```
        int i;                                                /*控制循环变量*/
        struct Student* pTemp;                                /*临时指针*/
        struct Student* pPre;                                 /*表示要删除结点前的结点*/
        pTemp=pHead;                                          /*得到头结点*/
        pPre=pTemp;
        printf("----delete NO%d member----\n",iIndex);       /*提示信息*/
        for(i=1;i<iIndex;i++)                                 /*for循环使得pTemp指向要删除的结点*/
        {
            pPre=pTemp;
            pTemp=pTemp->pNext;
        }
        pPre->pNext=pTemp->pNext;                             /*连接删除结点两边的结点*/
        free(pTemp);                                          /*释放要删除结点的内存空间*/
        iCount--;                                             /*减少链表中的元素个数*/
}
```

为 Delete 函数传递两个参数，pHead 表示链表的头指针，iIndex 表示要删除节点在链表中的位置。定义整型变量 i 用来控制循环的次数，然后定义两个指针，分别用来表示要删除的节点和这个节点之前的节点。

输出一行提示信息表示要进行删除操作，之后利用 for 语句进行循环操作找到要删除的节点，使用 pTemp 保存要删除节点的地址，pPre 保存前一个节点的地址。找到要删除的节点后，连接删除节点两边的节点，并使用 free 函数将 pTemp 指向的内存空间进行释放。

接下来在 main 函数中添加代码执行删除操作，将链表中的第二个节点进行删除。

```
int main()
{
        struct Student* pHead;                        /*定义头节点*/
        pHead=Create();                               /*创建节点*/
        pHead=Insert(pHead);                          /*插入节点*/
        Delete(pHead,2);                              /*删除第二个节点的操作*/
        Print(pHead);                                 /*输出链表*/
        return 0;                                     /*程序结束*/
}
```

运行程序，通过显示的结果可以看到第二个节点中的数据被删除，显示效果如图 11-19 所示。

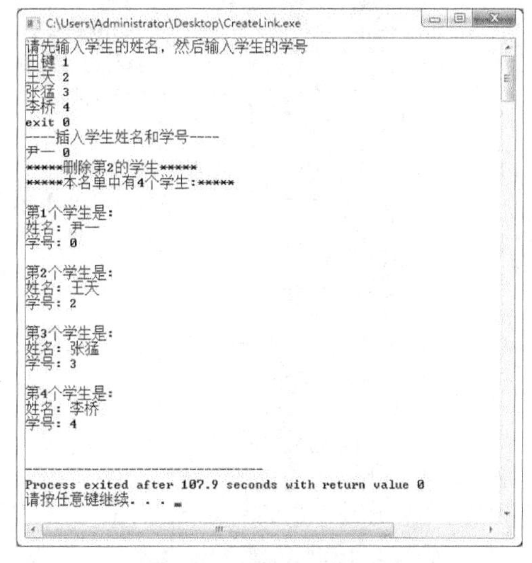

图 11-19　删除节点操作

有关链表的操作就讲解到这里，为了方便读者阅读程序，这里将有关链表相应操作的完整程序给出，希望读者能从整体方向对链表有更好的理解。

【例 11-11】 完整的链表操作代码。

```
#include<stdio.h>
#include<stdlib.h>
struct Student
{
	char cName[20];                              /*姓名*/
	int iNumber;                                 /*学号*/
	struct Student* pNext;                       /*指向下一个结点的指针*/
};
int iCount;                                      /*全局变量表示链表长度*/
struct Student* Create()
{
	struct Student* pHead=NULL;                  /*初始化链表，头指针为空*/
	struct Student* pEnd,*pNew;
	iCount=0;                                    /*初始化链表长度*/
	pEnd=pNew=(struct Student*)malloc(sizeof(struct Student));
	printf("请先输入学生的姓名，然后输入学生的学号\n");
	scanf("%s",&pNew->cName);
	scanf("%d",&pNew->iNumber);
	while(pNew->iNumber!=0)
	{
		iCount++;
		if(iCount==1)
		{
			pNew->pNext=pHead;                   /*使得指向为空*/
			pEnd=pNew;                           /*跟踪新加入的结点*/
			pHead=pNew;                          /*头指针指向首结点*/
		}
		else
		{
			pNew->pNext=NULL;                    /*新结点的指针为空*/
			pEnd->pNext=pNew;                    /*原来的结点指向新结点*/
			pEnd=pNew;                           /*pEnd指向新结点*/
		}
		pNew=(struct Student*)malloc(sizeof(struct Student));
		                                         /*再次分配结点内存空间*/
		scanf("%s",&pNew->cName);
		scanf("%d",&pNew->iNumber);
	}
	free(pNew);                                  /*释放没有用到的空间*/
	return pHead;
}
void Print(struct Student* pHead)
{
	struct Student *pTemp;                       /*循环所用的临时指针*/
	int iIndex=1;                                /*表示链表中结点的序号*/
	printf("*****本名单中有%d个学生:*****\n",iCount); /*消息提示*/
```

Colors 就是定义的枚举类型变量，在括号中的第一个标识符对应着数值 0，第二个对应于 1，依此类推。

每个标识符都必须是唯一的，而且不能采用关键字或当前作用域内的其他相同的标识符。

在定义枚举类型的变量时，可以为某个特定的标识符指定其对应的整型值，紧随其后的标识符对应的值依次加 1。例如：

```
enum Colors(Red=1,Green,Blue);
```

这样的话，Red 的值为 1，Green 为 2，Blue 为 3。

【例 11-14】 使用枚举类型。

在本实例中，通过定义枚举类型观察其使用方式，其中每个枚举常量在声明的作用域内都可以看作一个新的数据类型。

```
#include<stdio.h>

enum Color{Red=1,Blue,Green} color;                /*定义枚举变量，并初始化*/
int main()
{
    int icolor;                                    /*定义整型变量*/
    scanf("%d",&icolor);                           /*输入数据*/
    switch(icolor)                                 /*判断icolor值*/
    {
    case Red:                                      /*枚举常量，Red表示1*/
        printf("the choice is Red\n");
        break;
    case Blue:                                     /*枚举常量，Blue表示2*/
        printf("the choice is Blue\n");
        break;
    case Green:                                    /*枚举常量，Green表示3*/
        printf("the choice is Green\n");
        break;
    default:
        printf("???\n");
        break;
    }
    return 0;
}
```

在程序中定义枚举变量在初始化时，为第一个枚举常量赋值为 1，这样 Red 赋值为 1 后，之后的枚举常量就会依次加 1。通过使用 switch 语句判断输入的数据与这些标识符是否符合，然后执行 case 语句中的操作。

运行程序，显示效果如图 11-22 所示。

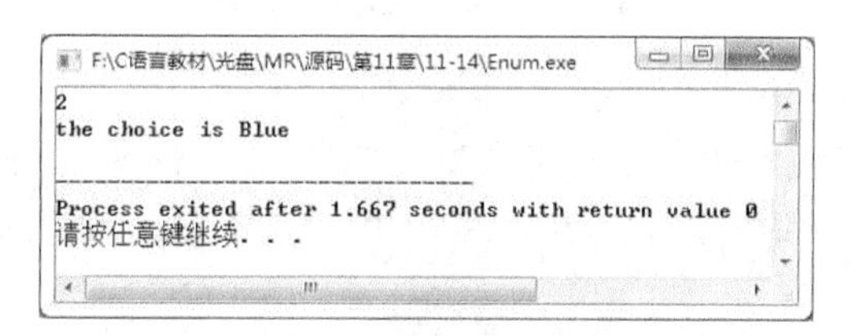

图 11-22 使用枚举类型

小 结

本章先介绍了有关结构体的内容，编程人员可以通过结构定义符合要求的结构类型。之后介绍了结构体的定义，指向结构体的指针，以及包含结构的结构的情况。

学习完如何构建结构体后，接下来介绍了一种常见的数据结构——链表。其中讲解了有关链表的创建过程，介绍如何动态分配内存空间。而链表的插入、删除、输出操作，应用了之前学习的结构体的知识。

本章的最后讲解了有关共用体和枚举类型这两方面的内容，需要注意两者间的最大区别：共用体的大小是所有成员数据大小的总和，而枚举类型的大小与成员数据中最大的大小相同。

上机指导

师生信息存储系统。

上机指导

要求设计一个程序，可以存放一个学校的所有人员的数据，其中，人员包括学生和老师。学生的数据中包括姓名、身份、性别、编号和班级；老师的数据中包括姓名、身份、性别、编号和职务。显示效果如图 11-23 所示。

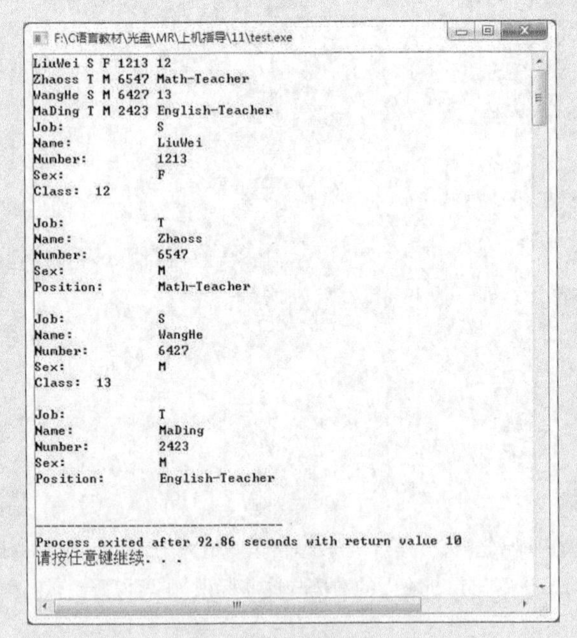

图 11-23 师生信息存储系统

编程思路：

在本章对于信息显示输出已经举出大量实例，读者可以参照修改完成本实例。由于老师和学生两者数据中只有一项是不相同的，所以可以使用共用体，这样设计一个结构体类型就可以满足设计要求。

12.2.2 "或"运算符

"或"运算符

按位"或"运算符|是双目运算符，功能是使参与运算的两数各对应的二进位相"或"，只要对应的两个二进位有一个为 1，结果位就为 1，如表 12-3 所示。

表 12-3 "或"运算符

a	b
0	0
0	1
1	0
1	1

例如，17|31 的算式：

```
     0000000000010001    十进制数 17
(|)
     0000000000011111    十进制数 31
--------------------------
     0000000000011111    十进制数 31
```

从上式可以发现十进制数 17 的二进制数的后 5 位是 10001，而十进制数 31 对应的二进制数的后 5 位是 11111，将这两个数执行"或"运算之后得到的结果是 31，也就是将 17 的二进制数的后 5 位中是 0 的位变成了 1，因此可以总结出这样一个规律，即要想使一个数的后 6 位全为 1，只需和 63 按位"或"；同理，若要使后 5 位全为 1，只需和 31 按位"或"即可，其他以此类推。

【例 12-2】 任意输入两个数分别赋给 a 和 b，计算 a|b 的值。

```
#include<stdio.h>
main()
{
    unsigned result;                                    /*定义无符号变量*/
    int a, b;
    printf("please input a:");
    scanf("%d",&a);
    printf("please input b:");
    scanf("%d",&b);
    printf("a=%d,b=%d", a, b);
    result = a|b;                                       /*计算或运算的结果*/
    printf("\na|b=%u\n", result);
}
```

运行程序，显示效果如图 12-2 所示。

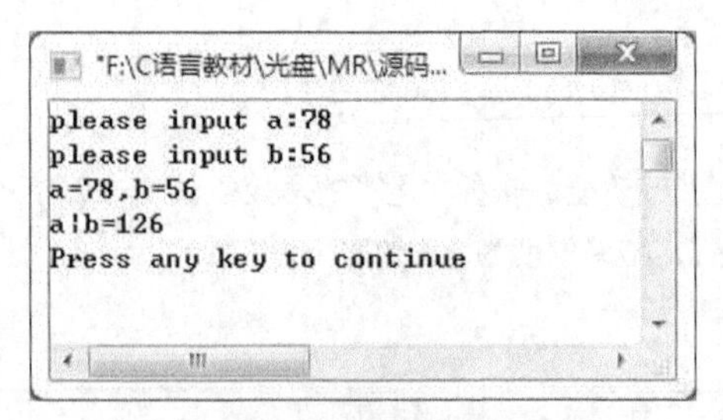

图 12-2　结构体类型的初始化操作

【例 12-2】的计算过程如下（为了方便观察，这里只给出每个数据的后 16 位）：

```
      0000000001001110
(|)
      0000000000111000
   ______________________
      0000000001111110
```

12.2.3　“取反”运算符

“取反”运算符

“取反”运算符“~”为单目运算符，具有右结合性。其功能是对参与运算的数的各二进位按位求反，即将 0 变成 1，1 变成 0。如~86 是对 86 进行按位求反：

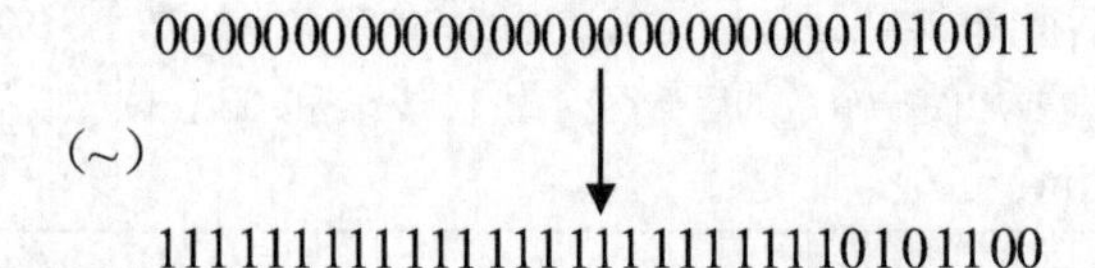

在进行“取反”运算的过程中，切不可简单地认为一个数取反后的结果就是该数的相反数（即~25 的值是-25），这是错误的。

【例 12-3】 输入一个数赋给变量 a，计算~a 的值。

```
#include<stdio.h>
main()
{
    unsigned result;                                  /*定义无符号变量*/
    int a;
    printf("please input a:");
    scanf("%d",&a);
    printf("a=%d", a);
    result = ~a;                                      /*求a的反*/
    printf("\n~a=%o\n", result);
}
```

运行程序，显示效果如图 12-3 所示。

```
        y=y>>2;                                                /*x右移两位*/
        printf("the result2 is:%d,%d\n",x,y);
}
```

运行程序，显示效果如图 12-11 所示。

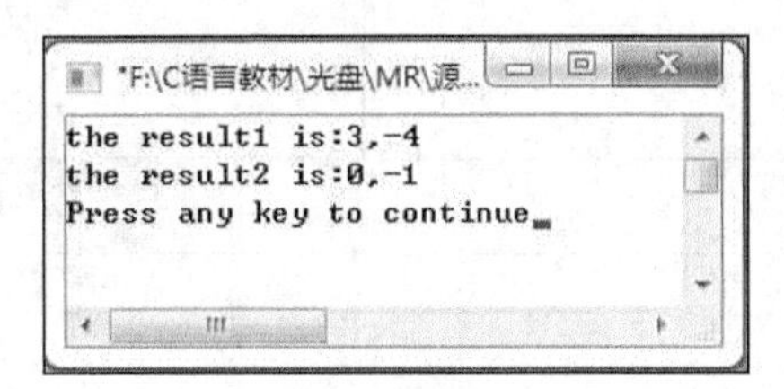

图 12-11　左移运算

实例 12-6 的执行过程如下。

30 在内存中的存储情况如图 12-12 所示。

0	0	0	0	0	0	0	0	0	0	0	0	0	0	0	0	0	0	0	0	0	0	0	0	0	0	0	1	1	1	1	0

图 12-12　30 在内存中的存储情况

-30 在内存中的存储情况如图 12-13 所示。

1	1	1	1	1	1	1	1	1	1	1	1	1	1	1	1	1	1	1	1	1	1	1	1	1	1	1	0	0	0	1	0

图 12-13　-30 在内存中的存储情况

30 右移 3 位变成 3，其存储情况如图 12-14 所示。

0	0	0	0	0	0	0	0	0	0	0	0	0	0	0	0	0	0	0	0	0	0	0	0	0	0	0	0	0	0	1	1

图 12-14　30 右移 3 位

-30 右移 3 位变成-4，其存储情况如图 12-15 所示。

1	1	1	1	1	1	1	1	1	1	1	1	1	1	1	1	1	1	1	1	1	1	1	1	1	1	1	1	1	1	0	0

图 12-15　-30 右移 3 位

3 右移两位变成 0，而-4 右移两位则变成-1，如图 12-16 所示。

1	1	1	1	1	1	1	1	1	1	1	1	1	1	1	1	1	1	1	1	1	1	1	1	1	1	1	1	1	1	1	1

图 12-16　-4 右移两位

从上面的过程中可以发现在 Visual C++ 6.0 中负数进行的右移实质上就是算术右移。

12.3　循环移位

前面讲过了向左移位和向右移位，这里将介绍循环移位的相关内容。什么是循环移位呢？循环移位就是将移出的低位放到该数的高位或者将移出的高位放到该数的低位。那么该如何来实现这个过程呢？这里先介绍如何实现循环左移。

循环移位

循环左移的过程如图 12-17 所示。

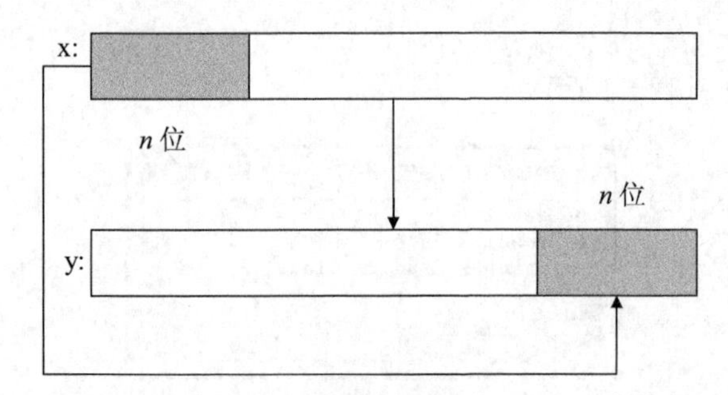

图 12-17　循环左移

实现循环左移的过程如下。

如图 12-17 所示，将 x 的左端 **n** 位先放到 z 中的低 **n** 位中。由以下语句实现：

```
z=x>>(32-n);
```

将 x 左移 **n** 位，其右面低 **n** 位补 0。由以下语句实现：

```
y=x<<n;
```

将 y 与 z 进行按位“或”运算。由以下语句实现：

```
y=y|z;
```

【例 12-7】编程实现循环左移，具体要求如下：首先从键盘中输入一个八进制数，然后输入要移位的位数，最后将移位的结果显示在屏幕上。

```
#include <stdio.h>
left(unsigned value, int n)                                    /*自定义左移函数*/
{
    unsigned z;
    z = (value >> (32-n)) | (value << n);                      /*循环左移的实现过程*/
    return z;
}
main()
{
    unsigned a;
    int n;
    printf("please input a number:\n");
    scanf("%o", &a);                                           /*输入一个八进制数*/
    printf("please input the number of displacement（>0）:\n");
    scanf("%d", &n);                                           /*输入要移位的位数*/
    printf("the result is %o:\n", left(a, n));                 /*将左移后的结果输出*/
}
```

运行程序，显示效果如图 12-18 所示。

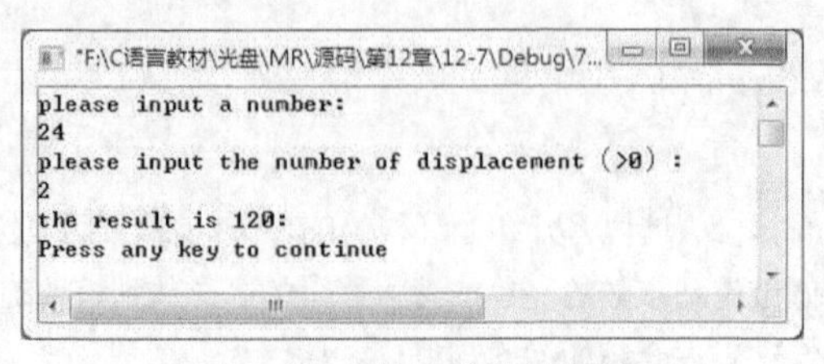

图 12-18　循环左移的程序结果

习 题

12-1　任意输入两个数，求这两个数进行“与”和“或”运算之后的结果。

12-2　任意输入一个数，分别求该数“左移”和“右移”运算操作后的结果。

12-3　任意输入一个数，分别对该数进行“循环左移”和“循环右移”操作，并将结果输出。

12-4　编写一个移位函数，使移位函数既能循环左移又能循环右移。参数 n 大于 0 的时候表示左移，参数 n 小于 0 的时候表示右移。例如 n=－4，表示要右移 4 位。

12-5　取出给定的 16 位二进制数的奇数位，构成新的数据并输出。

12-6　在屏幕上输入一个 8 进制数，实现输出其后 4 位对应的数。

12-7　当 a=2、b=4、c=6、d=8 时编程求 a&c、b|d、a^d、~a 的值。

PART13

第13章 预处理

本章要点：

- 掌握宏定义相关内容
- 掌握文件包含相关内容
- 掌握条件编译相关内容

■ 预处理功能是 C 语言特有的功能。预处理程序包含许多有用的功能，如宏定义、条件编译等，使用预处理功能便于程序的修改、阅读、移植和调试，也便于实现模块化程序设计。

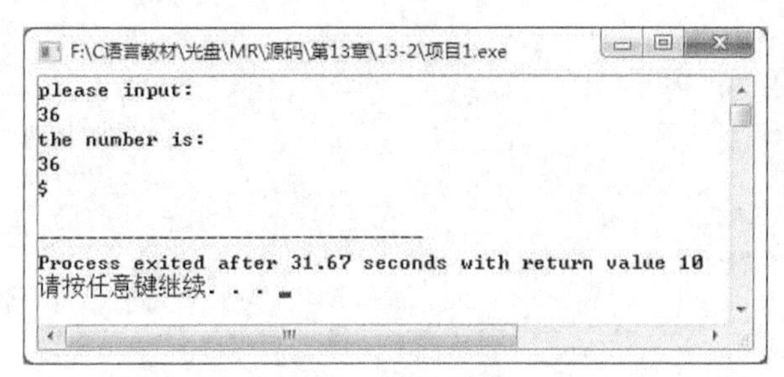

图 13-4　文件包含应用

经常用在文件头部的被包含的文件称为“标题文件”或“头部文件”，一般以.h 为后缀，如本实例中的 f1.h。一般情况下将如下内容放到.h 文件中。

- 宏定义。
- 结构、联合和枚举声明。
- typedef 声明。
- 外部函数声明。
- 全局变量声明。

使用文件包含为实现程序修改提供了方便，当需要修改一些参数时不必修改每个程序，只需修改一个文件（头部文件）即可。

关于“文件包含”有以下 3 点需要注意。

- 一个#include 命令只能指定一个被包含的文件。
- 文件包含是可以嵌套的，即在一个被包含文件中还可以包含另一个被包含文件。
- 若 file1.c 中包含文件 file2.h，那么在预编译后就成为一个文件而不是两个文件，这时如果 file2.h 中有全局静态变量，则该全局变量在 file1.c 文件中也有效，这时不需要再用 extern 声明。

13.3　条件编译

预处理器提供了条件编译功能，一般情况下，源程序中所有的行都参加编译，但是有时希望只对其中一部分内容在满足一定条件时才进行编译，这时就需要使用到一些条件编译命令。使用条件编译可方便地处理程序的调试版本和正式版本，同时还会增强程序的可移植性。

13.3.1　#if 命令

#if 命令

#if 的基本含义是：如果#if 命令后的参数表达式为真，则编译#if 到#endif 之间的程序段，否则跳过这段程序。#endif 命令用来表示#if 段的结束。

#if 命令的一般形式如下：

```
#if 常数表达式
    语句段
#endif
```

如果常数表达式为真，则该段程序被编译，否则跳过不编译。

【例 13-3】 #if 应用。

```
#include<stdio.h>
#define NUM 50
main()
```

```
{
        int i=0;
        #if NUM>50                                           /*判断NUM是否大于50*/
              i++;
        #endif
        #if NUM==50
              i=i+50;
        #endif
        #if NUM<50
              i--;
        #endif
              printf("Now i is:%d\n",i);
}
```

运行程序，显示效果如图 13-5 所示。

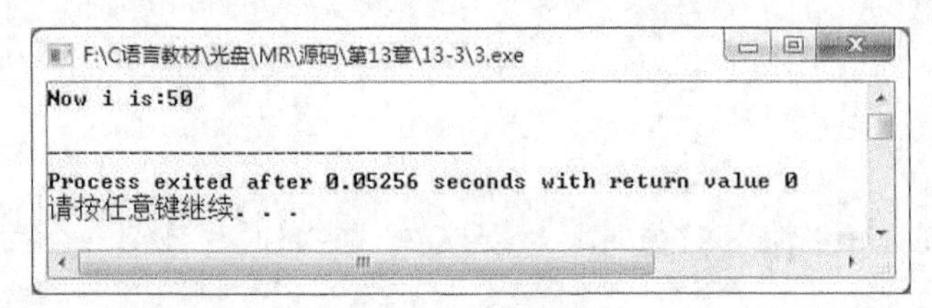

图 13-5　#if 应用

同样，若将语句

```
#define NUM 50
```

改为

```
#define NUM 100
```

则运行结果如图 13-6 所示。

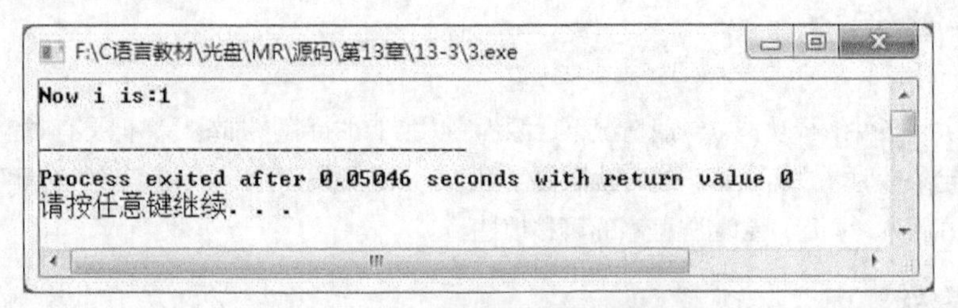

图 13-6　NUM 为 100 时的运行结果

#else 的作用是为#if 为假时提供另一种选择，其作用和前面讲过的条件判断中的 else 相近。

【例 13-4】 #else 应用。

```
#include<stdio.h>
#define NUM 50
main()
{
        int i=0;
        #if NUM>50
              i++;
        #else
        #if NUM<50
```

是预处理的一个重要功能，可用于将多个源文件连接成一个源文件进行编译，并生成一个目标文件。条件编译允许只编译源程序中满足条件的程序段，从而减少了内存的开销并提高了程序的效率。

上机指导

使用条件编译隐藏密码。

一般输入密码时都会用星号*来替代，用以增强安全性。要求设置一个宏，规定宏体为 1，在正常情况下密码显示为*号的形式，在某些特殊的时候，显示为字符串。运行结果如图 13-10 所示。

上机指导

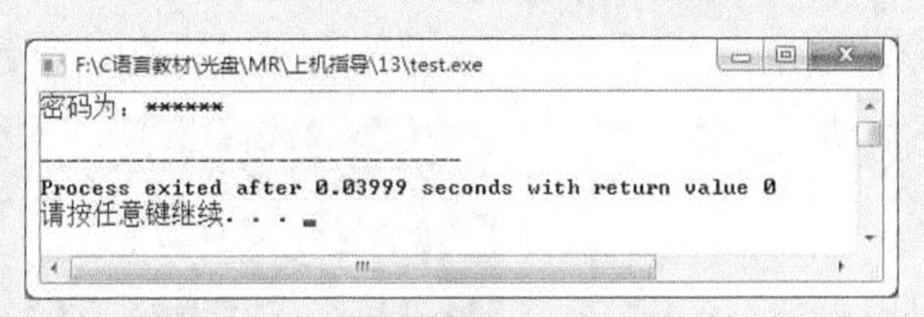

图 13-10　使用条件编译隐藏密码

编程思路：

条件编译使用#if…#else…#endif 语句，其进行条件编译的指令格式为：

```
#if 常数表达式
    语句段1
#else
    语句段2
#endif
```

如果常数表达式为真，则编译语句段 1，否则编译语句段 2。

本实例中，对于一个字符串要求有两种输出形式，一种是原样输出，另一种是用相同数目的“*”号输出，可以通过选择语句来实现，但是使用条件编译指令可以在编译阶段就决定要怎样操作。

习　题

13-1　输入两个整数，求它们的乘积，用带参的宏实现。

13-2　分别用函数和带参的宏，从 3 个数中找出最小数。

13-3　利用不带参数的宏定义求平行四边形的面积，平行四边形的面积=底边×高。将平行四边形的底边和高设置为宏的形式。

13-4　定义一个带参的宏 swap(a,b)，以实现两个整数之间的交换，并利用它将一维数组 a 和 b 的值进行交换。

13-5　编写程序实现利用宏定义求 1-100 的偶数和，定义一个宏判断一个数是否为偶数。

13-6　利用文件包含设计输出模式。在程序设计时需要很多输出格式，如整型、实型及字符型等，在编写程序的时候会经常使用这些输出格式，如果经常书写这些格式会很繁琐，要求设计一个头文件，将经常使用的输出模式都写进头文件中，方便编写代码。

PART 14

第14章 文件

本章要点：

- 了解文件的概念
- 掌握文件的基本操作
- 掌握文件的不同读写方法
- 掌握文件的定位

■ 文件是程序设计中的一个重要概念。在现代计算机的应用领域中，数据处理是一个重要方面，要实现数据处理往往要通过文件的形式来完成。

■ 本章就来介绍如何将数据写入文件和从文件中读出。

```
{
        FILE *fp;
        char filename[30],str[30];                    /*定义两个字符型数组*/
        printf("please input filename:\n");
        scanf("%s",filename);/*输入文件名*/
        if((fp=fopen(filename,"w"))==NULL)            /*判断文件是否打开失败*/
        {
         printf("can not open!\npress any key to continue:\n");
         getchar();
         exit(0);
        }
        printf("please input string:\n");             /*提示输入字符串*/
        getchar();
        gets(str);
        fputs(str,fp);                                /*将字符串写入fp所指向的文件中*/
        fclose(fp);
}
```

运行程序后，输入文件要创建的磁盘位置和文件内容如图 14-4 所示，则新创建的文件中的内容如图 14-5 所示。

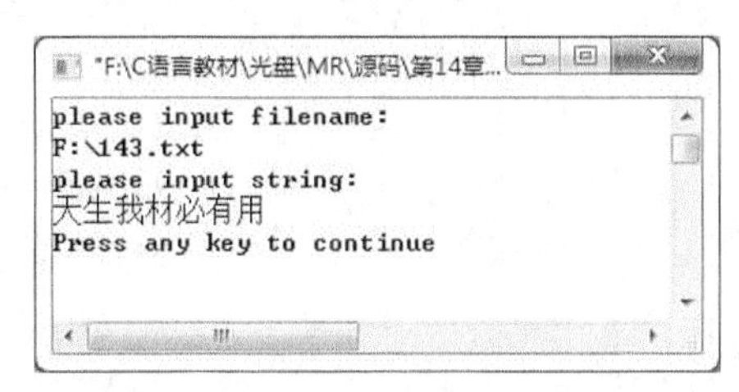

图 14-4　运行界面

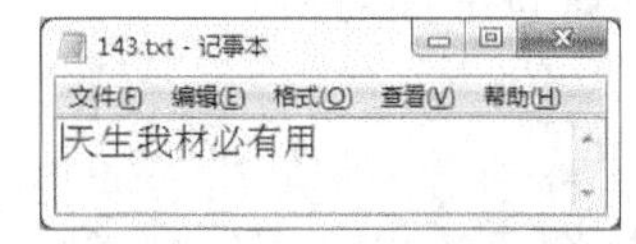

图 14-5　文件中的内容

此实例使用 Visual C++6.0 编译运行。

14.3.4　fgets 函数

fgets 函数

fgets 函数与 fgetc 函数类似，区别在于 fgetc 函数每次从文件中读出一个字符，而 fgets 函数每次从文件中读出一个字符串。

fgets 函数的一般形式如下：

```
fgets(字符数组名,n,文件指针);
```

该函数的作用是从指定的文件中读一个字符串到字符数组中。n 表示所得到的字符串中字符的个数（包含“\0”）。

【例 14-4】 读取任意磁盘文件中的内容。

```
#include<stdio.h>
#include<process.h>
main()
{
        FILE *fp;
```

```
    char filename[30],str[30];                          /*定义两个字符型数组*/
    printf("please input filename:\n");
    scanf("%s",filename);/*输入文件名*/
    if((fp=fopen(filename,"r"))==NULL)                  /*判断文件是否打开失败*/
    {
        printf("can not open!\npress any key to continue\n");
        getchar();
        exit(0);
    }
    fgets(str,sizeof(str),fp);                          /*读取磁盘文件中的内容*/
    printf("%s",str);
    fclose(fp);
}
```

运行程序后，输入要读取文件的磁盘位置（此文件已经存在），则可读出磁盘内容，如图 14-6 所示。文件中的内容如图 14-7 所示。

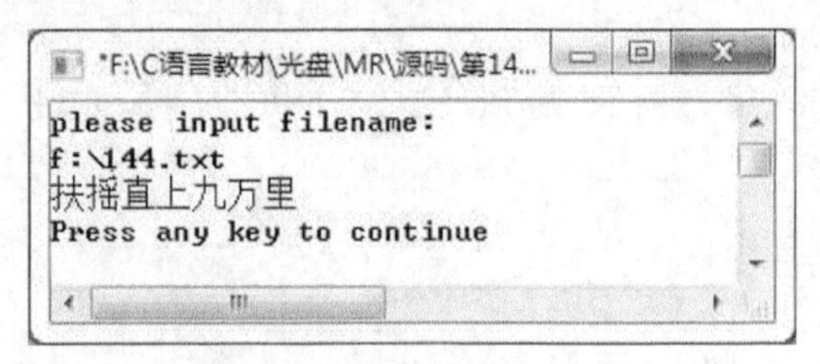

图 14-6　运行界面

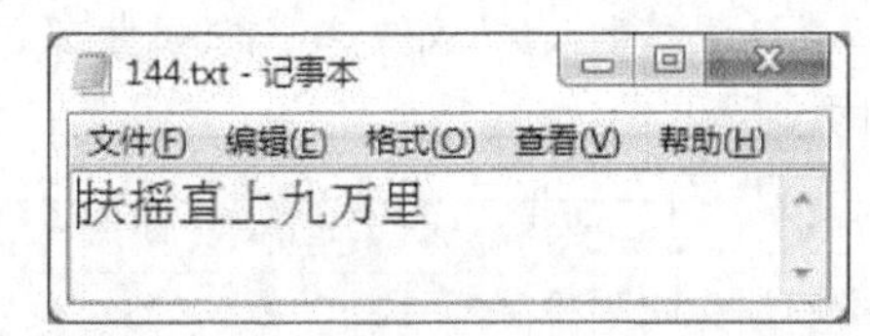

图 14-7　文件中的内容

此实例使用 Visual C++6.0 编译运行。

14.3.5　fprintf 函数

fprintf 函数

前面讲过 printf 和 scanf 函数，两者都是格式化读写函数，下面要介绍的 fprintf 和 fscanf 函数与 printf 和 scanf 函数的作用相似，它们最大的区别就是读写的对象不同，fprintf 和 fscanf 函数读写的对象不是终端而是磁盘文件。

fprintf 函数的一般形式如下：

```
ch=fprintf(文件类型指针,格式字符串,输出列表);
```

例如：

```
fprintf(fp,"%d",i);
```

它的作用是将整型变量 i 的值以“%d”的格式输出到 fp 指向的文件中。

【例 14-5】 将数字 88 以字符的形式写到磁盘文件中。

```
#include<stdio.h>
#include<process.h>
main()
{
    FILE *fp;
    int i=88;
```

```
    char filename[30];                          /*定义一个字符型数组*/
    printf("please input filename:\n");
    scanf("%s",filename);                       /*输入文件名*/
    if((fp=fopen(filename,"w"))==NULL)          /*判断文件是否打开失败*/
    {
        printf("can not open!\npress any key to continue\n");
        getchar();
        exit(0);
    }
    fprintf(fp,"%c",i);                         /*将88以字符的形式写入fp所指的磁盘文件中*/
    fclose(fp);
}
```

运行程序后，输入要写入的文件的磁盘位置（此文件可不存在），如图 14-8 所示。文件中的内容如图 14-9 所示。

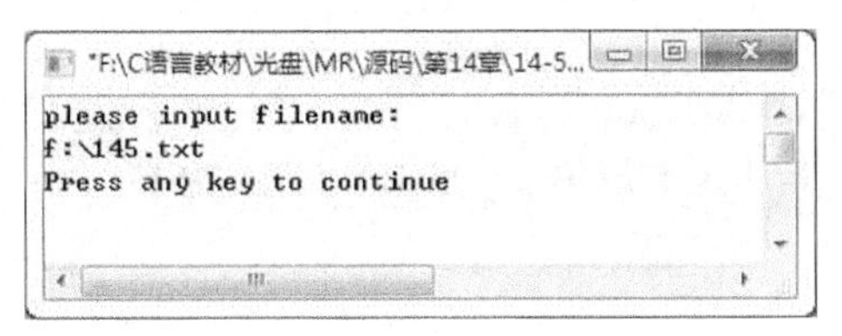

图 14-8　运行界面

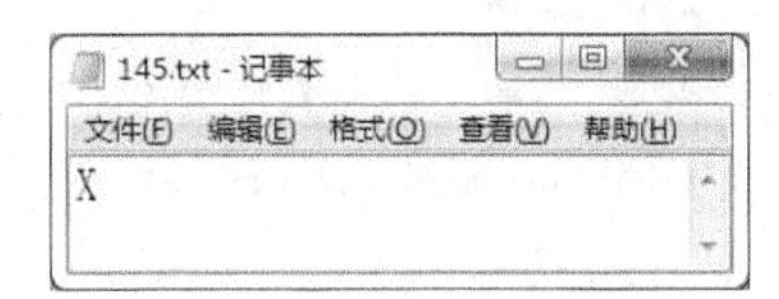

图 14-9　文件中的内容

此实例使用 Visual C++6.0 编译运行。

14.3.6　fscanf 函数

fscanf 函数

fscanf 函数的一般形式如下：

```
fscanf(文件类型指针,格式字符串,输入列表);
```

例如：

```
fscanf(fp,"%d",&i);
```

它的作用是读入 fp 所指向的文件中的 i 的值。

【例 14-6】 将文件中的 5 个字符以整数形式输出。

```
#include<stdio.h>
#include<process.h>
main()
{
    FILE *fp;
    char i,j;
    char filename[30];                     /*定义一个字符型数组*/
    printf("please input filename:\n");
    scanf("%s",filename);                  /*输入文件名*/
    if((fp=fopen(filename,"r"))==NULL)     /*判断文件是否打开失败*/
    {
        printf("can not open!\npress any key to continue\n");
        getchar();
```

```
        exit(0);
    }
    for(i=0;i<5;i++)
    {
        fscanf(fp,"%c",&j);
        printf("%d is:%5d\n",i+1,j);
    }
    fclose(fp);
}
```

运行程序后，输入要读取文件的磁盘位置（此文件已经存在），则可读出磁盘内容的整数形式，如图 14-10 所示。文件中的内容如图 14-11 所示。

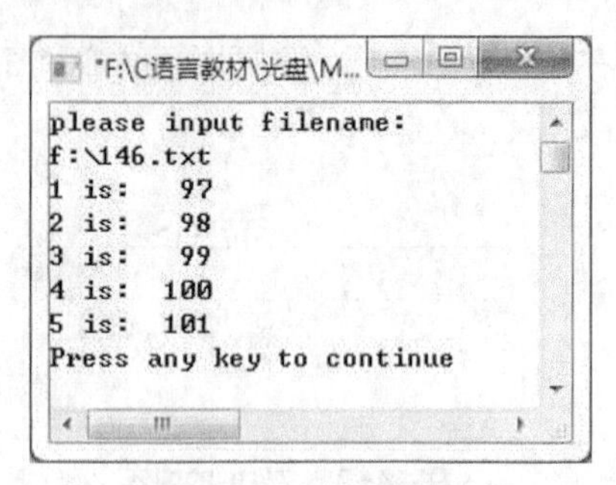

图 14-10　运行界面

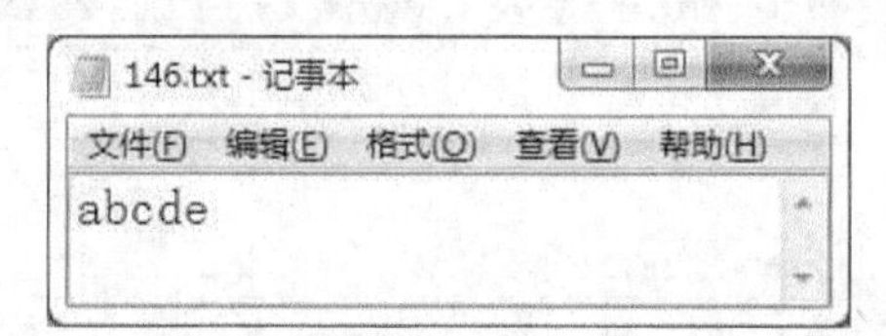

图 14-11　文件中的内容

此实例使用 Visual C++6.0 编译运行。

14.3.7　fread 和 fwrite 函数

前面介绍的 fputc 和 fgetc 函数每次只能读写文件中的一个字符，但是在编写程序的过程中往往需要对整块数据进行读写，例如对一个结构体类型变量值进行读写。下面就介绍实现整块读写功能的 fread 和 fwrite 函数。

fread 和 fwrite 函数

fread 函数的一般形式如下：

```
fread(buffer,size,count,fp);
```

该函数的作用是从 fp 所指的文件中读入 count 次，每次读 size 字节，读入的信息存在 buffer 地址中。

fwrite 函数的一般形式如下：

```
fwrite(buffer,size,count,fp);
```

该函数的作用是将 buffer 地址开始的信息输出 count 次，每次写 size 字节到 fp 所指的文件中。

- buffer：一个指针。对于 fwrite 函数来说是要输出数据的地址（起始地址）；对 fread 函数来说是所要读入的数据存放的地址。
- size：要读写的字节数。
- count：要读写多少个 size 字节的数据项。
- fp：文件型指针。

例如：

```
fread(a,2,3,fp);
```

其含义是从 fp 所指的文件中每次读两个字节送入实数组 a 中，连续读 3 次。

```
fwrite(a,2,3,fp);
```

其含义是将 a 数组中的信息每次输出两个字节到 fp 所指向的文件中，连续输出 3 次。

【例 14-7】编程实现将录入的通讯录信息保存到磁盘文件中，在录入完信息后，将所录入的信息全部显示出来。

```
#include<stdio.h>
#include<process.h>
struct address_list                                /*定义结构体存储学生成绩信息*/
{
    char name[10];
    char adr[20];
    char tel[15];
} info[100];
void save(char *name, int n)                       /*自定义save函数*/
{
    FILE *fp;                                      /*定义一个指向FILE类型结构体的指针变量*/
    int i;
    if((fp = fopen(name, "wb")) == NULL)           /*以只写方式打开指定文件*/
    {
        printf("cannot open file\n");
        exit(0);
    }
    for(i = 0; i < n; i++)
/*将一组数据输出到fp所指的文件中*/
        if(fwrite(&info[i], sizeof(struct address_list), 1, fp) != 1)
            printf("file write error\n");          /*如果写入文件不成功，则输出错误*/
    fclose(fp);                                    /*关闭文件*/
}
void show(char *name, int n)                       /*自定义show函数*/
{
    int i;
    FILE *fp;                                      /*定义一个指向FILE类型结构体的指针变量*/
    if((fp = fopen(name, "rb")) == NULL)           /*以只读方式打开指定文件*/
    {
        printf("cannot open file\n");
        exit(0);
    }
    for(i = 0; i < n; i++)
    {
        /*从fp所指向的文件读入数据存到score数组中*/
        fread(&info[i], sizeof(struct address_list), 1, fp);
        printf("%15s%20s%20s\n", info[i].name, info[i].adr,info[i].tel);
    }
    fclose(fp);                                    /*以只写方式打开指定文件*/
}
main()
{
    int i, n;                                      /*变量类型为基本整型*/
```

```
    char filename[50];                              /*数组为字符型*/
    printf("how many ?\n");
    scanf("%d", &n);                                /*输入学生数*/
    printf("please input filename:\n");
    scanf("%s", filename);                          /*输入文件所在路径及名称*/
    printf("please input name,address,telephone:\n");
    for (i = 0; i < n; i++)                         /*输入学生成绩信息*/
    {
        printf("NO%d", i + 1);
        scanf("%s%s%s", info[i].name, info[i].adr, info[i].tel);
        save(filename, n);                          /*调用函数save*/
    }
    show(filename, n);                              /*调用函数show*/
}
```

运行程序后，输入要读取文件的磁盘位置（此文件已经存在），则可读出磁盘内容的整数形式，如图 14-12 所示。文件中的内容如图 14-13 所示。

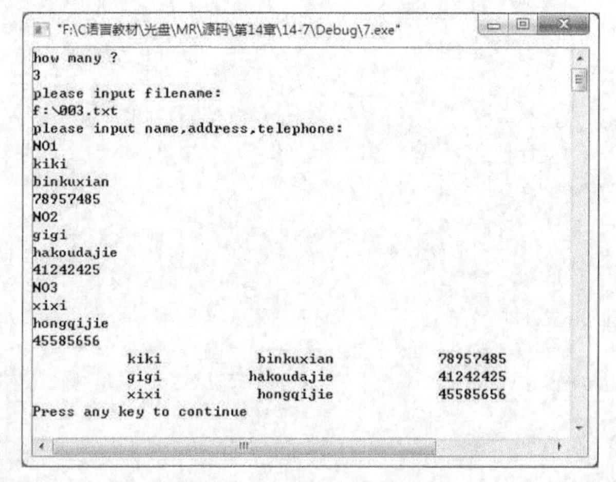

图 14-12　录入并显示信息

此实例使用 Visual C++6.0 编译运行。

14.4　文件的定位

在对文件进行操作时往往不需要从头开始，只需对其中指定的内容进行操作，这时就需要使用文件定位函数来实现对文件的随机读取。本节将介绍 3 种随机读写函数。

fseek 函数

14.4.1　fseek 函数

借助缓冲型 I/O 系统中的 fseek 函数可以完成随机读写操作。fseek 函数的一般形式如下：

```
fseek(文件类型指针,位移量,起始点);
```

该函数的作用是移动文件内部位置指针。其中，“文件类型指针”指向被移动的文件；“位移量”表示移动的字节数，要求位移量是 long 型数据，以便在文件长度大于 64KB 时不会出错。当用常量表示位移量时，要求加后缀“L”；“起始点”表示从何处开始计算位移量，规定的起始点有文件首、文件当前位置和文件尾 3 种，其表示方法如表 14-2 所示。

表 14-2　起始点

起始点	表示符号	数字表示
文件首	SEEK—SET	0
文件当前位置	SEEK—CUR	1
文件末尾	SEEK—END	2
起始点	表示符号	数字表示

例如：

```
fseek(fp,-20L,1);
```

表示将位置指针从当前位置向后退 20 个字节。

fseek 函数一般用于二进制文件。在文本文件中由于要进行转换，往往计算的位置会出现错误。

文件的随机读写在移动位置指针之后进行，即可用前面介绍的任一种读写函数进行读写。

【例 14-8】 向任意一个二进制文件中写入一个长度大于 6 的字符串，然后从该字符串的第 6 个字符开始输出余下字符。

```
#include<stdio.h>
#include<process.h>
main()
{
        FILE *fp;
        char filename[30],str[50];                /*定义两个字符型数组*/
        printf("please input filename:\n");
        scanf("%s",filename);                     /*输入文件名*/
        if((fp=fopen(filename,"wb"))==NULL)       /*判断文件是否打开失败*/
        {
                printf("can not open!\npress any key to continue\n");
                getchar();
                exit(0);
        }
        printf("please input string:\n");
        getchar();
        gets(str);
        fputs(str,fp);
        fclose(fp);
        if((fp=fopen(filename,"rb"))==NULL)       /*判断文件是否打开失败*/
        {
                printf("can not open!\npress any key to continue\n");
```

```
            getchar();
            exit(0);
        }
        fseek(fp,5L,0);
        fgets(str,sizeof(str),fp);
        putchar('\n');
        puts(str);
        fclose(fp);
}
```

运行程序，显示效果如图 14-13 所示。

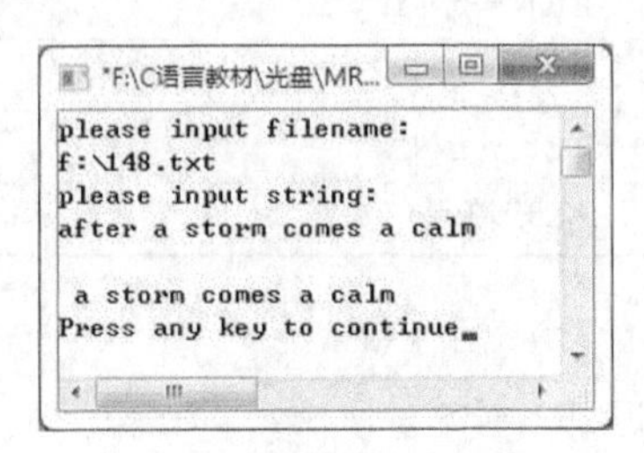

图 14-13　截取文档中的内容

此实例使用 Visual C++6.0 编译运行。

程序中有这样一句代码：

```
fseek(fp,5L,0);
```

此代码的含义是将文件指针指向距文件首 5 个字节的位置，也就是指向字符串中的第 6 个字符。

rewind 函数

14.4.2　rewind 函数

前面讲过了 fseek 函数，这里将要介绍的 rewind 函数也能起到定位文件指针的作用，从而达到随机读写文件的目的。rewind 函数的一般形式如下：

```
int rewind(文件类型指针)
```

该函数的作用是使位置指针重新返回文件的开头，该函数没有返回值。

【例 14-9】 rewind 函数的应用。

```
#include<stdio.h>
#include<process.h>
main()
{
      FILE *fp;
      char ch,filename[50];
      printf("please input filename:\n");
      scanf("%s",filename);                        /*输入文件名*/
      if((fp=fopen(filename,"r"))==NULL)           /*以只读方式打开该文件*/
      {
            printf("cannot open this file.\n");
```

```
        exit(0);
    }
    ch = fgetc(fp);
    while(ch != EOF)
    {
        putchar(ch);                          /*输出字符*/
        ch = fgetc(fp);                       /*获取fp指向文件中的字符*/
    }
    rewind(fp);                               /*指针指向文件开头*/
    ch = fgetc(fp);
    while(ch != EOF)
    {
        putchar(ch);                          /*输出字符*/
        ch = fgetc(fp);
    }
    fclose(fp);                               /*关闭文件*/
}
```

运行程序，显示效果如图 14-14 所示。

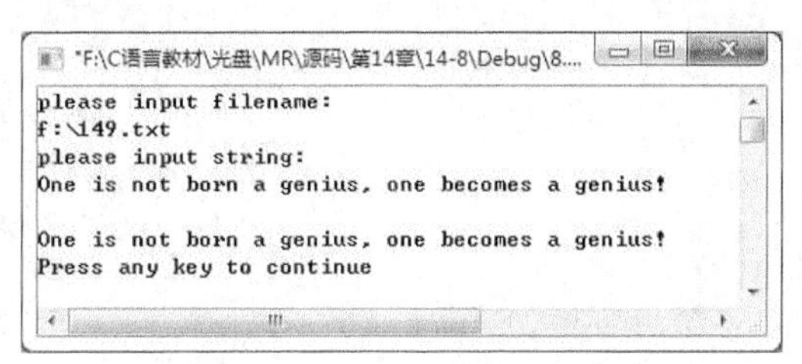

图 14-14　rewind 函数的应用

此实例使用 Visual C++6.0 编译运行。

程序中通过以下 6 行语句输出了第一个“One is not born a genius，one becomes a genius!”。

```
ch = fgetc(fp);
    while(ch != EOF)
    {
        putchar(ch);
        ch = fgetc(fp);
    }
```

在输出了第一个“One is not born a genius，one becomes a genius!”后文件指针已经移动到了该文件的尾部，使用 rewind 函数再次将文件指针移到文件的开始部分，因此当再次使用上面 6 行语句时就出现了第二个“One is not born a genius，one becomes a genius!”。

14.4.3　ftell 函数

ftell 函数

ftell 函数的一般形式如下：

```
long ftell(文件类型指针)
```

该函数的作用是得到流式文件中的当前位置，用相对于文件开头的位移量来表示。

当 ftell 函数返回值为-1L 时，表示出错。

【例 14-10】 求字符串长度。

```
#include<stdio.h>
#include<process.h>
main()
{
	FILE *fp;
	int n;
	char ch, filename[50];
	printf("please input filename:\n");
	scanf("%s", filename);                         /*输入文件名*/
	if((fp=fopen(filename, "r"))==NULL)            /*以只读方式打开该文件*/
	{
		printf("cannot open this file.\n");
		exit(0);
	}
	ch = fgetc(fp);
	while(ch != EOF)
	{
		putchar(ch);                                   /*输出字符*/
		ch = fgetc(fp);                                /*获取fp指向文件中的字符*/
	}
	n=ftell(fp);
	printf("\nthe length of the string is:%d\n",n);
	fclose(fp);                                    /*关闭文件*/
}
```

运行程序，显示效果如图 14-15 所示。

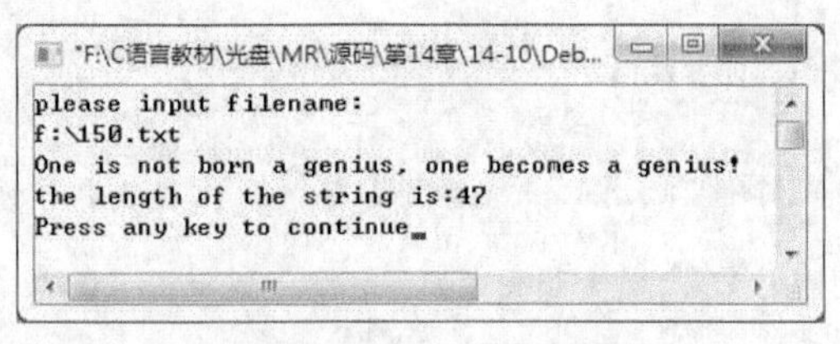

图 14-15 求字符串长度

此实例使用 Visual C++6.0 编译运行。

小 结

本章主要介绍了对文件的一些基本操作，包括文件的打开、关闭、文件的读写及定位等。C 文件按编码方式分为二进制文件和 ASCII 文件。C 语言用文件指针标识文件，文件在读写操作之前必须打开，读写结束必须关闭。文件可以采用不同方式打开，同时必须指定文件的类型。文件的读写也分为多种方式，本章提到了单个字符的读写、字符串的读写、成块读写以及按指定的格式进行读写。文件内部的位置指针可指示当前的读写位置，同时也可以移动该指针从而实现对文件的随机读写。

上机指导

删除文件。

编程实现文件的删除，具体要求如下：从键盘中输入要删除的文件的路径及名称，无论删除是否成功都在屏幕中给出提示信息。运行结果如图 14-16 所示。

上机指导

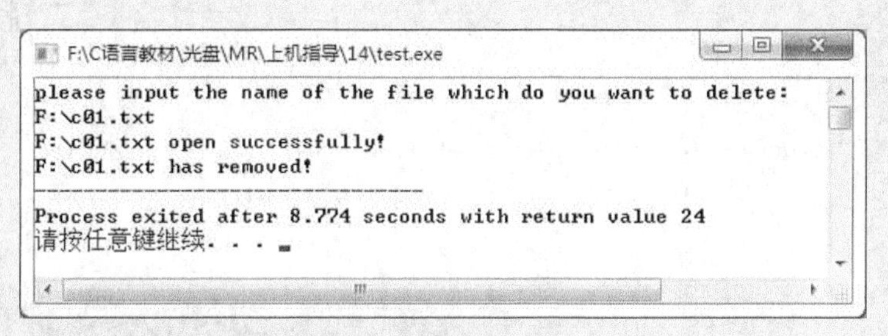

图 14-16 删除文件

编程思路：

本实例使用了 remove 函数，具体使用说明如下：

```
int remove(char *filename)
```

该函数的作用是删除 filename 所指定的文件。删除成功返回 0，出现错误返回-1，remove 函数的原型在“stdio.h”中。

习 题

14-1 编程实现将一个文件 2 中的内容复制到文件 1 中。

14-2 将一个已存在的文本文档的内容复制到新建的文本文档中。

14-3 输入学生人数以及每个学生的数学、语文、英语成绩，并将输入的内容保存到磁盘文件中。

14-4 编程实现对记录中职工工资信息的删除，具体要求如下：输入路径及文件名打开一文件，录入员工姓名及工资，录入完毕显示文件中的内容，输入要删除的员工姓名，进行删除操作，最后将删除后的内容显示在屏幕上。

14-5 有两个文本文档，第一个文本文档的内容是：“书中自有黄金屋,书中自有颜如玉。”，第二个文本文档的内容是：“不登高山，不知天之高也；不临深谷，不知地之厚也。”编程实现合并两文件信息，即将文档二的内容合并到文档一内容的后面。

14-6 编程实现对指定文件中的内容进行统计。具体要求如下：输入要进行统计的文件的路径及名称，统计出该文件中字符、空格、数字及其他字符的个数，并将统计结果存到指定的磁盘文件中。

PART15

第15章

存储管理

本章要点：

- 了解内存组织方式
- 区分堆与栈的不同
- 掌握动态管理所用函数
- 了解内存丢失情况

■ 程序在运行时，将需要的数据都组织存放在内存空间，以备程序使用。在软件开发过程中，常常需要动态地分配和撤销内存空间。例如对动态链表中的节点进行插入和删除，就要对内存进行管理。

■ 本章致力于使读者了解内存的组织结构，了解堆和栈的区别，掌握使用动态管理内存的函数，了解内存在什么情况下会丢失。

15.1 内存组织方式

程序存储的概念是当代所有数字计算机的基础，程序的机器语言指令和数据都存储在同一个逻辑内存空间里。

在讲述有关结构体一章的有关链表的内容时曾提及到动态分配内存的有关函数。那么这些内存是按照怎样的方式组织的呢？下面将会进行具体的介绍。

内存的组织方式

15.1.1 内存的组织方式

开发人员将程序编写完成之后，程序要先装载到计算机的内核或者半导体内存中，再运行程序。程序被组织成以下 4 个逻辑段。

- 可执行代码。
- 静态数据。可执行代码和静态数据存储在固定的内存位置。
- 动态数据（堆）。程序请求动态分配的内存来自内存池，也就是上面所列举的堆。
- 栈。局部数据对象、函数的参数以及调用函数和被调用函数的联系放在称为栈的内存池中。

以上 4 类根据操作平台和编译器的不同，堆和栈既可以是被所有同时运行的程序共享的操作系统资源，也可以是使用程序独占的局部资源。

15.1.2 堆与栈

通过内存组织方式可以看到，堆用来存放动态分配内存空间，而栈用来存放局部数据对象、函数的参数以及调用函数和被调用函数的联系，下面对二者进行详细的说明。

堆与栈

1. 堆

在内存的全局存储空间中，用于程序动态分配和释放的内存块称为自由存储空间，通常也称之为堆。

在 C 程序中，是用 malloc 和 free 函数来从堆中动态地分配和释放内存。

【例 15-1】 在堆中分配内存并释放。

在本实例中，使用 malloc 函数分配一个整型变量的内存空间，在使用完该空间后，使用 free 函数进行释放。

```
#include<stdio.h>

int main()
{
	int *pInt;                              /*定义整型指针*/
	pInt=(int*)malloc(sizeof(int));          /*分配内存*/

	*pInt=100;                              /*使用分配内存*/
	printf("the number is:%d\n",*pInt);     /*输出显示数值*/
	free(pInt);                             /*释放内存*/
	return 0;
}
```

在本程序中，使用 malloc 函数分配一个整型变量的内存空间。

运行程序，显示效果如图 15-1 所示。

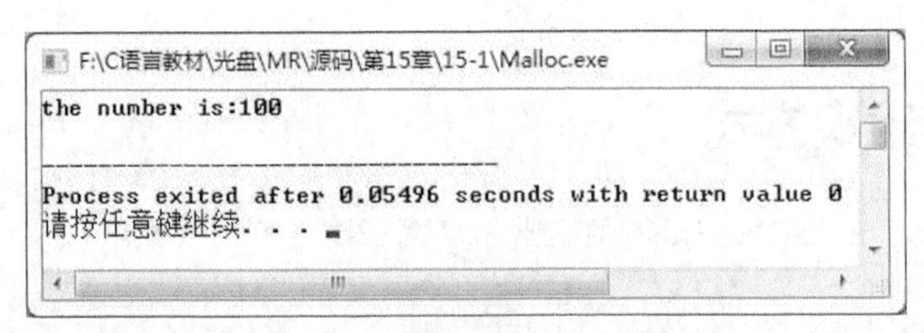

图 15-1　在堆中分配内存并释放

2. 栈

程序不会像处理堆那样在栈中显式地分配内存。当程序调用函数和声明局部变量时，系统将自动分配内存。

栈是一个后进先出的压入弹出式的数据结构。在程序运行时，需要每次向栈中压入一个对象，然后栈指针向下移动一个位置。当系统从栈中弹出一个对象时，最晚进栈的对象将被弹出，然后栈指针向上移动一个位置。如果栈指针位于栈顶，则表示栈是空的；如果栈指针指向最下面的数据项的后一个位置，则表示栈为满的。其过程如图 15-2 所示。

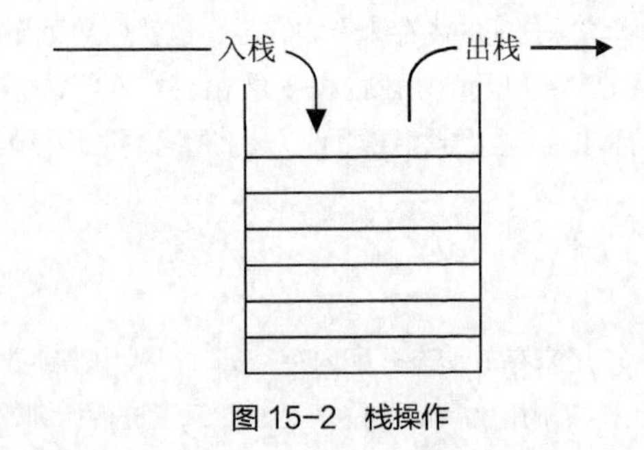

图 15-2　栈操作

程序员经常会利用栈这种数据结构来处理那些最适用后进先出逻辑来描述的编程问题。这里讨论的栈在程序中都会存在，它不需要程序员编写代码去维护，而是运行时由系统自动处理。所谓的运行时系统维护，实际上就是编译器所产生的程序代码。尽管在源代码中看不到它们，但程序员应该对此有所了解。这个特性和后进先出的特性是栈明显区别于堆的标志。

那么栈是如何工作的呢？例如当一个函数 A 调用另一个函数 B 时，系统将会把函数 A 的所有实参和返回地址压入到栈中，栈指针将移到合适的位置来容纳这些数据。最后进栈的是函数 A 的返回地址。

当函数 B 开始执行后，系统把函数 B 的自变量压入到栈中，并把栈指针再向下移，以保证有足够的空间来存储函数 B 声明的所有自变量。

当函数 A 的实参压入栈后，函数 B 就在栈中以自变量的形式建立了形参。函数 B 内部的其他自变量也是存放在栈中的。由于这些进栈操作，栈指针已经移到所有局部变量之下。但是函数 B 记录了刚开始执行时的初始栈指针，以这个指针为参考，用正偏移量或负偏移量来访问栈中的变量。

当函数 B 正准备返回时，系统弹出栈中的所有自变量，这时栈指针移到了函数 B 刚开始执行时的位置。接着，函数 B 返回，系统从栈中弹出返回地址，函数 A 就可以继续执行了。

当函数 A 继续执行时，系统还能从栈中弹出调用者的实参，于是栈指针又回到了调用发生前的位置。

【例 15-2】 栈在函数调用时的操作。

在本实例中，对上面栈的描述操作过程使用实例进行说明。其中函数的名称根据上面描述所确定。该实例有助于更好地理解栈的操作过程。

```
#include<stdio.h>
```

```
        pInt=(int*)malloc(sizeof(pInt));              /*分配空间整型空间*/
        *pInt=100;                                    /*赋值*/
        printf("%d\n",*pInt);                         /*将值进行输出*/
        free(pInt);                                   /*释放该内存空间*/
        printf("%d\n",*pInt);                         /*将值进行输出*/
        return 0;
    }
```

在程序中定义指针 pInt 用来指向动态分配的内存空间，使用新空间保存数据，之后利用指针进行输出。调用 free 函数将其空间释放，当再输出时因为保存数据的空间已经被释放，所以数据肯定就不存在了。

运行程序，显示效果如图 15-7 所示。

```
F:\C语言教材\光盘\MR\源码\第15章\15-6\Free.exe
100
10893584

--------------------------------
Process exited after 0.05278 seconds with return value 0
请按任意键继续. . .
```

图 15-7　使用 free 函数释放内存空间

15.3　内存丢失

内存丢失

预处理器提供了条件编译功能，一般情况下，源程序中所有的行都参加编译，但是有时希望只对其中一部分内容在满足一定条件时才进行编译，这时就需要使用到一些条件编译命令。使用条件编译可方便地处理程序的调试版本和正式版本，同时还会增强程序的可移植性。

在使用 malloc 等函数分配内存后，要对其使用 free 函数进行释放。因为内存不进行释放会造成内存遗漏，从而可能会导致系统崩溃。

因为 free 函数的用处在于实时地执行回收内存的操作，如果程序很简单，当程序结束之前也不会使用过多的内存，不会降低系统的性能，那么也可以不用写 free 函数去释放内存。当程序结束后，操作系统会完成释放的功能。

但是如果在开发大型程序时不写 free 函数去释放内存，后果是很严重的。这是因为很可能在程序中要重复一万次分配 10MB 的内存，如果每次进行分配内存后都使用 free 函数去释放用完的内存空间，那么这个程序只需要使用 10MB 内存就可以运行。但是如果不使用 free 函数，那么程序就要使用 100GB 的内存！这其中包括绝大部分的虚拟内存，而由于虚拟内存的操作需要读写磁盘，这样会极大地影响到系统的性能，系统因此可能崩溃。

因此，在程序中编写 malloc 函数分配内存时都对应地写出一个 free 函数进行释放是一个良好的编程习惯。这不但体现在处理大型程序时的必要性，也在一定程度上体现程序优美的风格和健壮性。

但是有时常常会有将内存丢失的情况，例如：

```
pOld=(int*)malloc(sizeof(int));
pNew=(int*)malloc(sizeof(int));
```

这两段代码分别表示创建了一块内存，并且将内存的地址传给了指针 pOld 和 pNew，此时指针 pOld 和 pNew 分别指向两块内存。如果进行这样的操作：

```
pOld=pNew;
```

pOld 指针就指向了 pNew 指向的内存地址，这时再进行释放内存操作：

```
free(pOld);
```

此时释放 pOld 所指向的内存空间是原来 pNew 指向的，于是这块空间被释放了。但是 pOld 原来指向的那块内存空间还没有被释放，不过因为没有指针指向这块内存，所以这块内存就造成了丢失。

小 结

本章主要对前文提及的内存分配问题进行整体的介绍。读者学习内存的组织方式，可在编写程序时知道这些空间都是如何进行分配的。

之后讲解有关堆和栈的概念，其中栈式数据结构的主要特性是后进入栈的元素先出，即后进先出。

动态管理包括 malloc、calloc、realloc 和 free 4 个函数，其中 free 函数是用来释放内存空间的。

本章的最后介绍了有关内存丢失的问题，其中要求在编写程序时使用 malloc 函数分配内存的同时要对应写出一个 free 函数来。

上机指导

为具有三个数组元素的数组分配内存。

为一个具有 3 个元素的数组动态分配内存，为元素赋值并将其输出。运行结果如图 15-8 所示。

上机指导

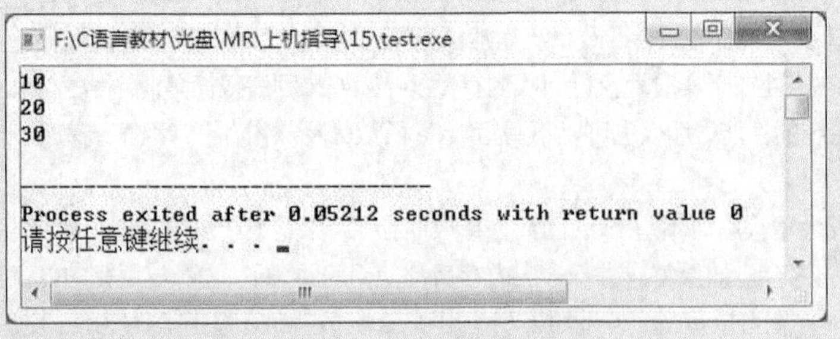

图 15-8　为具有三个数组元素的数组分配内存

编程思路：

本例主要是使用 malloc 函数为具有 3 个数组元素的整型数组动态的分配存储空间，利用 for 循环为数组赋值，并使用 printf 函数将数组的值输出。

习 题

15-1 要求设计一个程序，为一个具有 3 个元素的数组动态分配内存，为元素赋值并将其输出。程序结束之前将内存空间释放。

15-2 要求设计一个程序，为二维数组进行动态分配并且释放内存空间。

15-3 编写程序，要求创建一个结构体类型的指针，其中包含两个成员，一个是整型，一个是结构体指针。使用 malloc()函数分配一个结构体的内存空间，然后给这两个成员赋值，并显示出来。

15-4 调用 calloc()函数动态分配内存存放若干个数据。该函数返回值为分配域的起始地址；如果分配不成功，则返回值为 0。

PART16

第16章

网络套接字编程

本章要点：

- 了解计算机网络的基本知识
- 了解套接字的概述
- 掌握套接字（socket）编程
- 掌握套接字函数的使用方法
- 使用套接字实践编写网络应用程序

■ 网络已经遍及生活的每一个角落，存在于人们生活的每一天，这说明网络越来越重要，而学习编写网络应用程序也是学习编程的一部分。网络程序的实现可以有多种方式，Windows Socket 就是其中一种比较简单的实现方法。

■ 本章致力于使读者了解有关计算机网络的基础知识，其中包括 IP 地址、OSI 七层参考模型、地址解析、域名系统、TCP/IP 协议和端口。详细介绍套接字的有关内容，使读者了解使用套接字编写程序的过程，并且通过实践加深对套接字编写网络应用程序的印象。

16.1 内存组织方式

计算机网络是计算机和通信技术相结合的产物，它代表了计算机发展的重要方向。了解计算机的网络结构有助于用户开发网络应用程序。本节将介绍有关计算机网络的基础知识和基本概念。

16.1.1 IP 地址

IP 地址

为了使网络上的计算机能够彼此识别对方，每台计算机都需要一个 IP 地址以标识自己。IP 地址由 IP 协议规定的 32 位的二进制数表示，最新的 IPv6 协议将 IP 地址升为 128 位，这使得 IP 地址更加广泛，能够很好地解决目前 IP 地址紧缺的情况，但是 IPv6 协议距离实际应用还有一段距离。目前，多数操作系统和应用软件都是以 32 位的 IP 地址为基准。

32 位的 IP 地址主要分为前缀和后缀两部分。前缀表示计算机所属的物理网络，后缀确定该网络上的唯一一台计算机。在互联网上，每一个物理网络都有唯一的网络号，根据网络号的不同，可以将 IP 地址分为 5 类，即 A 类、B 类、C 类、D 类和 E 类。其中，A 类、B 类和 C 类属于基本类，D 类用于多播发送，E 类属于保留。表 16-1 描述了各类 IP 地址的范围。

表 16-1 各类 IP 地址的范围

类型	范围
A 类	0.0.0.0 ~ 127.255.255.255
B 类	128.0.0.0 ~ 191.255.255.255
C 类	192.0.0.0 ~ 223.255.255.255
D 类	224.0.0.0 ~ 239.255.255.255
E 类	240.0.0.0 ~ 247.255.255.255

在上述 IP 地址中，有 3 个 IP 地址是特殊的，有其单独的用途。

- 网络地址：在 IP 地址中主机地址为 0 的表示网络地址，如 128.111.0.0。
- 广播地址：在网络号后跟所有位全是 1 的 IP 地址，表示广播地址。
- 回送地址：127.0.0.1 表示回送地址，用于测试。

16.1.2 OSI 七层参考模型

OSI 七层参考模型

开放系统互联（Open System Interconnection，OSI），是国际标准化组织（ISO）为了实现计算机网络的标准化而颁布的参考模型。OSI 参考模型采用分层的划分原则，将网络中的数据传输划分为 7 层，每一层使用下层的服务，并向上层提供服务。表 16-2 描述了 OSI 参考模型的结构。

OSI 参考模型的建立，不仅创建了通信设备之间的物理通道，还规划了各层之间的功能，为标准化组合和生产厂家制定协议提供了基本原则。这有助于用户了解复杂的协议，如 TCP/IP、X.25 协议等。用户可以将这些协议与 OSI 参考模型对比，从而了解这些协议的工作原理。

表 16-2 OSI 参考模型

层次	名称	功能描述
第 7 层	应用层（Application）	应用层负责网络中应用程序与网络操作系统之间的联系。例如，建立和结束使用者之间的连接，管理建立相互连接使用的应用资源
第 6 层	表示层（Presentation）	表示层用于确定数据交换的格式，它能够解决应用程序之间在数据格式上的差异，并负责设备之间所需要的字符集和数据的转换
第 5 层	会话层（Session）	会话层是用户应用程序与网络层的接口，它能够建立与其他设备的连接，即会话，并且它能够对会话进行有效的管理
第 4 层	传输层（Transport）	传输层提供会话层和网络层之间的传输服务，该服务从会话层获得数据，必要时对数据进行分割，然后传输层将数据传递到网络层，并确保数据能正确无误地传送到网络层
第 3 层	网络层（Network）	网络层能够将传输的数据封包，然后通过路由选择、分段组合等控制，将信息从源设备传送到目标设备
第 2 层	数据链路层（Data Link）	数据链路层主要是修正传输过程中的错误信号，它能够提供可靠的通过物理介质传输数据的方法
第 1 层	物理层（Physical）	利用传输介质为数据链路层提供物理连接，它规范了网络硬件的特性、规格和传输速度

16.1.3 地址解析

所谓地址解析是指将计算机的协议地址解析为物理地址，即 MAC（Medium Access Control）地址，又称为媒体访问控制地址。通常，在网络上由地址解析协议（ARP）来实现地址解析。下面以本地网络上的两台计算机通信为例介绍 ARP 协议解析地址的过程。

假设主机 A 和主机 B 处于同一个物理网络上，主机 A 的 IP 为 192.168.1.21，主机 B 的 IP 为 192.168.1.23，当主机 A 与主机 B 进行通信时，主机 B 的 IP 地址 192.168.1.23 将按如下步骤被解析为物理地址。

（1）主机 A 从本地 ARP 缓存中查找 IP 为 192.168.1.23 对应的物理地址。用户可以在命令行窗口中输入 "arp -a" 命令查看本地 ARP 缓存，如图 16-1 所示。

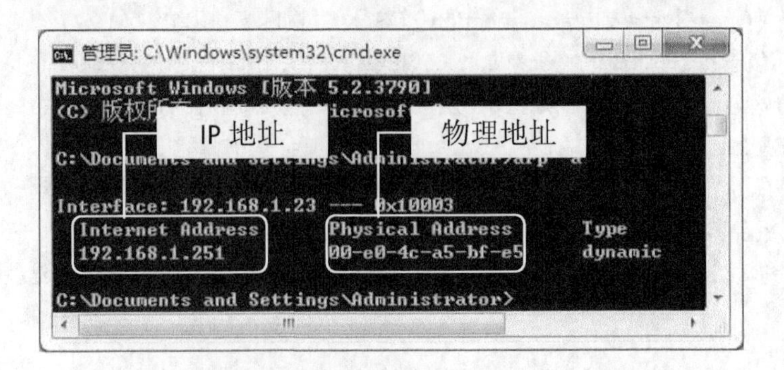

图 16-1 本地 ARP 缓存

（2）如果主机A在ARP缓存中没有发现192.168.1.23映射的物理地址，将发送ARP请求帧到本地网络上的所有主机，在ARP请求帧中包含了主机A的物理地址和IP地址。

（3）本地网络上的其他主机接收到ARP请求帧后，检查是否与自己的IP地址匹配，如果不匹配，则丢弃ARP请求帧。如果主机B发现与自己的IP地址匹配，则将主机A的物理地址和IP地址添加到自己的ARP缓存中，然后主机B将自己的物理地址和IP地址发送到主机A，当主机A接收到主机B发来的信息，将以这些信息更新ARP缓存。

（4）当主机B的物理地址确定后，主机A就可以与主机B进行通信了。

16.1.4 域名系统

域名系统

虽然使用IP地址可以标识网络中的计算机，但是IP地址容易混淆，并且不容易记忆，人们更倾向于使用主机名来标识IP地址。由于在Internet上存在许多计算机，为了防止主机名相同，Internet管理机构采取了在主机名后加上后缀名的方法标识一台主机，其后缀名被称为域名。例如，www.mingrisoft.com，主机名为www，域名为mingrisoft.com。这里的域名为二级域名，其中com为一级域名，表示商业组织，mingrisoft为本地域名。为了能够利用域名进行不同主机间的通信，需要将域名解析为IP地址，称之为域名解析。域名解析是通过域名服务器来完成的。

假如主机A的本地域名服务器是dns.local.com，根域名服务器是dns.mr.com；所要访问的主机B的域名为www.mingribook.com，域名服务器为dns.mrbook.com。当主机A通过域名www.mingribook.com访问主机B时，将发送解析域名www.mingribook.com的报文，本地的域名服务器收到请求后，查询本地缓存，假设没有该记录，则本地域名服务器dns.local.com向根域名服务器dns.mr.com发出请求解析域名www.mingribook.com。根域名服务器dns.mr.com收到请求后查询本地记录，如果发现mingribook. com NS dns.mrbook.com信息，将给出dns.mrbook.com的IP地址，并将结果返回给主机A的本地域名服务器dns.local.com，当本地域名服务器dns.local.com收到信息后，会向主机B的域名服务器dns.mrbook. com发送解析域名www.mingribook.com的报文。当域名服务器dns.mrbook.com收到请求后，开始查询本地的记录，发现www.mingribook.com A 211.120.X.X类似的信息，将结果返回给主机A的本地域名服务器dns.local.com，其中211.120.X.X表示域名www.mingribook.com的IP地址。

16.1.5 TCP/IP

TCP/IP

传输控制协议/网际协议（Transmission Control Protocal/Internet Protocal，TCP/IP）是互联网上最流行的协议，它能够实现互联网上不同类型操作系统的计算机相互通信。对于网络开发人员，必须了解TCP/IP的结构。TCP/IP将网络分为4层，分别对应于OSI参考模型的7层结构。表16-3列出了TCP/IP与OSI参考模型的对应关系。

表16-3 TCP/IP结构层次

TCP/IP协议	OSI参考模型
应用层（包括Telnet、FTP、SNTP）	会话层、表示层和应用层
传输层（包括TCP、UDP）	传输层
网络层（包括ICMP、IP、ARP）	网络层
数据链路层	物理层和数据链路层

从表16-3可以发现，TCP/IP不是单个协议，而是一个协议簇，它包含多种协议，其中主要的协议有网

际协议（IP）和传输控制协议（TCP）等。下面给出 TCP/IP 主要协议的结构。

1. TCP

传输控制协议（TCP）是一种提供可靠数据传输的通用协议，它是 TCP/IP 体系结构中传输层上的协议。在发送数据时，应用层的数据传输到传输层，加上 TCP 的首部，数据就构成了报文。报文是网际层 IP 的数据，如果再加上 IP 首部，就构成了 IP 数据报。TCP 的 C 语言数据描述如下：

```
typedef struct HeadTCP
{
    WORD    SourcePort;        /*16位源端口号*/
    WORD    DePort;            /*16位目的端口*/
    DWORD   SequenceNo;        /*32位序号*/
    DWORD   ConfirmNo;         /*32位确认序号*/
    BYTE    HeadLen;           /*与Flag为一个组成部分，首部长度，占4位，保留6位，6位标识，共16位*/
    BYTE    Flag;
    WORD    WndSize;           /*16位窗口大小*/
    WORD    CheckSum;          /*16位校验和*/
    WORD    UrgPtr;            /*16位紧急指针*/
} HEADTCP;
```

2. IP

IP 又称为网际协议。它工作在网络层，主要提供无链接数据报传输。IP 不保证数据报的发送，但可以最大限度地发送数据。IP 的 C 语言数据描述如下：

```
typedef struct HeadIP
{
    unsigned char   headerlen:4;        /*首部长度，占4位*/
    unsigned char   version:4;          /*版本，占4位 */
    unsigned char   servertype;         /*服务类型，占8位，即1个字节*/
    unsigned short totallen;            /*总长度，占16位*/
    unsigned short id;                  /*与idoff构成标识，共占16位，前3位是标识，后13位是片偏移*/
    unsigned short idoff;
    unsigned char   ttl;                /*生存时间，占8位*/
    unsigned char   proto;              /*协议，占8位*/
    unsigned short checksum;            /*首部检验和，占16位*/
    unsigned int    sourceIP;           /*源IP地址，占32位*/
    unsigned int    destIP;             /*目的IP地址，占32位*/
}HEADIP;
```

3. ICMP

ICMP 又称为网际控制报文协议。它负责网络上设备状态的发送和报文检查，可以将某个设备的故障信息发送到其他设备上。ICMP 的 C 语言数据描述如下：

```
typedef struct HeadICMP
{
    BYTE Type;                  /*8位类型*/
    BYTE Code;                  /*8位代码*/
    WORD ChkSum;                /*16位校验和*/
} HEADICMP;
```

4. UDP

用户数据报协议（UDP）是一个面向无连接的协议，采用该协议，两个应用程序不需要先建立连接，它为应用程序提供一次性的数据传输服务。UDP 不提供差错恢复，不能提供数据重传，因此该协议传输数据安全性略差。UDP 的 C 语言数据描述如下：

```
typedef struct HeadUDP
{
        WORD SourcePort;                    /*16位源端口号*/
        WORD DePort;                        /*16位目的端口*/
        WORD Len;                           /*16为UDP长度*/
        WORD ChkSum;                        /*16位UDP校验和*/
} HEADUDP;
```

16.1.6 端口

端口

在网络上，计算机是通过 IP 地址来标识自己的，但是当涉及两台计算机具体通信时，还会出现一个问题。假设主机 A 中的应用程序 A1 想与主机 B 中的应用程序 B1 通信，如果知道主机 A 中的是 A1 应用程序与主机 B 中的应用程序通信，而不是主机 A 中的其他应用程序与主机 B 中的应用程序通信，则当主机 B 接收到数据时，它如何知道数据是发往应用程序 B1 的呢？这是因为在主机 B 中可以同时运行多个应用程序。

为了解决上述问题，TCP/IP 提出了端口的概念，用于标识通信的应用程序。当应用程序（严格说应该是进程）与某个端口绑定后，系统会将收到的给该端口的数据送往该应用程序。端口是用一个 16 位的无符号整数值来表示的，范围为 0～65535，低于 256 的端口作为系统的保留端口，用于系统进程的通信，不在这一范围的端口号被称为自由端口，可以由进程自由使用。

16.1.7 套接字的引入

套接字的引入

为了更方便地开发网络应用程序，美国的伯克利大学在 UNIX 上推出了一种应用程序访问通信协议的操作系统调用套接字（socket）。socket 的出现，使得程序员可以很方便地访问 TCP/IP，从而开发各种网络应用的程序。后来，套接字被引进到 Windows 等操作系统，成为开发网络应用程序的有效工具。

套接字存在于通信区域中，通信区域也称为地址族，主要用于将通过套接字通信的进程的公有特性综合在一起。套接字通常只与同一区域的套接字交换数据。Windows Sockets 只支持一个通信区域——AF_INET 网际域，使用网际协议族通信的进程使用该域。

16.1.8 网络字节顺序

网络字节顺序

不同的计算机存放多字节值的顺序不同，有的机器在起始地址存放低位字节，有的机器在起始地址存放高位字节。基于 Intel CPU 的 PC 采用低位先存的方式。为了保证数据的正确性，在网络协议中需要指定网络字节顺序，TCP/IP 使用 16 位整数和 32 位整数的高位先存格式。由于不同的计算机存放数据字节的顺序不同，这样发送数据后当接收到该数据时，也有可能无法查看所接收到的数据。因此，在网络中不同主机间进行通信时，要统一采用网络字节顺序。

16.2 套接字概述

套接字是网络通信的基石，是网络通信的基本构件，最初是由加利福尼亚大学 Berkeley 分校为 UNIX 开发的网络通信编程接口。为了在 Windows 操作系统上使用套接字，20 世纪 90 年代初，微软和第三方厂商共同制定了一套标准，即 Windows Socket 规范，简称 WinSock。本节将介绍有关 Windows 套接字的相关知识。

```
    char            szDescription[WSADESCRIPTION_LEN+1];
    char            szSystemStatus[WSASYS_STATUS_LEN+1];
    unsigned short  iMaxSockets;
    unsigned short  iMaxUdpDg;
    char FAR *      lpVendorInfo;
} WSADATA, FAR * LPWSADATA;
```

- wVersion：表示调用者使用的 WS2_32.DLL 动态库的版本号。
- wHighVersion：表示 WS2_32.DLL 支持的最高版本，通常与 wVersion 相同。
- szDescription：表示套接字的描述信息，通常没有实际意义。
- szSystemStatus：表示系统的配置或状态信息，通常没有实际意义。
- iMaxSockets：表示最多可以打开多少个套接字。在套接字版本 2 或以后的版本中，该成员将被忽略。
- iMaxUdpDg：表示数据报的最大长度。在套接字版本 2 或以后的版本中，该成员将被忽略。
- lpVendorInfo：表示套接字的厂商信息。在套接字版本 2 或以后的版本中，该成员将被忽略。

例如使用 WSAStartup 初始化套接字，版本号为 2.2：

```
WORD wVersionRequested;                     /*WORD（字），类型为unsigned short*/
WSADATA wsaData;                            /*库版本信息结构*/
/*定义版本类型。将两个字节组合成一个字，前面是低字节，后面是高字节*/
wVersionRequested = MAKEWORD(2, 2);         /*表示版本号*/
/*加载套接字库，初始化Ws2_32.dll动态链接库*/
WSAStartup( wVersionRequested, &wsaData);
```

从上面的代码中可以看出 MAKEWORD 宏的作用是：根据给定的两个无符号字节，创建一个 16 位的无符号整型，将创建的值赋给 wVersionRequested 变量，表示套接字的版本号。

2. socket 函数

该函数的功能是创建一个套接字。其原型如下：

```
SOCKET socket(int af,int type, int protocol);
```

- af：表示一个地址家族，通常为 AF_INET。
- type：表示套接字类型，如果为 SOCK_STREAM，表示创建面向连接的流式套接字；为 SOCK_DGRAM，表示创建面向无连接的数据报套接字；为 SOCK_RAW，表示创建原始套节字。对于这些值，用户可以在 Winsock2.h 头文件中找到。
- potocol：表示套接口所用的协议，如果用户不指定，可以设置为 0。
- 返回值：创建的套接字句柄。

例如使用 socket 函数创建一个套接字 socket_server：

```
/*创建套接字*/
/*AF_INET表示指定地址族，SOCK_STREAM表示流式套接字TCP，特定的地址家族相关的协议*/
socket_server=socket(AF_INET,SOCK_STREAM,0);
```

在代码中，如果 socket 函数调用成功，它就会返回一个新的 SOCKET 数据类型的套接字描述符。使用定义好的套接字 socket_server 进行保存。

3. bind 函数

该函数的功能是将套接字绑定到指定的端口和地址上。其原型如下：

```
int bind(SOCKET s,const struct sockaddr FAR*  name,int namelen);
```

- s：表示套接字标识。
- name：是一个 sockaddr 结构指针，该结构中包含了要结合的地址和端口号。
- namelen：确定 name 缓冲区的长度。
- 返回值：如果函数执行成功，则返回值为 0，否则为 SOCKET_ERROR。

在创建了套接字之后，应该将该套接字绑定到本地的某个地址和端口上，这时就需要该函数了。例如使用 bind 函数绑定一个套接字：

```
SOCKADDR_IN Server_add;                                              /*服务器地址信息结构*/
Server_add.sin_family=AF_INET;          /*地址家族，必须是AF_INET，注意只有它不是网络字节顺序*/
Server_add.sin_addr.S_un.S_addr=htonl(INADDR_ANY);                   /*主机地址*/
Server_add.sin_port=htons(5000);                                     /*端口号*/
bind(socket_server,(SOCKADDR*)&Server_add,sizeof(SOCKADDR))          /*使用bind函数进行绑定*/
```

4. listen 函数

该函数的功能是将套接字设置为监听模式。对于流式套接字，必须处于监听模式才能够接收客户端套接字的连接。其原型如下：

```
int listen(SOCKET s, int backlog);
```

- s：表示套接字标识。
- backlog：表示等待连接的最大队列长度。例如，如果 backlog 被设置为 2，此时有 3 个客户端同时发出连接请求，那么前两个客户端连接会放置在等待队列中，第 3 个客户端会得到错误信息。

例如使用 listen 函数设置套接字为监听状态：

```
listen(socket_server,5);
```

设置套接字为监听状态，为连接作准备，最大等待的数目为 5。

5. accept 函数

该函数的功能是接受客户端的连接。在流式套接字中，只有在套接字处于监听状态，才能接受客户端的连接。其原型如下：

```
SOCKET accept(SOCKET s, struct sockaddr FAR* addr, int FAR* addrlen);
```

- s：是一个套接字，它应处于监听状态。
- addr：是一个 sockaddr_in 结构指针，包含一组客户端的端口号、IP 地址等信息。
- addrlen：用于接收参数 addr 的长度。
- 返回值：一个新的套接字，它对应于已经接受的客户端连接，对于该客户端的所有后续操作，都应使用这个新的套接字。

例如使用 accept 函数接受客户端的连接请求：

```
/*接受客户端的发送请求，等待客户端发送connect请求*/
socket_receive=accept(socket_server,(SOCKADDR*)&Client_add,&Length);
```

其中，socket_receive 保存接受请求后返回的新的套接字，socket_server 为绑定在地址和端口上的套接字，而 Client_add 是有关客户端的 IP 地址和端口的信息结构，最后的 Length 是 Client_add 的大小。可以使用 sizeof 函数取得，然后用 Length 变量保存。

6. closesocket 函数

该函数的功能是关闭套接字。其原型如下：

```
int closesocket(SOCKET s);
```

其中，s 标识一个套接字。如果参数 s 设置了 SO_DONTLINGER 选项，则调用该函数后会立即返回，但此时如果有数据尚未传送完毕，则会继续传递数据，然后才关闭套接字。

例如使用 closesocket 函数关闭套接字，释放客户端的套接字资源。

```
closesocket(socket_receive);                          /*释放客户端的套接字资源*/
```

在代码中，socket_receive 是一个套接字，当不使用时就可以利用 closesocket 函数将其套接字的资源进行释放。

7. connect 函数

该函数的功能是发送一个连接请求。其原型如下：

```
int connect(SOCKET s,const struct sockaddr FAR*  name,int namelen);
```

- s：表示一个套接字。
- name：表示套接字 s 要连接的主机地址和端口号。
- namelen：是 name 缓冲区的长度。
- 返回值：如果函数执行成功，则返回值为 0，否则为 SOCKET_ERROR。用户可以通过 WSAGETLASTERROR 得到其错误描述。

例如使用 connect 函数与一个套接字建立连接：

```
connect(socket_send,(SOCKADDR*)&Server_add,sizeof(SOCKADDR));
```

在代码中，socket_send 表示要与服务器建立连接的套接字，而 Server_add 是要连接的服务器地址信息。

8. htons 函数

该函数的功能是将一个 16 位的无符号短整型数据由主机排列方式转换为网络排列方式。其原型如下：

```
u_short htons(u_short hostshort);
```

- hostshort：是一个主机排列方式的无符号短整型数据。
- 返回值：函数返回值是 16 位的网络排列方式数据。

例如使用 htons 函数对一个无符号短整型数据进行转换：

```
Server_add.sin_port=htons(5000);
```

在代码中，Sever_add 是有关主机地址和端口的结构，其中 sin_port 表示的是端口号。因为端口号要使用网络排列方式，所以使用 htons 函数进行转换，从而设定了端口号。

9. htonl 函数

该函数的功能是将一个无符号长整型数据由主机排列方式转换为网络排列方式。其原型如下：

```
u_long htonl(u_long hostlong);
```

- hostlong：表示一个主机排列方式的无符号长整型数据。
- 返回值：32 位的网络排列方式数据。

其使用方式与 htons 函数相似，不过是将一个 32 位数值转换为 TCP/IP 网络字节顺序。

10. inet_addr 函数

该函数的功能是将一个由字符串表示的地址转换为 32 位的无符号长整型数据。其原型如下：

```
unsigned long inet_addr(const char FAR * cp);
```

- cp：表示一个 IP 地址的字符串。
- 返回值：32 位无符号长整数。

例如使用 inet_addr 函数将一个字符串转换成一个以点分十进制格式表示的 IP 地址（如 192.168.1.43）：

```
Server_add.sin_addr.S_un.S_addr = inet_addr("192.168.1.43");
```

在代码中设置服务器的 IP 地址为 198.168.1.43。

11. recv 函数

该函数的功能是从面向连接的套接字中接收数据。其原型如下：

```
int recv(SOCKET s,char FAR* buf,int len,int flags);
```

- s：表示一个套接字。
- buf：表示接收数据的缓冲区。
- len：表示 buf 的长度。
- flags：表示函数的调用方式。如果为 MSG_PEEK，则表示查看传来的数据，在序列前端的数据会被复制一份到返回缓冲区中，但是这个数据不会从序列中移走；如果为 MSG_OOB，则表示用来处理 Out-Of-Band 数据，也就是外带数据。

例如使用 recv 函数接收数据：

（2）绑定套接字到本地的地址和端口上。

（3）设置套接字为监听状态。

（4）接受请求连接的请求。

（5）进行通信。

（6）通信完毕，释放套接字资源。

【例 16-2】 网络聊天客户端的程序。

根据有关 TCP 的套接字 socket 编程，客户端设计过程编写下面的代码：

```
#include<stdio.h>
#include<winsock.h>                                      /*引入winsock头文件*/

int main()
{
    /*-----------------------------------------------------------------*/
    /*----------------------定义变量-------------------------------------*/
    /*-----------------------------------------------------------------*/
    char Sendbuf[100];                                   /*发送数据的缓冲区*/
    char Receivebuf[100];                                /*接收数据的缓冲区*/
    int SendLen;                                         /*发送数据的长度*/
    int ReceiveLen;                                      /*接收数据的长度*/

    SOCKET socket_send;                                  /*定义套接字*/
    SOCKADDR_IN Server_add;                              /*服务器地址信息结构*/

    WORD wVersionRequested;                              /*字（word）：unsigned short*/
    WSADATA wsaData;                                     /*库版本信息结构*/
    int error;                                           /*表示错误*/

    /*-----------------------------------------------------------------*/
    /*----------------------初始化套接字库-------------------------------*/
    /*-----------------------------------------------------------------*/
    /*定义版本类型。将两个字节组合成一个字，前面是低字节，后面是高字节*/
    wVersionRequested = MAKEWORD(2, 2);
    /*加载套接字库，初始化Ws2_32.dll动态链接库*/
    error = WSAStartup(wVersionRequested, &wsaData);
    if(error!=0)
    {
        printf("加载套接字失败！");
        return 0;                                        /*程序结束*/
    }
    /*判断请求加载的版本号是否符合要求*/
    if(LOBYTE(wsaData.wVersion) != 2 || HIBYTE(wsaData.wVersion) != 2)
    {
        WSACleanup();                                    /*不符合，关闭套接字库*/
        return 0;                                        /*程序结束*/
    }

    /*-----------------------------------------------------------------*/
    /*----------------------设置服务器地址-------------------------------*/
```

```
/*-----------------------------------------------------------------*/
Server_add.sin_family=AF_INET;/*地址家族，必须是AF_INET，注意只有它不是网络字节顺序*/
/*服务器的地址，将一个点分十进制表示为IP地址，inet_ntoa是将地址转换成字符串*/
Server_add.sin_addr.S_un.S_addr = inet_addr("192.168.1.43");
Server_add.sin_port=htons(5000);                      /*端口号*/

/*-----------------------------------------------------------------*/
/*----------------------进行连接服务器------------------------------*/
/*-----------------------------------------------------------------*/
/*客户端创建套接字，但是不需要绑定，只需要和服务器建立起连接就可以了*/
/*socket_sendr表示的是套接字，Server_add是服务器的地址结构*/
socket_send=socket(AF_INET,SOCK_STREAM,0);

/*-----------------------------------------------------------------*/
/*----------------------创建用于连接的套接字------------------------*/
/*-----------------------------------------------------------------*/
/*AF_INET表示指定地址族，SOCK_STREAM表示流式套接字TCP，特定的地址家族相关的协议*/
if(connect(socket_send,(SOCKADDR*)&Server_add,sizeof(SOCKADDR)) == SOCKET_ERROR)
{
    printf("连接失败!\n");
}

/*-----------------------------------------------------------------*/
/*----------------------进行聊天------------------------------------*/
/*-----------------------------------------------------------------*/
while(1)                                                  /*无限循环*/
{
    /*---------------发送数据过程----------------------------------*/
    printf("please enter message:");
    scanf("%s",Sendbuf);
    SendLen = send(socket_send,Sendbuf,100,0);            /*发送数据*/
    if(SendLen < 0)
    {
        printf("发送失败!\n");
    }

    /*--------------接收数据过程-----------------------------------*/
    ReceiveLen =recv(socket_send,Receivebuf,100,0);       /*接收数据*/
    if(ReceiveLen<0)
    {
        printf("接收失败\n");
        printf("程序退出\n");
        break;                                            /*跳出循环*/
    }
    else
    {
        printf("Server say: %s\n",Receivebuf);
    }
}

/*-----------------------------------------------------------------*/
```

17.4.2 控制输出格式

由于学生信息的数据多，信息数据类型各不相同，显示学生成员信息时会比较凌乱，为了使界面简洁美观。我们应用了 format 语句对输出的格式说明进行规划。可以用如下代码解决：

```
#define FORMAT "%-8d%-15s%-12.1lf%-12.1lf%-12.1lf%-12.1lf\n"
```

以上代码对输出的格式控制部分进行宏定义，每一个格式说明中间都插有附加字符。格式说明由“%”和格式字符组成，如%d，%lf 等。它的作用是将输出的数据转换为指定的格式输出。格式说明总是由“%”字符开始，以一个格式字符结束，中间可以插入附加的字符。以%s 为例，说明中间插入的附加字符的含义，如表 17-1 所示。

表 17-1 格式说明含义

格式说明	含义
%s	输出一个实际长度的字符串
%ms	输出的字符占 *m* 列，若字符本身长度小于 *m*，则左补空格；若大于 *m*，则全部输出
%-ms	若字符串长小于 *m*，则在 *m* 列范围内向左靠，右补空格
%m.ns	输出占 *m* 列，但只取字符串中左端 *n* 个字符。这 *n* 个字符输出在 *m* 列的右侧，左补空格
%-m.ns	其中 *m*、*n* 含义同上，*n* 个字符输出在 *m* 列范围的左侧，右补空格，如果 *n*>*m*，则 *m* 自动取 *n* 值，即保证 *n* 个字符正常输出

17.4.3 文件引用

文件引用实现了在系统程序中的文件包含处理，节省程序员的重复劳动。关键代码如下：

```
#include<stdio.h>
#include<stdlib.h>
#include<conio.h>
#include<dos.h>
#include<string.h>
```

17.4.4 宏定义

通过宏定义了自定义结构体类型的长度、输出的格式控制部分和结构体类型的数组引用成员的输出列表。关键代码如下：

```
#define LEN sizeof(struct student)
#define FORMAT "%-8d%-15s%-12.1lf%-12.1lf%-12.1lf%-12.1lf\n"
#define DATA stu[i].num,stu[i].name,stu[i].elec,stu[i].expe,stu[i].requ,stu[i].sum
```

17.4.5 函数声明

在本程序中使用了几个自定义的函数，这些函数的功能及声明形式代码如下：

```
/**
*  函数声明
*/
void in();                    //录入学生成绩信息
void show();                  //显示学生信息
void order();                 //按总分排序
void del();                   //删除学生成绩信息
```

```
void modify();                        //修改学生成绩信息
void menu();                          //主菜单
void insert();                        //插入学生信息
void total();                         //计算总人数
void search();                        //查找学生信息

/**
*  结 构 体
*/
struct student stu[50];               //定义结构体数组
struct student                        //定义学生成绩结构体
{
    int num;                          //学号
    char name[15];                    //姓名
    double elec;                      //选修课
    double expe;                      //实验课
    double requ;                      //必修课
    double sum;                       //总分
};
```

17.5 主函数设计

17.5.1 功能概述

在学生信息管理系统的 main 函数中主要实现了调用 menu 函数显示主功能选择菜单，并且在 switch 分支选择结构中调用各个子函数实现对学生信息的输入、查询、显示、保存以及增删改等功能。主功能选择菜单界面如图 17-2 所示。

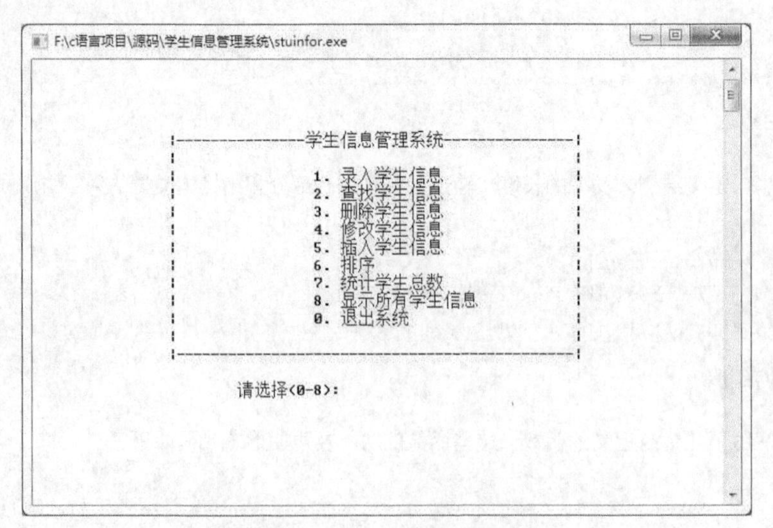

图 17-2　主功能选择菜单

17.5.2 实现主函数

运行学生信息管理系统，首先会进入到主功能菜单的选择界面，在这里列出了程序中的所有功能，以及如

```
number  name            elective     experiment   required     sum
101     Tom             98.5         88.0         96.0         282.5
102     Marry           85.0         79.0         91.0         255.0
输入学生信息(y/n):
```

图 17-5　data 文件有数据时的显示界面

如果用户选择插入数据，系统首先对输入的学号进行检查，只有在输入的学号与已经存在的学号不重复的情况下，才能够继续输入其他学生信息。关键代码如下：

```
else
{
    show();                                        //调用show函数，显示原有信息
}
if((fp=fopen("data.txt","wb"))==NULL)
{
        printf("文件不存在！ \n");
        return;
 }
printf("输入学生信息(y/n):");
scanf("%s",ch);
while(strcmp(ch,"Y")==0||strcmp(ch,"y")==0)        //判断是否要录入新信息
{
printf("number:");
        scanf("%d",&stu[m].num);                       //输入学生学号
for(i=0;i<m;i++)
        if(stu[i].num==stu[m].num)
        {
                printf("number已经存在了，按任意键继续!");
            getch();
            fclose(fp);
            return;
        }
printf("name:");
        scanf("%s",stu[m].name);                   //输入学生姓名
printf("elective:");
scanf("%lf",&stu[m].elec);                         //输入选修课成绩
printf("experiment:");
        scanf("%lf",&stu[m].expe);                 //输入实验课成绩
printf("required course:");
        scanf("%lf",&stu[m].requ);                 //输入必修课成绩
stu[m].sum=stu[m].elec+stu[m].expe+stu[m].requ;    //计算出总成绩
if(fwrite(&stu[m],LEN,1,fp)!=1)                    //将新录入的信息写入指定的磁盘文件
{
        printf("不能保存!");
        getch();
        }
else
        {
            printf("%s 被保存!\n",stu[m].name);
            m++;
        }
printf("继续?(y/n):");                             //询问是否继续
```

```
        scanf("%s",ch);
        }
        fclose(fp);
        printf("OK!\n");
    }
```

17.7 查询学生信息

17.7.1 模块概述

查询学生信息模块的主要功能是根据用户输入的学生学号对学生信息进行搜索。在主功能选择菜单中，输入“2”时，进入查询状态，若查找到与输入学号匹配的学生信息，则显示该学生信息，运行效果如图 17-6 所示。

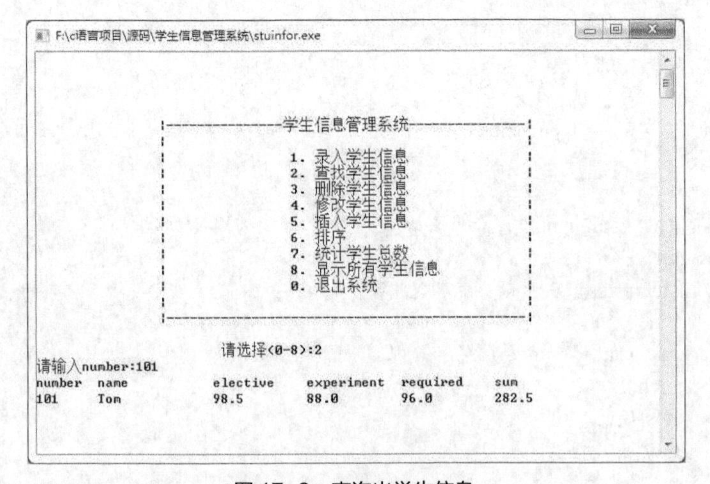

图 17-6　查询出学生信息

如果查询的学号与文件中所有的学号都不匹配，系统会给出提示“没有找到这名学生”，如图 17-7 所示。

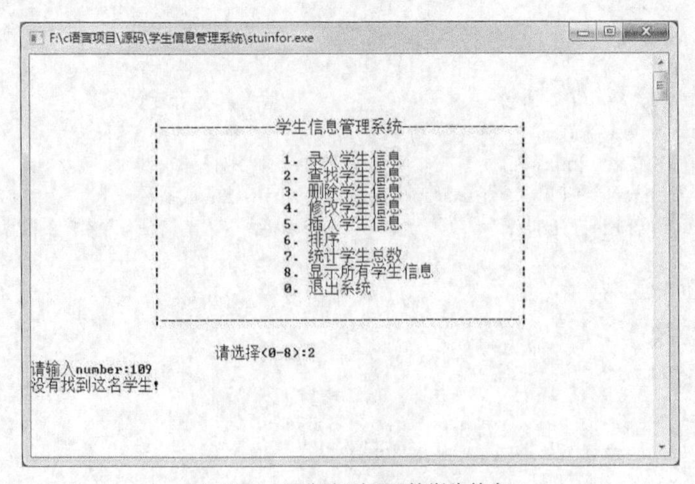

图 17-7　没有查到匹配的学生信息

如果文件中没有任何记录，进行查询时，会显示“文件中没有记录”，如图 17-8 所示。

17.9.2 实现修改学生信息

在系统的功能菜单中选择修改学生信息选项后，系统首先显示已存在的学生信息，供用户选择，并提示输入需要修改信息的学生学号。如果系统在数据文件中发现对应学号，接下来会一一修改字段；如果找不到对应学号，系统将会提示“没有找到这名学生!”。关键代码如下：

```
/**
*  自定义修改函数
*/
void modify()
{
        FILE *fp;
        struct student t;
        int i=0,j=0,m=0,snum;
        if((fp=fopen("data.txt","r+"))==NULL)
      {
            printf("文件不存在! \n");
          return;
        }
        while(!feof(fp))
          if(fread(&stu[m] ,LEN,1,fp)==1)
                m++;
        if(m==0)
        {
              printf("文件中没有记录! \n");
              fclose(fp);
              return;
        }
        show();
        printf("请输入要修改的学生number:  ");
        scanf("%d",&snum);
        for(i=0;i<m;i++)
              if(snum==stu[i].num)                          //检索记录中是否有要修改的信息
          {
                    printf("找到了这名学生,可以修改他的信息!\n");
                    printf("name:");
                    scanf("%s",stu[i].name);                //输入名字
                    printf("elective:");
                    scanf("%lf",&stu[i].elec);              //输入选修课成绩
                    printf("experiment:");
                    scanf("%lf",&stu[i].expe);              //输入实验课成绩
                    printf("required course:");
                    scanf("%lf",&stu[i].requ);              //输入必修课成绩
                    printf("修改成功!");
                    stu[i].sum=stu[i].elec+stu[i].expe+stu[i].requ;
                    if((fp=fopen("data.txt","wb"))==NULL)
```

```
            {
                printf("不能打开文件\n");
                return;
            }
                for(j=0;j<m;j++)                    //将新修改的信息写入指定的磁盘文件中
                if(fwrite(&stu[j] ,LEN,1,fp)!=1)
                {
                printf("不能保存文件!");
                getch();
            }
                fclose(fp);
                break;
        }
        if(i==m)
        {
            printf("没有找到这名学生!\n");          //未找到要查找的信息
        }
}
```

17.10 插入学生信息

17.10.1 模块概述

插入学生信息模块主要功能是在需要的位置插入新的学生信息。在主功能菜单界面中输入数字“5”，进入插入信息模块，运行效果如图 17-12 所示。

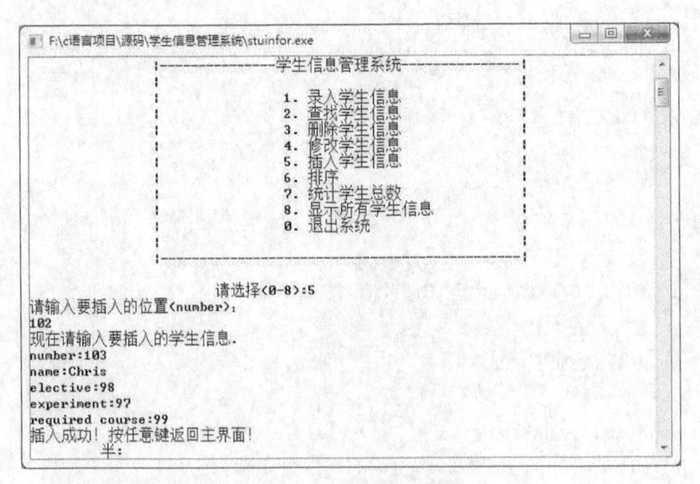

图 17-12　插入学生信息

17.10.2 实现插入学生信息

插入学生信息模块的实现过程如下。

（1）因为该系统的学生信息都已经存储在磁盘文件中，所以每次操作都要先将数据从文件中读取出来，

录条数。具体关键代码如下：

```
/**
*  学生总数统计
*/
void total()
{
        FILE *fp;
        int m=0;
        if((fp=fopen("data.txt","r+"))==NULL)
        {
                printf("文件不存在！ \n");
                return;
        }
        while(!feof(fp))
                if(fread(&stu[m],LEN,1,fp)==1)
                {
                        m++;                                    //统计记录个数，即学生人数
                }
        if(m==0)
        {
                printf("文件无内容!\n");
                fclose(fp);
                return;
        }
        printf("这个班级一共有 %d 名学生!\n",m);      //将统计的数量输出
        fclose(fp);
}
```

17.13 显示所有学生信息

17.13.1 模块概述

在主功能菜单界面输入数字“8”，显示所有的学生信息，运行结果如图 17-17 所示。

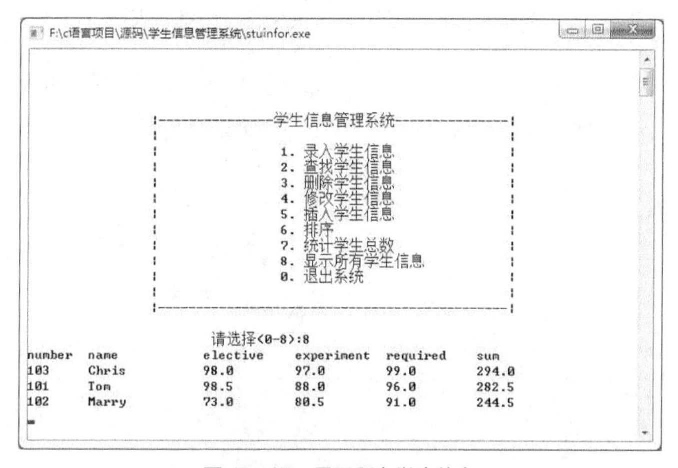

图 17-17　显示所有学生信息

17.13.2 读取并显示所有学生信息

要实现读取并显示所有学生信息的功能，首先需要读取 data 文件中的内容，然后把这些内容按照指定格式打印出来。关键代码如下：

```
/**
*  显示所有学生信息
*/
void show()
{
    FILE *fp;
    int i,m=0;
    fp=fopen("data.txt","rb");
    while(!feof(fp))
    {
        if(fread(&stu[m] ,LEN,1,fp)==1)
        m++;
    }
    fclose(fp);
    printf("number   name            elective    experiment   required     sum\t\n");
    for(i=0;i<m;i++)
   {
        printf(FORMAT,DATA);        //将信息按指定格式打印
   }
}
```

小 结

开发人员是根据学生信息管理系统的需求分析对项目整体进行结构分析，并对各个功能进行编程实现，最终完成该系统。在该系统中由于学生的信息类型较多，且复杂，因此在对学生信息进行处理时需要对学生数据整体进行处理，例如录入学生信息时，需要向磁盘文件中写入信息，开发人员鉴于项目简洁，不容易出错的原因，对学生信息进行数据块形式的读写操作。

下面通过一个思维导图对本章所讲模块及主要知识点进行总结，如图 17-18 所示。

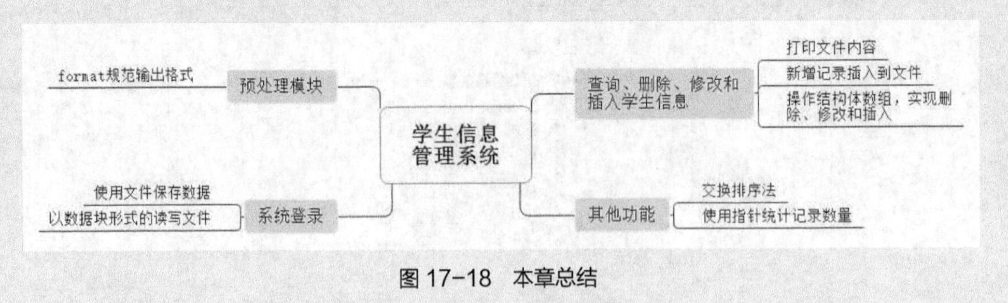

图 17-18　本章总结